安全生产教育培训推荐教材

企业安全生产管理

主　编　刘　刚　王　伟
副主编　钱建忠　戴卫东
　　　　封晓华　张连华

中国石化出版社

内 容 提 要

本书以系统安全管理理论为指导，阐述了企业安全生产管理涉及的理论和实务内容，重点包括安全生产管理理论基础、安全生产管理实务、应急管理、事故管理、职业病防治、安全生产监督监察和安全文化建设，同时还介绍了国内外优秀企业的安全生产管理行之有效的做法。

本书可作为企业安全生产教育培训教材，也可作为高等院校安全工程及其他相关专业的教学用书，还可作为政府安全生产监管、企业生产管理及工程技术人员的参考用书。

图书在版编目(CIP)数据

企业安全生产管理 / 刘刚，王伟主编. —北京：中国石化出版社，2020. 5(2025. 2重印)
ISBN 978-7-5114-5755-4

Ⅰ. ①企… Ⅱ. ①刘… ②王… Ⅲ. ①企业管理-安全生产 Ⅳ. ①X931

中国版本图书馆 CIP 数据核字(2020)第 091072 号

中国石化出版社出版发行
地址：北京市东城区安定门外大街 58 号
邮编：100011 电话：(010)57512500
发行部电话：(010)57512575
http://www.sinopec-press.com
E-mail：press@sinopec.com
北京科信印刷有限公司印刷
全国各地新华书店经销
*
787毫米×1092 毫米 16 开本 16.75 印张 426 千字
2021 年 9 月第 1 版 2025 年 2 月第 4 次印刷
定价：58.00 元

前言
PREFACE

改革开放40多年以来，我国取得了历史性伟大成就，经济实力、综合国力进入世界前列，国际地位实现前所未有的提升。近年来，我国在载人航天、探月工程、北斗导航、深海探测、高速铁路、商用飞机、特高压输变电、移动通信、互联网、量子科技等领域，取得了一大批具有世界先进水平的重大科技创新成果，惊艳了全球。另一方面，更多的传统产业长期处于全球价值链的中低端，企业利润率不高制约着安全投入。随着改革开放的深入和教育事业的蓬勃发展，我国人均受教育水平逐年提高，虽然已经超过世界的平均水平，但是从业人员整体素质离本质安全人的要求还有很大差距。尽管中国特色社会主义进入了新时代，但初级阶段的基本国情尚未完全逾越，安全生产工作任重而道远。鉴于此，山东工商学院安全工程专业刘刚老师联合五位企业安全管理精英共同编写了本书，希望本书的出版对我国安全生产形势向好发展有所裨益。

本书共分七章，第一章安全生产管理理论基础，主要介绍安全生产管理基本概念及原理原则、事故致因理论、事故预防与控制对策等；第二章安全生产管理实务内容，主要介绍安全投入与安全技术措施计划、建设项目“三同时”、全员安全生产责任制与管理机构、规章制度和操作规程、教育培训、安全生产检查、作业现场管理、劳动防护用品管理、特种设备管理、重大危险源管理、相关方管理、双体系建设、安全生产标准化与安全文化等；第三章应急管理，主要介绍现代应急管理理论、企业事故应急工作、应急预案和应急预案演练等；第四章事故管理，主要介绍事故分类、事故统计、事故报告与应急处置和事故调查与处理等；第五章职业病防治，主要介绍我国职业卫生现状和监管模式、职业病危害因素控制、职业病前期预防、过程控制、职业病诊断与职业病病人保障等；第六章安全生产监督监察，主要介绍我国安全生产监督管理体制、煤矿和特种设备安全监察等；第七章安全文化建设，主要介绍杜邦安全文化、欧美安全生产监督与管理经验、日本危险预知训练KYT和安全理念等。

本书第一章由刘刚编写，第二章由陕西北元化工集团股份有限公司王伟(注安/一级安评师/高工)编写，第三章和第六章由苏州新世纪检测技术服务有限公司钱建忠(注安)编写，第四章由中国石油天然气销售江西分公司戴卫东（注安/一级安评师/高工)编写，第五章由山东康特尔食品有限公司张连华(注安/高工)编写，第七章由青州贝特化工集团有限公司封晓华(注安/二级安评师)编写。全书由刘刚、王伟统稿。

本书编写过程中参阅、引用了许多专家学者的研究成果和相关著作，在此谨对原作者表示最诚挚的谢意！

如需教学课件，可联系编者 liugang7912@ 163. com 或 670375797@ qq. com。鉴于编者学识水平和实践经验有限，加之时间仓促，错误与不当之处在所难免，恳请读者批评指正。

目　录
CONTENTS

第一章　安全生产管理理论基础

安全生产总是伴随着人类劳动产生，而有组织的安全生产管理是社会化大生产发展的需要。

安全生产管理是人类在各种生产活动中，按照安全科学所揭示的客观规律，对生产活动中的安全问题进行计划、组织、指挥、控制和协调等一系列活动，实现生产过程中人与机器设备、物料、工艺和环境的和谐，达到安全生产目标的总称。

第一节　安全生产管理基本概念

一、风险与危险

1. 风险

“风险”一词的由来，最为普遍的一种说法是：在远古时期，以打鱼捕捞为生的渔民们，每次出海前都要祈祷，祈求神灵保佑自己能够平安归来，其中主要的祈祷内容就是让神灵保佑自己在出海时能够风平浪静、满载而归；他们在长期的捕捞实践中，深深地体会到“风”给他们带来的无法预测、无法确定的危险，他们认识到，在出海捕捞打鱼的生活中，“风”即意味着“险”，因此有了“风险”一词。

而另一种据说经过多位学者论证的“风险”一词的“源出说”称，风险(RISK)一词是舶来品，有人认为来自阿拉伯语，有人认为来源于西班牙语或拉丁语，但比较权威的说法是来源于意大利语的“RISQUE”一词。在早期的运用中，也是被理解为客观的危险，体现为自然现象或者航海遇到礁石、风暴等事件。大约到了19世纪，在英文的使用中，风险一词常常用法文拼写，主要是用于与保险有关的事情上。

现代意义上的风险，已经大大超越了“遇到危险”的狭义含义，而是“遇到破坏或损失的机会或危险”，可以说，经过两百多年的演义，风险一词越来越被概念化，并随着人类活动的复杂性和深刻性而逐步深化，并被赋予了哲学、经济学、社会学、统计学甚至文化艺术领域的更广泛更深层次的含义，且与人类的决策和行为后果联系越来越紧密，风险也成为人们生活中出现频率很高的词汇。

无论如何定义风险一词的由来，其基本的核心含义是“未来结果的不确定性或损失”，也有人进一步定义为“个人和群体在未来遇到伤害的可能性以及对这种可能性的判断与认知”。如果采取适当的措施使破坏或损失的概率不会出现，或者说经过智慧的认知、理性的判断，继而采取及时而有效的防范措施，那么风险可能带来机会，由此进一步延伸的意义，不仅仅是规避了风险，可能还会带来比例不等的收益。有时风险越大，回报越高、机会越大。

通俗地讲，风险就是发生不幸事件的概率。换句话说，风险是指一个事件产生我们所不希望的后果的可能性。

从广义上讲，只要某一事件的发生存在着两种或两种以上的可能性，那么就认为该事件存在着风险。而在保险理论与实务中，风险仅指损失的不确定性。这种不确定性包括发生与否的不确定、发生时间的不确定和导致结果的不确定。

2. 危险

《现代汉语词典》对“危险”的解释是：有遭到损害或失败的可能。

安全系统工程对“危险”的定义是：系统中存在导致发生不期望后果的可能性超过了人们的承受程度。

一般来讲，描述危险大小的方法有两种，一是危险度，二是风险。两者都是结合事故发生的可能性与严重性两个变量来描述危险的大小。唯一的区别就是风险描述的范围更为宽泛，而危险度只限于描述危险，在安全生产领域风险和危险度可以通用。式(1-1)为危险度的数学表达。

$$R = f(P,\ C) \tag{1-1}$$

式中 R(risk)——危险度(风险)；

P(probability; possibility)——发生事故(风险事件)的可能性；

C(consequences)——发生事故(风险事件)的严重性。

二、安全与安全生产

1. 安全

安全系统工程认为世界上没有绝对安全的事物，任何事物中都包含有不安全因素，具有一定的危险性。安全是个相对的概念，危险性是对安全的隶属度，当危险性低于某种程度时，人们就认为是安全的。简单讲，安全就是风险可接受。

安全具有主观判断性，但是安全生产更侧重大多数人的风险接受能力。

2. 安全生产

定义一：在社会生产活动中，通过人、机、物料、环境的和谐运作，使生产过程中潜在的各种事故风险和伤害因素始终处于有效控制状态，切实保护劳动者的生命安全和身体健康。

定义二：没有引起死亡、伤害、职业病或财产的损失、设备的损坏或环境危害的条件。

定义二来自美国军用标准 MIL-STD-882E《系统安全标准实践》。该标准是美国军方与军工生产企业签订订购合同时，为约束企业保证产品全寿命周期安全的纲领性文件，也是系统安全管理基本思想的典型代表。从 1969 年问世以来，对安全的定义也从开始时仅仅关注人身伤害，进而到职业病、财产的损失、设备的损坏，直至 1993 年首次提出了环境危害问题，体现了人们对安全问题认识进化的过程。

从业界对安全生产的定义可以看出，国内安全生产工作整体上极度关注死亡事故，却在相当程度上忽视职业病、环境危害乃至财产损失。我国因职业病和事故引起的环境危害问题造成的损失数字惊人。据统计，我国接触职业病危害人数、职业病患者累计数量、死亡数量及新发病人数量等，都居世界首位。企业安全生产管理的实践也揭示了一个真理——一个企业如果事故频发，则职业病防治工作是肯定做不好的。

三、事故、事故隐患

1. 事故

《现代汉语词典》对“事故”的解释是：多指生产、工作上发生的意外损失或灾祸。

《生产安全事故报告和调查处理条例》(国务院令第493号)将“生产安全事故”定义为：生产经营活动中发生的造成人身伤亡或者直接经济损失的事件。

2. 事故隐患

原国家安监总局颁布的第16号令《安全生产事故隐患排查治理暂行规定》，将“安全生产事故隐患”定义为：“生产经营单位违反安全生产法律、法规、规章、标准、规程和安全生产管理制度的规定，或者因其他因素在生产经营活动中存在可能导致事故发生的物的危险状态、人的不安全行为和管理上的缺陷。”

《危险化学品企业安全风险隐患排查治理导则》(应急〔2019〕78号)：“对安全风险所采取的管控措施存在缺陷或缺失时就形成事故隐患，包括物的不安全状态、人的不安全行为和管理上的缺陷等方面。”

事故隐患分为一般事故隐患和重大事故隐患。一般事故隐患是指危害和整改难度较小，发现后能够立即整改排除的隐患。重大事故隐患是指危害和整改难度较大，应当全部或者局部停产停业，并经过一定时间整改治理方能排除的隐患，或者因外部因素影响致使生产经营单位自身难以排除的隐患。

编者按：事故隐患按照整改难度区分为一般事故隐患和重大事故隐患是可行的，而按照危害大小来区分过于主观，不具备可操作性。因为事故隐患造成的事故后果具有随机性，很难在事前准确判断。

四、危险源

从安全生产角度解释，危险源是指可能造成人身伤害和(或)健康损害、财产损失、作业环境破坏或其他损失的根源、状态或行为，或其组合。根源是指具有能量或产生、释放能量的物理实体，如起重设备、电气设备、压力容器等。状态是指物的状态和环境的状态等。行为是指决策人员、管理人员以及从业人员的决策行为、管理行为以及作业行为。

根据危险源在事故发生、发展中的作用，一般把危险源划分为两大类，即第一类危险源和第二类危险源。

第一类危险源：可能发生意外释放的能量(能量源或能量载体)或危险物质称作第一类危险源。第一类危险源决定了事故后果的严重程度，它具有的能量越多，发生事故的后果越严重。能量可以被解释为物体做功的本领。做功的本领是无形的，只有在做功时才显现出来。因此，在实际工作中往往把产生能量的能力源或拥有能量的能量载体看作第一类危险源。例如，炸药、旋转的飞轮、带电的导体、奔驰的车辆等。

第二类危险源：导致能量或危险物质的约束或限制措施破坏或失效的各种因素。包括物的故障、人的失误(或错误)、环境不良以及管理缺陷等因素。第二类危险源决定了事故发生的可能性，它出现得越频繁，发生事故的可能性越大。

从上述定义可以知道，危险源可以是一次事故、一种环境、一种载体，也可以是可能产生不期望后果的人或物。例如，生活中常用的液化石油气罐是危险源；氧气浓度不足的场所是危险源；企业没有制订科学、合理的安全操作规程是危险源；安全素养不足、屡屡发生不安全行为的劳动者也是危险源。

五、危险有害因素

定义一：

危险因素：是指能够对人造成伤亡或对物造成突发性损害的因素。

有害因素：是指能影响人的身体健康，导致疾病，或对物造成慢性损害的因素。

定义二：

GB/T 13861—2009《生产过程危险和有害因素分类与代码》规定：危险和有害因素是指可对人造成伤亡、影响人的身体健康甚至导致疾病的因素。包括：

1. 人的因素(hominine factors)

与生产各环节有关的，来自人员自身或人为性质的危险和有害因素。

(1) 心理、生理性危险和有害因素：包括负荷超限，指易引起疲劳、劳损、伤害等的负荷超限；健康状况异常，指伤、病期；从事禁忌作业；心理异常；辨识功能缺陷；其他心理、生理性危险。

(2) 行为性危险和有害因素：包括指挥错误、操作错误、监护失误、其他错误、其他行为性危险和有害因素。

2. 物的因素(material factors)

机械、设备、设施、材料等方面存在的危险和有害因素。

(1) 物理性危险和有害因素：包括设备、设施缺陷；防护缺陷；电危害；噪声危害；振动危害；电磁辐射；运动物危害；明火；能够造成灼伤的高温物体；能够造成冻伤的低温物体；粉尘与气溶胶；作业环境不良；信号缺陷；标志缺陷；其他物理危险有害因素。

(2) 化学性危险和有害因素：包括易燃易爆性物质；自燃性物质；有毒物质；腐蚀性物质；其他化学性危险和有害因素。

(3) 生物性危险和有害因素：包括致病微生物；传杂病媒介物；致害动物；致害植物；其他生物性危险和有害因素。

3. 环境因素(environment factors)

生产作业环境中的危险和有害因素。

(1) 室内作业场所环境不良；

(2) 室外作业场所环境不良；

(3) 地下(含水下)作业环境不良；

(4) 其他作业环境不良。

4. 管理因素(management factors)

管理上的失误、缺陷和管理责任所导致的危险和有害因素。

职业安全卫生组织机构不健全、职业安全卫生责任未落实、职业安全卫生管理规章制度不完善、职业安全投入不足、职业健康管理不完善和其他管理因素缺陷。

从上述定义可以看出，危险有害因素包含了事故隐患和第二类危险源。

六、职业病、职业病危害因素

1. 职业病

根据《职业病防治法》规定：职业病是指企业、事业单位和个体经济组织等用人单位的劳动者在职业活动中，因接触粉尘、放射性物质和其他有毒、有害物质等因素而引起的疾病。各国法律都有对于职业病预防方面的规定，一般来说，凡是符合法律规定的疾病才能称为职业病。

在生产劳动中，接触生产中使用或产生的有毒化学物质、粉尘气雾、异常的气象条件、高低气压、噪声、振动、微波、X射线、γ射线、细菌、霉菌；长期强迫体位操作，局部组织器官持续受压等，均可引起职业病，一般将这类职业病称为广义的职业病。对其中某些危害性较大，诊断标准明确，结合国情，由政府有关部门审定公布的职业病，称为狭义的职业病，或称法定(规定)职业病。

中国政府规定诊断为法定(规定)职业病的，需由诊断部门向卫生主管部门报告；规定职业病患者，在治疗休息期间，以及确定为伤残或治疗无效而死亡时，按照国家有关规定，享受工伤保险待遇或职业病待遇。有的国家对职业病患者给予经济赔偿，因此，也有称这类疾病为需赔偿的疾病。《职业病防治法》规定职业病的诊断应当由省级卫生行政部门批准的医疗卫生机构承担。

2. 职业病危害因素

职业病危害，指对从事职业活动的劳动者可能导致职业病的各种危害。

职业病危害因素包括职业活动中存在的各种有害的化学、物理、生物等因素，以及在作业过程中产生的其他职业有害因素。

第二节 安全生产管理原理与原则

安全生产管理原理是从生产管理的共性出发，对生产管理中安全工作的实质内容进行科学分析、综合、抽象与概括所得出的安全生产管理规律。安全生产管理作为管理的主要组成部分，遵循管理的普遍规律，既服从管理的基本原理与原则，又有其特殊的原理与原则。

安全生产管理原则是指在生产管理原理的基础上，指导安全生产活动的通用规则。

一、系统原理与原则

(一) 系统原理的含义

系统就是若干相互联系、相互作用、相互依赖的要素结合而成的，具有一定的结构和功能，并处在一定环境下的有机整体。系统的整体具有不同于组成要素的新的性质和功能。具体来讲，系统的各要素之间、要素与整体之间，以及整体与环境之间，存在着一定的有机联系，从而在系统的内部和外部形成一定的结构。要素、联系、结构、功能和环境是构成系统的基本条件。

系统是普遍存在的，它既可以应用于自然和社会事件，又可应用于大小单位组织的人际关系之中。因此，可以把任何一个管理对象都看成是特定的系统。组织管理者要实现管理的有效性，就必须对管理进行充分的系统分析，把握住管理的每一个要素及要素间的联系，实现系统化的管理。系统原理是现代管理科学中的一个最基本的原理。

安全生产管理系统是生产管理的一个子系统，包括各级安全管理人员、安全卫生防护设备与设施、安全管理规章制度、安全生产操作规范和规程、安全生产管理信息等。

从系统论的角度来说，安全贯穿于生产活动的方方面面，安全生产管理是全方位、全天候和涉及全体人员的管理。

（二）系统原理的运用原则

1. 动态相关性原则

含义：构成管理系统的各要素是运动和发展的，它们相互联系又相互制约。显然，如果管理系统的各要素都处于静止状态（意味着没有扰动、变更、能量意外释放），就不会发生事故。

2. 整分合原则

含义：现代高效率的管理必须在整体规划下明确分工，在分工基础上进行有效综合，这就是整分合原则。

整分合原则在安全管理中的意义：

（1）整：企业管理者在制定整体目标和进行宏观决策时，必须将安全生产纳入其中，作为整体规划的一项重要内容加以考虑；在考虑资金、人员和体系时，都必须将安全生产作为一项重要内容考虑；

（2）分：安全生产管理必须做到明确分工，人人抓安全；

（3）合：安全生产必须形成合力，重视团队意识，密切配合。

3. 反馈原则

反馈（Feedback，又称回授），是控制论的基本概念，指将系统的输出返回到输入端并以某种方式改变输入，它们之间存在因果关系的回路，进而影响系统功能的过程。

根据反馈对输出产生影响的性质，可区分为正反馈和负反馈。前者使输出起到与输入相似的作用，使系统偏差不断增大，使系统振荡，可以放大控制作用，从而增强系统的输出；后者使输出起到与输入相反的作用，使系统输出与系统目标的误差减小，系统趋于稳定。

含义：成功、高效的管理，离不开灵敏、准确、快速的反馈，这就是反馈原则。企业生产的内部条件和外部环境在不断变化，所以必须及时捕获、反馈各种安全生产信息，以便及时采取针对性的行动。

4. 封闭原则

含义：在任何一个管理系统内部，管理手段、管理过程等必须构成一个连续封闭的回路，才能形成有效的管理活动，这就是封闭原则。

封闭原则告诉我们，在企业安全生产中，各管理机构之间，各种管理制度和方法之间，必须具有紧密的联系，形成相互支撑、相互制约的回路，管理才能有效。例如，生产经营单位安全生产教育培训需要制订教育培训计划，建立培训档案，培训结束时参加人员须通过考试（考核），形成闭环和反馈。

二、人本原理与原则

（一）人本原理的含义

在管理活动中必须把人的因素放在首位，体现以人为本的指导思想。

以人为本体现在目标和手段两个层面上，可简单概括为“一切为了人和一切依靠人”。

一切为了人：搞好企业安全生产管理，避免工伤事故与职业病的发生，充分保护企业职工的安全与健康，是人本原理的直接体现。是否重视员工生命与健康是红色企业家与黑色资本家的显著区别。

一切依靠人：一是一切管理活动均是以人为本展开的。人既是管理的主体(管理者)，又是管理的客体(被管理者)，每个人都处在一定的管理层次上，离开人就无所谓管理。二是在管理活动中，作为管理对象的诸要素(资金、物质、时间、信息等)和管理系统的诸环节，都需要人去掌管、运作、推动和实施的。能否激发、吸引全员参与决定了安全生产管理的成败。

(二) 人本原理的运用原则

1. 能级原则

现代管理学中的能级概念：组织中的单位和个人都具有一定的能量，并且可按能量大小的顺序排列，即形成现代管理中的能级。

能级原则：在管理系统中建立一套合理的能级，即根据每个人的能力特点安排其工作职位，做到才职相称，发挥不同能级的能量，保证结构的稳定性和管理的有效性。

2. 动力与激励原则

推动管理活动的基本力量是人，管理必须采用一定的激励手段来激发人的工作动力。

动力的产生可以来自物质、精神和信息：

(1) 物质激励：即以适当的物质利益刺激人的行为动机，达到激发人的积极性的目的。

(2) 精神鼓励：即利用表彰、批评等手段实现对管理对象的正反馈或负反馈效果。

(3) 信息动力：即运用理想、信念、道德与文化等信息激发人的内在动力。

3. 全员参与

安全生产管理，为什么一定要全员参与呢？如果没有员工的参与，安全管理上所有的东西将是一纸空文，落不到实处；没有员工的参与，形成不了一个企业的安全文化，或者说只能形成一个物态的安全文化现象。

企业应为全员参与安全生产和职业卫生工作创造必要的条件，建立激励约束机制，鼓励从业人员积极建言献策，营造自下而上、自上而下全员重视安全生产和职业卫生的良好氛围，不断改进和提升安全生产和职业卫生管理水平。全员参与不是让员工被动地服从，而是引导、激励其积极自主地参与安全管理与安全文化建设。全员参与不是某阶段性的形式，而是要一直持续下去的，否则很容易给员工的感觉是搞运动战。全员参与，要让参与的人员有参与感。

三、预防原理及原则

(一) 预防原理的含义

安全生产管理工作应该做到预防为主，通过有效的技术措施和管理手段，控制物的不安全状态和人的不安全行为，预防事故和职业病的发生。防患于未然，而不是亡羊再补牢。

(二) 预防原理的运用原则

1. 本质安全化原则

从一开始和从本质上实现了安全化，从根本上消除事故发生的可能性，从而达到预防事故发生的目的。

2. 因果关系原则

事故的发生是许多因素互为因果、连续发生的最终结果，只要诱发事故的因素存在，发生事故是必然的，只是时间早晚而已，这就是因果关系原则。

3. 偶然损失原则

事故后果以及后果的严重程度，都是随机的、难以预测的。反复发生的同类事件，并不一定产生相同的后果，这就是事故损失的偶然性。

偶然损失原则告诉我们，无论事故损失的大小，都必须做好预防工作，及时消除隐患。

4. 3E 原则

事故原因可以归结为四个方面：人、机、环境、管理。

针对上述原因可以采取三种预防对策，即工程技术(Engineering)对策、教育(Education)对策和法制(Enforcement)对策。开头英文字母都为 E，所以称为 3E 原则。

工程技术对策着重解决物的不安全状态方面的问题；教育对策和法制对策则主要着眼于人的不安全行为，通过安全教育使人知道应该怎么做，而安全管理则是依靠法律法规、规章制度、标准等要求人必须怎么做。

四、强制原理及原则

(一) 强制原理

采取强制管理的手段控制人的意愿和行动，使个人的活动、行为等受到安全生产管理要求的约束，从而实现有效的安全生产管理。

所谓强制，就是无须做很多的思想工作来统一认识、讲清道理，被管理者必须绝对服从，不必经被管理者同意便可采取控制行动。

(二) 强制原理的运用原则

1. 安全第一原则

安全第一就是要求在进行生产和其他活动的时候把安全工作放在一切工作的首要位置。当生产和其他工作与安全发生矛盾时，要以安全为主，生产和其他工作要服从安全，这就是安全第一原则。

2. 监督原则

在安全工作中，为了使安全生产法律法规得到有效落实，必须明确安全生产监督职责，对企业生产中的守法和执法情况进行监督。

第三节　事故致因理论

事故致因理论是探索事故发生、发展规律，研究事故始末过程，揭示事故本质的理论。事故致因理论的研究目的是指导事故预防和防止同类事故重演，是安全科学的一个基础研究领域。事故致因理论分为单因素理论、多因素理论和系统理论三种。

一、事故倾向理论

(一) 事故频发倾向理论

1919 年，英国的格林伍德(Greenwood)和伍兹(Woods)对非同类工厂的伤害事故进行了统计分析，利用非均等分布、偏倚分布和泊松分布这三种统计方法对其发生次数进行研究分析。泊松分布主要研究人员没有个体差异，事故在一定时间内服从泊松分布，那么工厂的设备、生产条件以及一些其他偶然因素促使事故的发生。偏倚分布主要偏重人的心理和精神方面，工人如果发生一次事故，在进行同样操作时会犯同样的错误第二次、第三次。非均等分布就是说工厂中有很多人发生了事故，但是发生事故的多少不一样，那么这些有着不同次数事故经历的工人的人数服从非均等分布，这就确定了人是发生事故的主要原因。

1926 年，纽鲍尔德又对人在工厂中发生事故的次数进行研究，结果为 0.04±0.09 到 0.71±0.06。而后，马博对一个 3000 人的工厂进行调查，更进一步证明存在事故频发的倾向。

在此研究基础上，1939 年，法默(Farmer)和查姆勃(Chamber)等人提出了事故频发倾向(Accident Proneness)理论。事故频发倾向是指个别容易发生事故的稳定的个人内在倾向。事故频发倾向者的存在是工业事故发生的主要原因，即少数具有事故频发倾向的工人是事故频发倾向者，他们的存在是工业事故发生的原因。如果企业中减少了事故频发倾向者，就可以减少工业事故。

根据国外文献介绍，事故频发倾向者的性格特征如下：

（1）感情冲动，容易兴奋；

（2）喜怒无常、感情多变；

（3）喜悦和悲伤的比较极端的；

（4）脾气暴躁；

（5）慌慌张张、不沉着；

（6）处理问题轻率、冒失；

（7）理解能力低，判断和思考能力差；

（8）缺乏自制力；

（9）厌倦工作、没有耐心；

（10）动作生硬而工作效率低；

（11）运动神经迟钝，动作不灵活。

（二）事故遭遇倾向理论

事故遭遇倾向是指在一定的生产或者作业条件下，个别人容易导致事故产生的倾向。通过长期分析研究得到，大多数的事故并不是单一地由事故频发倾向者引起，而是和作业场所的危害程度有一定关系。

明兹和布卢姆建议用事故遭遇倾向理论取代事故频发倾向理论的概念，认为事故的发生不仅与个人因素有关，而且与生产条件有关。研究表明，不同时期作业条件与事故的发生次数具有相关关系。洛奇发现，生产的作业条件与工厂规模不同，相关系数也不同，大的工厂在 0.6 左右，小的工厂则上下起伏不定。克尔调查了几十个工厂中的 40 项生产作业条件因素和个人因素与事故发生和伤害严重程度的关系，证明了事故的发生与多项生产设备和条件有关。

自格林伍德的研究起，迄今有无数的研究者对事故频发倾向理论的科学性问题进行了专门的研究探讨，关于事故频发倾向者存在与否的问题一直有争议。实际上，事故遭遇倾向就是事故频发倾向理论的修正。

许多研究结果证明，事故频发倾向者并不存在：

（1）当每个人发生事故的概率相等且概率极小时，一定时期内发生事故次数服从泊松分布。根据泊松分布，大部分工人发生事故，少数工人只发生一次，只有极少数工人发生两次以上事故。大量的事故统计资料是服从泊松分布的。例如，摩尔(D. L. Morth)等人研究了海上石油钻井工人连续两年时间伤害事故情况，得到了受伤次数多的工人数没有超出泊松分布范围的结论。

(2) 许多研究结果表明，某一段时间里发生事故次数多的人，在以后的时间里往往发生事故次数不再多了，并非永远是事故频发倾向者。通过数十年的实验及临床研究，很难找出事故频发者的稳定的个人特性。换言之，许多人发生事故是由于他们行为的某种瞬时特征引起的。

(3) 根据事故频发倾向理论，防止事故的重要措施是人员选择。但是许多研究表明，把事故发生次数多的工人调离后，企业的事故发生率并没有降低。例如，韦勒(Waller)对司机的调查，伯纳基(Bernacki)对铁路调车员的调查，都证实了调离或解雇发生事故多的工人，并没有减少伤亡事故发生率。

理论意义：尽管事故频发倾向在理论上是站不住脚的，然而企业职工队伍中存在少数容易发生事故的人这一现象并不罕见。例如，某钢铁企业把容易出事故的人称作“危险人物”，把这些“危险人物”调离原工作岗位后，车间的伤亡事故明显减少；某运输公司把出事故多的司机定为“危险人物”，规定这些司机不能担任长途运输任务，也取得了较好的预防事故效果。

其实，工业生产中的许多操作对操作者的素质都有一定的要求，或者说，人员有一定的职业适合性。当人员的素质不符合生产操作要求时，人在生产操作中就会发生失误或不安全行为，从而导致事故发生。危险性较高的、重要的操作，对人的素质要求也较高。例如，特种作业人员需要经过专门的培训、严格的考核，取得特种作业操作证后才能从事。因此，尽管事故频发倾向论把工业事故的原因归结为少数事故频发倾向者的观点是错误的，然而从职业适合性的角度来看，关于事故频发倾向的认识也有一定可取之处。

二、因果连锁理论

(一) 海因里希因果连锁理论(多米诺骨牌理论)

1931 年，美国的海因里希(Heinrich)在《工业事故预防》一书中，阐述了工业安全理论，该书的主要内容之一就是论述了事故发生的因果连锁理论，后人称其为海因里希因果连锁理论。该理论认为，伤亡事故的发生不是一个孤立的事件，尽管伤害可能在某瞬间突然发生，却是一系列事件相继发生的结果。

海因里希把工业伤害事故的发生、发展过程描述为具有一定因果关系的事件的连锁发生过程，即：

(1) 人员伤亡的发生是事故的结果。

(2) 事故的发生是由于人的不安全行为和物的不安全状态造成的。

(3) 人的不安全行为或物的不安全状态是由于人的缺点造成的。

(4) 人的缺点是由不良环境诱发的，或者是由先天的遗传因素造成的。

在该理论中，海因里希借助于多米诺骨牌形象地描述了事故的因果连锁关系，即事故的发生是一连串事件按一定顺序互为因果依次发生的结果。如一块骨牌倒下，则发生连锁反应，使后面的骨牌依次倒下。

海因里希模型这 5 块骨牌依次是：

(1) 遗传及社会环境(M)。遗传及社会环境是造成人的缺点的原因。遗传因素可能使人具有鲁莽、固执、粗心等不良性格；社会环境可能妨碍教育，助长不良性格的发展。这是事故因果链上最基本的因素。

(2) 人的缺点(P)。人的缺点是由遗传和社会环境因素所造成，是使人产生不安全行为或使物产生不安全状态的主要原因。这些缺点既包括各类不良性格，也包括缺乏安全生产知识和技能等后天的不足。

(3) 人的不安全行为和物的不安全状态(H)。所谓人的不安全行为或物的不安全状态是指那些曾经引起过事故，或可能引起事故的人的行为，或机械、物质的状态，它们是造成事故的直接原因。例如，在起重机的吊物下停留、不发信号就启动机器、工作时间打闹或拆除安全防护装置等都属于人的不安全行为；没有防护的传动齿轮、裸露的带电体或照明不良等属于物的不安全状态。

(4) 事故(D)。即由物体、物质或放射线等对人体发生作用受到伤害的、出乎意料的、失去控制的事件。例如，坠落、物体打击等使人员受到伤害的事件是典型的事故。

(5) 伤害(A)。直接由于事故而产生的人身伤害。

人们用多米诺骨牌来形象地描述这种事故因果连锁关系，得到图 1-1 中那样的多米诺骨牌系列。在多米诺骨牌系列中，一颗骨牌被碰倒了，则将发生连锁反应，其余的几颗骨牌相继被碰倒。如果移去连锁中的一颗骨牌，则连锁被破坏，事故过程被中止。

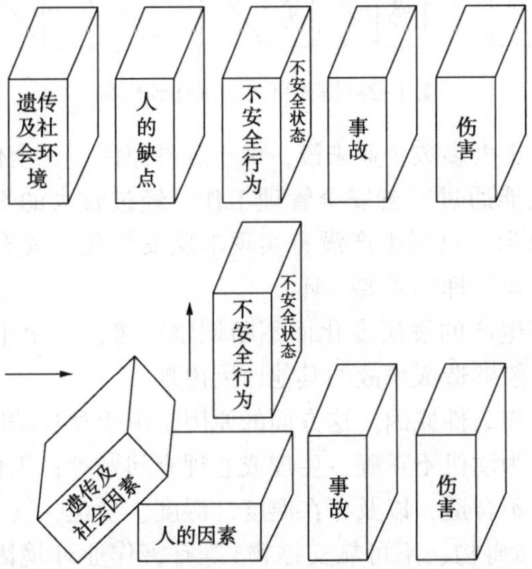

图 1-1　海因里希事故因果连锁

该理论的积极意义在于，如果移去因果连锁中的任一块骨牌，则连锁被破坏，事故过程即被中止，达到控制事故的目的。海因里希还强调指出，企业安全工作的中心就是要移去中间的骨牌，即防止人的不安全行为和物的不安全状态，从而中断事故的进程，避免伤害的发生。当然，通过改善社会环境，使人具有更为良好的安全意识；加强培训，使人具有较好的安全技能；或者加强应急救援处置，也都能在不同程度上移去事故连锁中的某一骨牌或增加该骨牌的稳定性，使事故得到预防和控制。

当然，海因里希理论也有明显的不足，它对事故因果连锁关系描述过于简单化、绝对化，也过多地考虑了人的因素。但尽管如此，由于该理论的形象化和其在事故致因研究中的先导作用，使其有着重要的历史地位。后来，博德(Frank Bird)、亚当斯(Edward Adams)等人都在此基础上进行了进一步的修改和完善，并且使事故致因理论的适用范围从原本单一的企业、工厂管理扩至更大的国家影响范围。

（二）博德现代事故因果连锁理论

由于时代的局限性，海因里希将事故的基本原因归为遗传和社会环境，而这并不是影响人行为的主要因素。美国人博德(Frank Bird)提出了与现代安全观点更加吻合的事故因果连锁理论，包括以下几点：

博德事故因果连锁理论认为：事故的直接原因是人的不安全行为、物的不安全状态；间接原因包括个人因素及与工作有关的因素。根本原因是管理的缺陷，即管理上存在的问题或缺陷是导致间接原因存在的原因，间接原因的存在又导致直接原因存在，最终导致事故发生。

博德的事故因果连锁过程同样为五个因素(图 1-2)，但每个因素的含义与海因里希的都有所不同：

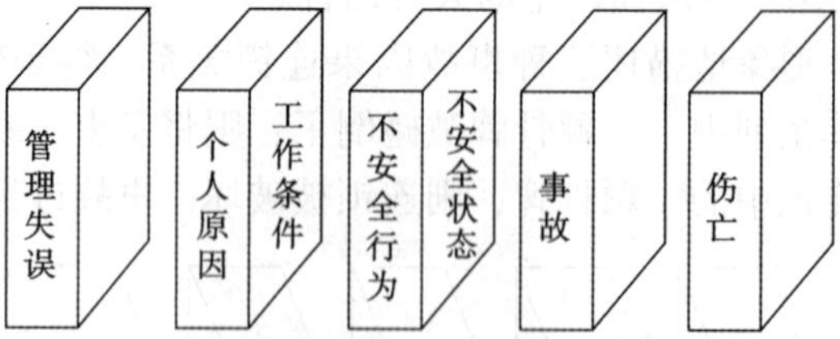

图 1-2　博德事故因果连锁模型

第一，管理失误。对于大多数企业来说，由于各种原因，完全依靠工程技术措施预防事故既不经济也不现实，只能通过完善安全管理工作，经过较大的努力，才能防止事故的发生。企业管理者必须认识到，只要生产没有实现本质安全化，就有发生事故及伤害的可能性。因此，安全管理是企业管理的重要一环。

安全管理系统要随着生产的发展变化而不断调整完善，十全十美的管理系统不可能存在。安全管理上的缺陷，能够造成事故的其他原因出现。

第二，个人原因及工作条件原因。这方面的原因是由于管理缺陷造成的。个人原因包括缺乏安全知识或技能，行为动机不正确，生理或心理有问题等；工作条件原因包括安全操作规程不健全，设备、材料不合适，以及存在温度、湿度、粉尘、气体、噪声、照明、工作场地状况(如打滑的地面、障碍物、不可靠支撑物)等有害作业环境因素。只有找出并控制这些原因，才能有效地防止后续原因的发生，从而防止事故的发生。

第三，直接原因。人的不安全行为或物的不安全状态是事故的直接原因。这种原因是安全管理中必须重点加以追究的原因。但是，直接原因只是一种表面现象，是深层次原因的表征。在实际工作中，不能停留在这种表面现象上，而要追究其背后隐藏的管理上的缺陷原因，并采取有效的控制措施，从根本上杜绝事故的发生。

第四，事故。这里的事故被看作是人体或物体与超过其承受阈值的能量接触，或人体与妨碍正常生理活动的物质的接触。因此，防止事故就是防止接触。可以通过对装置、材料、工艺等的改进来防止能量的释放，或者操作者提高识别和回避危险的能力，佩戴个人防护用具等来防止接触。

第五，损失。人员伤害及财物损坏统称为损失。人员伤害包括工伤、职业病、精神创伤等。

在许多情况下，可以采取恰当的措施使事故造成的损失最大限度地减小。例如，对受伤人员进行迅速正确地抢救，对设备进行抢修以及平时对有关人员进行应急训练等。

（三）亚当斯事故因果连锁理论

亚当斯(Edward Adams)提出了一种与博德事故因果连锁理论类似的因果连锁模型，在该理论中，事故和损失因素与博德理论相似。这里把人的不安全行为和物的不安全状态称为现场失误，其目的在于提醒人们注意不安全行为和不安全状态的性质。

该模型以表格的形式给出，见表1-1。

表1-1　亚当斯事故因果连锁理论

管理体制	管理失误		现场失误	事故	伤害或损坏
目标组织机能	领导者在下述方面决策错误或没做决策： 政策 目标 权威 责任 职责 注意范围 权限授予	安全技术人员在下述方面管理失误或疏忽： 行为 责任 权威 规则 指导主动性 积极性 业务活动	安全行为 不安全状态	伤亡事故 损坏事故 无伤害事故	对人 对物

在该因果连锁理论中，第四、第五个因素基本上与博德的事故因果连锁理论相似。这里把事故的直接原因，人的不安全行为及物的不安全状态称作现场失误。本来，不安全行为和不安全状态是操作者在生产过程中的错误行为及生产条件方面的问题，采用现场失误这一术语，其主要目的在于提醒人们注意不安全行为及不安全状态的性质。

该理论的核心在于对现场失误的背后原因进行了深入的研究。操作者的不安全行为及生产作业中的不安全状态等现场失误，是由于企业领导者及事故预防工作人员的管理失误造成的。管理人员在管理工作中的差错或疏忽，企业领导人决策错误或没有做出决策等失误，对企业经营管理及事故预防工作具有决定性的影响。管理失误反映企业管理系统中的问题，它涉及管理体制，即有组织地进行管理工作，确定怎样的管理目标，如何计划、实现确定的目标等方面的问题。管理体制反映作为决策中心的领导人的信念、目标及规范，它决定各级管理人员安排工作的轻重缓急，工作基准及指导方针等重大问题。

（四）北川彻三事故因果连锁理论

日本人北川彻三在西方学者提出的事故因果连锁理论的基础上提出了另一种事故因果连锁理论。

西方学者的事故因果连锁理论把考察的范围局限在企业内部，用以指导企业的事故预防工作。实际上，工业伤害事故发生的原因是复杂多样的，一个国家或地区的政治、经济、文化、教育、科技水平等诸多社会因素，对企业内部伤害事故的发生和预防有着重要的影响。北川彻三基于这种考虑把事故原因进行归类，见表1-2。

表 1-2 北川彻三事故因果连锁理论

基本原因	间接原因	直接原因		
管理原因 学校教育原因 社会和历史原因	技术原因	不安全行为 不安全状态	事故	伤害
	教育原因			
	身体原因			
	精神原因			

北川彻三从社会大环境角度找寻导致事故的原因，为我们从社会角度来思考和预防事故提供了理论基础。

三、能量意外释放理论

能量意外释放理论由吉布森和哈登提出。

1961 年，吉布森提出了事故是一种不正常的或不希望的能量释放，各种形式的能量是构成伤害的直接原因。因此，应该通过控制能量或能量载体来预防伤害事故。

在吉布森的研究基础上，1966 年哈登完善了能量意外释放理论，提出"人受伤害的原因只能是某种能量的转移"。并提出了能量逆流于人体造成伤害的分类方法，将伤害分为两类：第一类伤害是由于施加了局部或全身性损伤阈值的能量引起的；第二类伤害是由影响了局部或全身性能量交换引起的，主要指中毒窒息和冻伤。哈登认为，在一定条件下某种形式的能量能否产生伤害造成人员伤亡事故取决于能量大小、接触能量时间长短和频率以及力的集中程度。

理论意义：

能量意外释放理论与其他事故致因理论比较，具有两个优点：一是把各种能量对人体的伤害归结为伤亡事故的主要原因，从而决定了以对能量源及能量传递装置加以控制作为防止或减少伤害发生的最佳手段这一原则；二是依照该理论建立的对伤亡事故的统计分类，是一种可以全面概况、阐明伤亡事故类型和性质的统计分类方法。

四、轨迹交叉理论

轨迹交叉理论（trace intersecting theory）可以概括为：设备故障（或物的不安全状态）与人失误，两事件链的轨迹交叉就会构成事故。在多数情况下，由于企业管理不善，工人缺乏教育和训练，或者机械设备缺乏维护、检修以及安全装置不完备，导致人的不安全行为或物的不安全状态。

（一）理论提出

随着生产技术的提高以及事故致因理论的发展完善，人们对人和物两种因素在事故致因中地位的认识发生了很大变化。一方面是由于生产技术进步的同时，生产装置、生产条件不安全的问题越来越引起了人们的重视；另一方面是人们对人的因素研究的深入，能够正确地区分人的不安全行为和物的不安全状态。

约翰逊（W. G. Johnson）认为，判断到底是不安全行为还是不安全状态，受研究者主观因素的影响，取决于他认识问题的深刻程度。许多人由于缺乏有关失误方面的知识，把由于人失误造成的不安全状态看作是不安全行为。一起伤亡事故的发生，除了人的不安全行为之外，一定存在着某种不安全状态，并且不安全状态对事故发生作用更大些。

斯奇巴(Skiba)提出，生产操作人员与机械设备两种因素都对事故的发生有影响，并且机械设备的危险状态对事故的发生作用更大些，只有当两种因素同时出现，才能发生事故。

轨迹交叉理论主要观点是：在事故发展进程中，人的因素运动轨迹与物的因素运动轨迹的交点就是事故发生的时间和空间，即人的不安全行为和物的不安全状态发生于同一时间、同一空间或者说人的不安全行为与物的不安全状态相遇，则将在此时间、此空间发生事故。

轨迹交叉理论作为一种事故致因理论，强调人的因素和物的因素在事故致因中占有同样重要的地位。按照该理论，可以通过避免人与物两种因素运动轨迹交叉，即避免人的不安全行为和物的不安全状态同时、同地出现，来预防事故的发生。

（二）作用原理

轨迹交叉理论将事故的发生发展过程描述为：基本原因→间接原因→直接原因 →事故→伤害。从事故发展运动的角度，这样的过程被形容为事故致因因素导致事故的运动轨迹，具体包括人的因素运动轨迹和物的因素运动轨迹，见图 1-3。

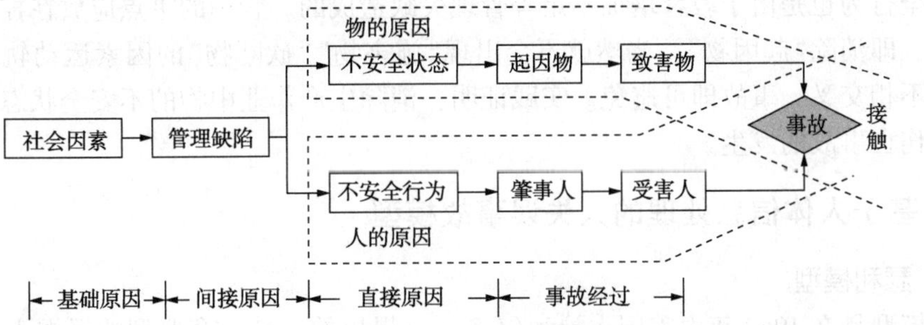

图 1-3　轨迹交叉理论事故模型

1. 人的因素运动轨迹

人的不安全行为基于生理、心理、环境、行为几个方面而产生：

(1) 生理、先天身心缺陷；

(2) 社会环境、企业管理上的缺陷；

(3) 后天的心理缺陷；

(4) 视、听、嗅、味、触等感官能量分配上的差异；

(5) 行为失误。

2. 物的因素运动轨迹

在物的因素运动轨迹中，在生产过程各阶段都可能产生不安全状态：

(1) 设计上的缺陷，如用材不当，强度计算错误、结构完整性差、采矿方法不适应矿床围岩性质等；

(2) 制造、工艺流程上的缺陷；

(3) 维修保养上的缺陷，降低了可靠性；

(4) 使用上的缺陷；

(5) 作业场所环境上的缺陷。

在生产过程中，人的因素运动轨迹按(1)→(2)→(3)→(4)→(5)的方向顺序进行，物的因素运动轨迹按(1)→(2)→(3)→(4)→(5)的方向进行。人、物两轨迹相交的时间与地点，就是发生伤亡事故“时空”，也就导致了事故的发生。

值得注意的是，许多情况下人与物又互为因果。例如，有时物的不安全状态诱发了人的不安全行为，而人的不安全行为又促进了物的不安全状态的发展或导致新的不安全状态出现。因而，实际的事故并非简单地按照上述的人、物两条轨迹进行，而是呈现非常复杂的因果关系。

若设法排除机械设备或处理危险物质过程中的隐患或者消除人为失误和不安全行为，使两事件链连锁中断，则两系列运动轨迹不能相交，危险就不能出现，就可避免事故发生。

理论意义：

轨迹交叉理论作为一种事故致因理论，强调物的因素和人的因素在事故致因中占有同样重要的地位。该理论突出强调的是砍断物的事件链，提倡采用可靠性高、结构完整性强的系统和设备，大力推广保险系统、防护系统和信号系统及高度自动化和遥控装置。这样，即使人为失误，构成人的因素(1)→(5)系列，也会因安全闭锁等可靠性高的安全系统的作用，控制住物的因素(1)→(5)系列的发展，可完全避免伤亡事故的发生。

一些领导和管理人员总是错误地把一切伤亡事故归咎于操作人员“违章作业”。实际上，人的不安全行为也是由于教育培训不足等管理欠缺造成的。管理的重点应放在控制物的不安全状态上，即消除“起因物”，当然就不会出现“施害物”“砍断物”的因素运动轨迹，使人与物的轨迹不相交叉，事故即可避免。实践证明，消除生产作业中物的不安全状态，可以大幅度地减少伤亡事故的发生。

五、基于人体信息处理的人失误事故模型

（一）瑟利模型

瑟利模型是在 1969 年由美国人瑟利(J. Surry)提出的，是一个典型的根据人的认知过程分析事故致因的理论，见图 1-4。

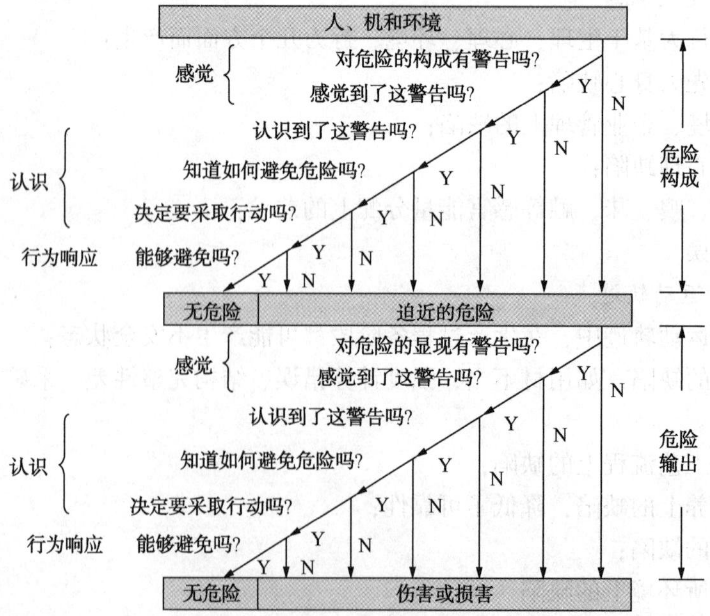

图 1-4　瑟利模型

该模型把事故的发生过程分为危险出现和危险释放两个阶段，这两个阶段各自包括一组类似的人的信息处理过程，即感觉、认识和行为响应。在危险出现阶段，如果人的信息处理的每个环节都正确，危险就能被消除或得到控制；反之，就会使操作者直接面临危险。在危险释放阶段，如果人的信息处理过程的各个环节都是正确的，则虽然面临着已经显现出来的危险，但仍然可以避免危险释放出来，不会带来伤害或损害；反之，危险就会转化成伤害或损害。

瑟利模型不仅分析了危险出现、释放直至导致事故的原因，而且还为事故预防提供了一个良好的思路。首先应采用技术的手段使危险状态充分地显现出来，使操作者能够有更好的机会感觉到危险的出现或释放，这样才有预防或控制事故的条件和可能。其次应通过培训和教育的手段，提高人感觉危险信号的敏感性，包括抗干扰能力等，同时也应采用相应的技术手段帮助操作者正确地感觉危险状态信息，如采用能避开干扰的警告方式或加大警告信号的强度等。第三应通过教育和培训的手段使操作者在感觉到警告之后，准确地理解其含义，并知道应采取何种措施避免危险发生或控制其后果。同时，在此基础上，结合各方面的因素做出正确的决策。最后，则应通过系统及其辅助设施的设计使人在作出正确的决策后，有足够的时间和条件作出行为响应，并通过培训的手段使人能够迅速、敏捷、正确地作出行为响应。这样，事故就会在相当大的程度上得到控制，取得良好的预防效果。

瑟利模型适用于描述危险局面出现得比较慢，如不及时改正则有可能发生事故的情况。对于描述发展迅速的事故，也有一定的参考价值。

（二）威格里斯沃思模型

威格里斯沃思在 1972 年提出，人失误构成了所有类型事故的基础(图 1-5)。他把人失误定义为“(人)错误地或不适当地响应一个外界刺激”。他认为，在生产操作过程中，各种各样的信息不断地作用于操作者的感官，给操作者以“刺激”。若操作者能对刺激作出正确的响应，事故就不会发生；反之，如果错误或不恰当地响应了一个刺激(人失误)，就有可能出现危险。危险是否会带来伤害事故，则取决于一些随机因素。

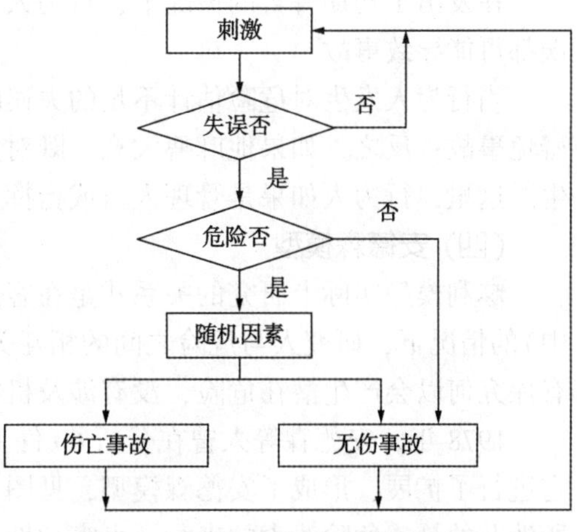

图 1-5　威格里斯沃思事故模型

尽管这个模型突出了人的不安全行为来描述事故现象，但不能解释人为什么会发生失误，它也不适用于不以人失误为主的事故。

（三）劳伦斯模型

劳伦斯在威格里斯沃思和瑟利等人的人失误模型的基础上，通过对南非金矿中发生的事故的研究，于 1974 年提出了针对金矿企业以人失误为主因的事故模型，见图 1-6。该模型对一般矿山企业和其他企业中比较复杂的事故情况也普遍适用。

在生产过程中，当危险出现时，往往会产生某种形式的信息，向人们发出警告，如突然出现或不断扩大的裂缝、异常的声响、刺激性的烟气等。这种警告信息叫作初期警告。初期警告还包括各种安全监测设施发出的报警信号。如果没有初期警告就发生了事故，则往往是由于缺乏有效的监测手段，或者是管理人员事先没有提醒人们存在着危险因素，行为人在不知道危险存在的情况下发生的事故，属于管理失误造成的。

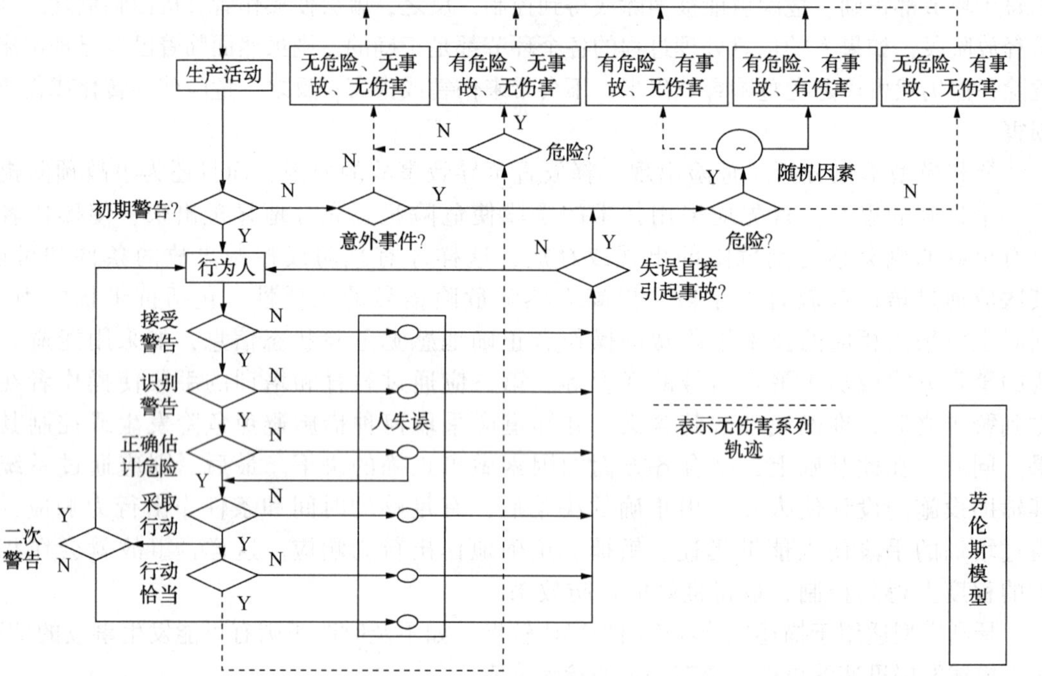

图 1-6　劳伦斯模型

在发出了初期警告的情况下，行为人在接受、识别警告，或对警告作出反应等方面的失误都可能导致事故。

当行为人发生对危险估计不足的失误时，如果他还是采取了相应的行动，则仍然有可能避免事故；反之，如果他麻痹大意，既对危险估计不足，又不采取行动，则会导致事故的发生。这里，行为人如果是管理人员或指挥人员，则低估危险的后果将更加严重。

(四) 安德森模型

瑟利模型实际上研究的关系式是在客观已经存在的潜在危险(存在于机械的运动和环境中)的情况下，研究人与危险之间的相互关系、反馈和调整控制的问题。然而，瑟利模型没有探究何以会产生潜在危险，没有涉及机械及周围环境的运行过程。

1978 年，安德森等人曾在分析 60 件工业事故中应用瑟利模型，发现上述问题，从而对它进行了扩展，形成了安德森模型，见图 1-7。该模型是在瑟利模型之上增加了一组问题，所涉及的是，危险线索的来源及可察觉性，运行系统内的波动(机械运行过程及环境状况的不稳定性)，以及控制或减少这些波动使之与人(操作者)的行为的波动相一致。

(五) 海尔模型

海尔模型是研究伤亡事故致因的一种系统模型。1970 年，名叫海尔的两个同名人认为，当人们对事件的真实情况不能做出适当响应时，事故就会发生。海尔的模型集中于操作者与运行系统的相互作用。

海尔模型是一个闭环反馈系统，把下列四大方面的相互关系清楚地显示了出来：察觉情况；接受信息；处理信息、用行动改变形势；新的察觉、处理、响应。

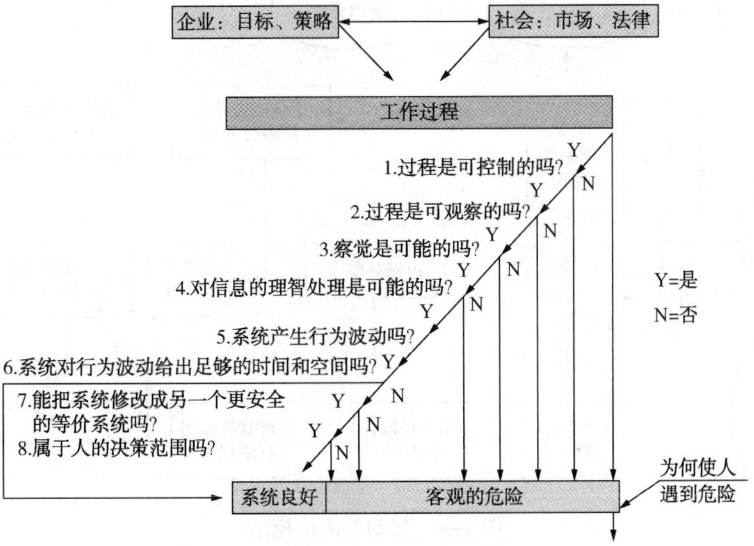

图 1-7　安德森模型

六、动态变化理论

(一) 扰动起源论

本尼尔(Benner)认为，事故过程包含着一组相继发生的事件。这里，事件是指生产活动中发生的某种事情，如一次瞬间或重大的情况变化，一次已经被避免的或导致另一事件发生的偶然事件等。因而，可以将生产活动看作是一个自觉或不自觉地指向某种预期的或意外的结果的事件链，它包含生产系统元素间的相互作用和变化着的外界的影响。由事件链组成的正常生产活动，是在一种自动调节的动态平衡中进行的，在事件的稳定运行中向预期的结果发展。

事件的发生必然是由某人或某物引起的，如果把引起事件的人或物称为“行为者”，而其动作或运动称为“行为”，则可以用行为者及其行为来描述一个事件。在生产活动中，如果行为者的行为得当，则可以维持事件过程稳定地进行；否则，可能中断生产，甚至造成伤害事故。

生产系统的外界影响是经常变化的，可能偏离正常的或预期的情况。这里称外界影响的变化为“扰动”(Perturbation)，扰动将作用于行为者。产生扰动的事件称为起源事件。

当行为者能够适应不超过其承受能力的扰动时，生产活动可以维持动态平衡而不发生事故。如果其中的一个行为者不能适应这种扰动，则自动平衡过程被破坏，开始一个新的事件过程，即事故过程。该事件过程可能使某一行为者因承受不了过量的能量而导致伤害或损害，这些伤害或损害事件可能依次引起其他变化或能量释放，作用于下一个行为者并使其承受过量的能量，发生连续的伤害或损害。当然，如果行为者能够承受冲击而不发生伤害或损害，则事件过程将继续进行。

综上所述，可以将事故看作由事件链中的扰动开始，以伤害或损害为结束的过程，见图 1-8。这种事故理论也叫作“P 理论”。

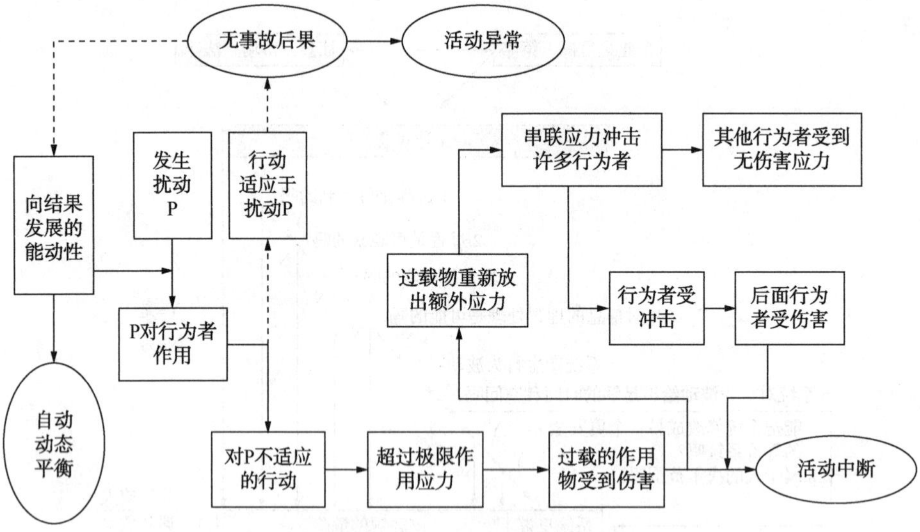

图 1-8 扰动起源论模型

（二）变化-失误理论

变化-失误理论是由约翰逊在对管理疏忽与危险树 MORT(Management Oversight and Risk Tree)的研究中提出并贯彻其理论之中的。其主要观点是：运行系统中与能量和失误相对应的变化是事故发生的根本原因。没有变化就没有事故。人们能感觉到变化的存在，也能采用一些基本的反馈方法去探测那些有可能引起事故的变化。而且对变化的敏感程度，也是衡量各级企业领导和专业安全人员的安全管理水平的重要标志。

当然，必须指出的是，并非所有的变化均能导致事故。在众多的变化中，只有极少数的变化会引起人的失误，而众多的变化引起的人的失误中，又只有极少数的一部分失误会导致事故的发生。而另一方面，并非所有主观上有着良好动机而人为造成的变化都会产生较好的效果。如果不断地调整管理体制和机构，使人难以适应新的变化进而产生失误，必将会事与愿违，事倍功半，甚至造成重大损失。

在变化-失误理论的基础上，约翰逊提出了变化分析的方法。即以现有的、已知的系统为基础，研究所有计划中和实际存在的变化的性质，分析每个变化单独地和若干个变化结合地对系统产生的影响，并据此提出相应的防止不良变化的措施。

七、系统安全理论

（一）理论产生背景

系统安全工程创始于美国，并且首先使用于军事工业方面。20 世纪 50 年代末，科学技术进步的一个显著特征是设备、工艺和产品越来越复杂。战略武器的研制、宇宙开发和核电站建设等使得作为现代先进科学技术标志的复杂巨系统相继问世。这些复杂巨系统往往由数以千计、万计的元件、部件组成，元件、部件之间以非常复杂的关系相连接，在它们被研制和被利用的过程中常常涉及高能量。系统中的微小的差错就可能引起大量的能量向外释放，导致灾难性的事故。这些复杂巨系统的安全性问题受到了人们的关注。

在开发研制、使用和维护这些复杂巨系统的过程中，逐渐萌发了系统安全的基本思想。作为现代事故预防理论和方法体系的系统安全理论产生于美国研制民兵式洲际导弹的过程中。

（二）主要观点

系统安全是人们为预防复杂巨系统事故而开发、研究出来的安全理论、方法体系。所谓系统安全，是在系统寿命期间内应用系统安全工程和管理方法辨识系统中的危险源，并采取控制措施使其危险性最小，从而使系统在规定的性能、时间和成本范围内达到最佳的安全程度。

系统安全理论包括很多区别于传统安全理论的创新概念：

（1）在事故致因理论方面，改变了人们只注重操作人员的不安全行为，而忽略硬件的故障在事故致因中作用的传统观念，开始考虑如何通过改善物的系统可靠性来提高复杂系统的安全性，从而避免事故。

（2）系统中存在的危险源是事故发生的原因。不同的危险源可能有不同的危险性。危险性是指某种危险源导致事故，造成人员伤害、财物损坏或环境污染的可能性。由于不能彻底地消除所有的危险源，也就不存在绝对的安全。所谓的安全，只不过是没有超过允许限度的危险。因此，系统安全的目标不是事故为零，而是最佳的安全程度。

（3）不可能根除一切危险源，可以减少来自现有危险源的危险性，应减少总的危险性而不是只消除几种选定的风险。

（4）由于人的认识能力有限，有时不能完全认识危险源及其风险，即使认识了现有的危险源，随着生产技术的发展，新技术、新工艺、新设备、新材料和新能源的出现，又会产生新的危险源。由于受技术、资金、劳动力等因素的限制，对于认识了的危险源也不可能完全根除。安全工作的目标就是控制危险源，努力把事故发生概率减到最低，即使万一发生事故时，也把伤害和损失控制在较低的程度上。

（5）系统安全注重整个系统寿命期间的事故预防，尤其强调在新系统的开发、设计阶段采取措施消除、控制危险源。对于正在运行的系统，如工业生产系统，管理方面的疏忽和失误是事故的主要原因。约翰逊等人很早就注意了这个问题，创立了系统安全管理的理论和方法体系 MORT。该体系把能量意外释放论、变化的观点、人失误理论等引入其中，又包括了工业事故预防中的许多行之有效的管理方法，如事故判定技术、标准化作业、职业安全分析等。它的基本思想和方法对现代工业安全管理产生了深刻的影响。

（6）系统安全认为可能意外释放的能量是事故发生的根本原因，而对能量控制的失效是事故发生的直接原因。这涉及能量控制措施的可靠性问题。在系统安全研究中，不可靠被认为是不安全的原因。可靠性工程是系统安全工程的基础之一。

研究可靠性时，涉及物的因素时使用故障这一术语，涉及人的因素时使用人失误这一术语。这些术语的含义较以往的人的不安全行为、物的不安全状态深刻得多。一般地，一起事故的发生是许多人失误和物的故障相互复杂关联、共同作用的结果，即许多事故致因复杂作用的结果。因此，在预防事故时必须在弄清事故致因相互关系的基础上采取恰当的措施，而不是相互孤立地控制各个因素。

第四节　事故预防与控制对策

一、本质安全理论

“本质安全”一词的提出源于 20 世纪 50 年代世界宇航技术的发展，这一概念的广泛接受是和人类科学技术的进步以及对安全文化的认识密切相连的，是人类在生产、生活实践的发展过程中，对事故由被动接受到积极事先预防，以实现从源头杜绝事故和人类自身安全保护需要，在安全认识上取得的一大进步。

（一）本质安全概念

狭义的本质安全指的是通过设计等手段使生产设备或生产系统本身具有安全性，即使在误操作或发生故障的情况下也不会造成事故的功能。具体包括失误–安全（误操作不会导致事故发生或自动阻止误操作）、故障–安全功能（设备设施、工艺流程发生故障时还能暂时维持工作或自动转变安全状态）。

广义的本质安全是指："人–机–环境–管理"这一系统表现出的安全性能。简单来说，就是通过优化资源配置和提高其完整性，使整个系统安全可靠。

1. 人的本质安全

本质安全人是指想安全、会安全、能安全的人。人的本质安全是系统本质安全的关键。

2. 物的本质安全

不论在动态、静态过程中，物始终处在能够安全运行的状态。物的本质安全是系统本质安全的基础。应加大安全投入的力度，促进科技创新，不断提高机械设备、工艺过程的本质安全化水平。

3. 环境的本质安全

环境本质安全包括空间环境、时间环境、物理化学环境、自然环境和作业现场环境。在系统设计、建设、运行各阶段，尽可能排除各种不良的环境因素，创造出安全、健康乃至舒适的工作环境，最大限度提高环境的本质安全程度。

4. 管理的本质安全

管理的本质安全即管理规范和持续改进。通过规范制度、科学管理，杜绝管理上的失误，在生产中实现零隐患、零事故、零伤害。

管理的本质安全能够弥补物和环境本质安全方面的不足，起到"小米加步枪打赢飞机加大炮"的效果。

管理有科学性，同时不能否认经验性。管理模式是否有效必须经过实践和时间的检验，不是在办公室、会议室、实验室就能下结论的。杜邦安全文化是经过二百多年历史检验的、行之有效的管理模式。在安全问题上，无须讨论东、西，合理、有效就用，否则就要付出生命代价。

（二）非本质安全人的心性特征

非本质安全人的心性特征种类太多，不可穷尽，下面仅列举较普遍的几种类型：

1. 侥幸

侥幸心理是多种意识、心理、性格的综合，包含贪多、求快、省能、偷懒、冒险等。侥幸心理是违章人员普遍存在的心态。这些人员不是不懂安全操作规程或缺乏安全知识，也不是技能水平差，而是"明知故犯"。在他们看来"违章不一定出事，出事不一定伤人，伤人不一定是我"。往往因一时侥幸，造成不可挽回的损失，追悔莫及。

例如：

（1）为了图凉快不戴安全帽；

（2）为了省时间而擅闯危险区；

（3）为了多生产而拆掉安全装置；

(4) 为了尽快动火，不开动火证；

(5) 为节省时间，用手握零件在钻床上打孔，而不愿用工具夹持；

(6) 明知机器运转不正常，也不愿停车检查修理，而是让它带“病”操作；

(7) 需要持证人员作业的，为节省时间指派无证人员顶替操作；

(8) 有些人宁愿冒险也不愿多伸一次手、多走一步路、多张一次口；

(9) 某爆破工在加工起爆炸药包时，因一时手边找不到钳子，用牙齿咬雷管接口，导致重伤事故。

2. 逆反

逆反是一种无视长上、制度的对抗性心理状态。一般在行为上表现“你让我这样，我偏要那样，越不许干，我越要干”等特征。

显现对抗：当面顶撞，不但不改正，反而发脾气，或骂骂咧咧，我行我素。

隐性对抗：表面接受，心理反抗，阳奉阴违，口是心非。

3. 自我表现

这种心理在青年工人身上较突出。他们虽然进厂时间短，工作经验不足，但常常表现得很自信，很有把握，在别人面前喜欢表现自己的能力。有的不懂装懂，盲目操作；有的一知半解充内行，生硬作业；有的甚至横充“好汉”，乱摸乱动。对这些好自我表现的心理，如果不及时加以纠正或制止，是很危险的。

4. 好奇

好奇心理的发生往往是个体受外界因素所诱惑、吸引，从而尝试。

曾有工人因为无知和好奇，用火柴点燃乙炔发生器浮筒上的出气口，试试能否点火，结果爆炸，当场死亡。

5. 凑兴

凑兴是人在社会群体中产生的一种人际关系的心理反应，从凑兴中获得心理上的满足和温暖，给予同伴友爱和力量，以致通过凑兴行为发泄剩余精力。

围观、起哄、凑热闹、过火的玩笑，伤害同志之间的感情，产生误会和矛盾。

6. 从众

从众心理是指个人在群体中由于实际存在的或头脑中想象到的社会压力与群体压力，而在知觉、判断、信念以及行为上表现出与群体中大多数人一致的现象。

自觉从众：心悦诚服、心甘情愿与大家一起违章。

被迫从众：表面上跟着走，心理反感，正念尚存。

7. 自负

盲目自信，过于自负，不听劝告，认为自己有本领，不肯学习新技术，存在着怕损害自尊心的心理状态。

8. 经验主义

持这种状态的职工的特点是凭自己片面的“经验”办事，对别人的合乎科学道理的劝告常常听不进去，经常说的话是“多少年来一直是这样干的，也没出事故”。有的技术上有一套、工作热情很高的老工人发生事故，多数原因在于过分相信“自我经验”上。

9. 麻痹松懈

对于作业人员来说，要求长时间保持谨慎的、思想集中的工作状态是非常困难的。另外，作业人员在开始干某种工作时，生理机能活跃，行动准确，注意安全；一旦习以为常后，对外界条件的信息判断就不通过大脑，而靠下意识的条件反射去行动，此时有的人就开始对工作漫不经心，结果导致事故的发生。

另外，从事单调、重复性操作的作业人员，容易产生疲劳、厌倦心理，也会导致麻痹松懈。

10. 马虎急躁

对待工作马虎、敷衍、粗心，干活利索但毛糙，求成心切但不慎重，工作起来不仔细，有章不循，手、心不一致。

11. 无所谓

通常表现为心不在焉、满不在乎。例如：

(1) 本人没意识到危险的存在，认为规章制度、操作规程都是公司用来卡人的。

(2) 安全问题谈起来重要，做起来次要，比起来不要，根本不把安全管理放在眼里，视同儿戏。

(3) 认为违章是必要的，不违章就干不成活。

12. 鲁莽冲动

性情不稳定，易冲动，情绪起伏波动很大。在发生异常事件时，常不知所措或鲁莽行事，使一些本来可以避免的事故成为现实。

13. 孤僻

性情孤僻、心胸狭窄，固执己见，待人冷漠，人际关系不好。

14. 迟钝

感知、思维或行动迟钝，不爱活动、懒散。

15. 懦弱

懦弱、胆怯、没有主见，遇事爱退缩，不能坚持原则，人云亦云，不辨是非，不敢负责。

16. 抑郁

心境抑郁、烦躁不安，沉闷不乐，精神不振。

17. 虚伪嫉妒

争强好胜，易逞强，好挑衅，与他人闹无原则的纠纷，不真诚，不安分。

18. 反常

人的情绪的形成通常受到生理、家庭、社会等方面因素刺激影响。夫妻间争吵后上班的职工，多数心情急躁或闷闷不乐；有孩子生病在家或家里有牵肠挂肚之事的职工，在岗位上会心神不定。俗话说一心不可二用，职工在反常心理状态得不到缓解的情况下工作，很容易出事故。

人的本质安全体现在三个层面：一是观念、意识，二是性格、心理，三是知识、技能。意、情、知最终体现在行为上。本质安全人的重要特征是身心合一、知行合一。

观念、意识、知识、技能可以通过教育培训与学习来影响员工的安全意识、安全态度，丰富安全知识，提高安全技能。性格、心理的转变不是一朝一夕能够完成的，需要特定的理论方法。

二、事故预防与控制对策

事故预防是指通过采用技术和管理手段使事故不发生。事故控制是指通过采取技术和管理手段，使事故发生后不造成严重后果或使后果尽可能减轻。

（一）事故预防与控制基本原则

对于事故的预防和控制，应从安全技术、安全教育和安全管理入手，采取相应的对策。安全对策措施的优先顺序如下：

1. 直接安全技术措施

应保证生产设备本身具有本质安全的性能，从而避免事故的发生和危害。

2. 间接安全技术措施

当难以保证实现直接安全技术措施时，必须为生产设备设计出一种或多种安全防护装置，最大限度地预防、控制事故或危害的发生。

3. 指示性安全技术措施

当间接安全技术措施也难以保证时，须采用监测报警装置、警示标志等措施告知残余风险，警告、提醒作业人员注意，以便采取相应的对策或紧急撤离危险场所。

4. 安全管理措施

若间接、指示性安全技术措施仍然不能避免事故或危害发生时，则应采取管理措施，如个体防护装备、规章制度、操作规程、安全文化、教育培训、应急演练等来预防、减弱系统的危险、危害程度。

（二）安全技术措施原理

常见的安全技术措施原理有以下几种形式：

1. 消除

消除一切危险源、危险有害因素，实现本质安全，是预防事故的最优选择。如以无毒材料代替有毒材料，以不燃材料代替可燃材料，以机械化作业代替手工操作。

2. 减弱

在危险源不能根本排除的情况下，尽量地降低系统的危险程度，使系统一旦发生事故，所造成后果的严重程度最小。如利用变压器降低回路电压，低毒材料代替高毒材料，有毒有害环境下的通风设备。

3. 加强

通过加大系统整体强度保证安全。如加大安全系数的取值或采取冗余设计等。

4. 联锁

在系统中通过一些元器件的机器联锁或电气互锁，作为保证安全的条件。如冲压机械的安全互锁器，金属剪切机室安装出入门互锁装置，电路中的自动保安器，起重机的行程开关、防风装置、超载限制器等。液化石油气管道中的过流阀及燃气泄漏报警器一般都要联动紧急切断阀，以在异常情况下自动截断燃气。

5. 隔离

把被保护对象与意外释放的能量或危险物质隔开，隔离措施按照被保护对象与可能致害对象的关系可分为隔开、封闭和缓冲。

6. 薄弱环节

在系统中设置薄弱环节，以最小的、局部的损失换取系统的总体安全。如泄爆门窗、电路中的保险丝、气瓶的易熔塞、煤气发生炉的防爆膜等。

7. 距离防护

当危险源的伤害随距离的增加而减弱时，应尽量使人与危险源距离远一些。如噪声源等危险因素可采用这一原则来减少危害，化工厂应建在远离居民区的地方，爆破时要有一定的安全距离。

8. 时间防护

使人暴露于危险有害因素中的时间缩短到安全程度之内。如开采放射性矿物或进行有放射性物质参与的工作时，应缩短工作时间；在有粉尘、毒气、噪声的环境中，随其危害性的增大而相应减少接触时间。

9. 监测与预警

监测预警体系能实时监测生产过程信息，及时发现事故征兆，通过警报装置提醒系统进行干预。如石油库储罐低液位、低低液位、高液位、高高液位报警系统。

10. 代替作业

在不可能消除和控制危险源的条件下，以机器、机械手、自动控制或机器人代替人或人体的某些操作，以摆脱危险源对人体的危害。

三、风险控制策略

生产过程的风险控制策略可以分为两类：本质安全策略(inherent)和传统安全策略。

(一) 本质安全策略

基于消除或大量削减过程危险源，使得其作用于对象的潜在后果是能够承受的，如排除危险物料、变更危险物料、变更使用的条件等。

本质安全设计原则：

1. 最小化(Minimize)

最大限度地减小系统中危险物质或能量的数量，如果可能，全部排除危险源。例如水溶性漆和涂料由于不含甲苯、二甲苯等溶剂，消除了其火灾爆炸危险性及毒性。

2. 替代(Substitute)

用危险性较小的物料代替危险物料，或者用危险性较小的化学过程代替危险的化学过程。

3. 缓解(Moderate)

通过在危险性较小的状态或条件下(例如低温和低压)处理物料，以削减过程危险源。

4. 简化(Simplify)

消除不必要的复杂性，使装置更人性化，以减少人为失误和错误操作。

(二) 传统安全策略

基于减少事故发生的可能性和减轻事故的后果，来降低风险。传统安全策略力图控制危险源而不是排除危险源，安全功能基于“外加”而非“内生”。

1. 被动安全设计(Passive)

不需要采取任何主动动作的过程或装置，这些装置不需要探头或者启动(激活)部件，即可减少事故发生的频率或减轻其后果的。例如：采用较高压力等级的设备和管道、防火堤、防火门、防爆墙等。

2. 主动安全设计(Active)

报警、联锁以及减缓装置被设计用来探测到系统处于不安全状态，并且是通过这个装置使系统恢复到安全状态，通常是采取紧急行动使得系统恢复到正常的运行状态或是被关闭。例如，为防止储罐进油超过设计液位造成冒顶事故，储罐进油后当液位进至高高液位时连锁机构自动启动，停泵并关闭储罐的罐根阀；自动喷淋系统检测到火灾并自动喷淋；自动停车系统，各种各样主动动作的元件等。

3. 程序性措施(procedural)

包括安全法律、法规、规章、标准，安全管理规章制度，标准操作程序，应急响应程序，操作人员的训练，安全检查表，以及其他的依赖于人的管理系统。例如，化学反应器的操作人员被训练，当反应器达到某一温度的时候，关闭上料阀，并对反应器进行紧急冷却。

通常来讲，从可靠性和稳定性来看，这些措施的有效性排序如下：本质的、被动的、主动的和程序性的。但是实际的生产系统存在着多种危险因素，都需要以上几种措施结合起来，以便对危险源进行有效的控制。

本质安全设计更多的是原则和思路，缺少的是成熟的标准规范以及一整套具体的工具和方法。事实上，当从本质上减少了一种危险，可能增加了另一种风险。

思 考 题

1. 简述现代安全管理理论的基本原理及各自对应的运用原则。
2. 举例说明安全生产管理中反馈原则和封闭原则的应用。
3. 以人为本在安全生产领域如何体现？
4. 在安全生产领域如何辨别资本家与社会主义企业家？
5. 举例说明用人违背能级原则的后果实例(不仅限于安全生产领域)。
6. 谈一谈管理中激励手段对调动人的积极性的重要性。
7. 为什么离开全员参与就无法实现安全生产？
8. 论述事故致因理论的发展脉络及每种理论的优缺点。
9. 什么是本质安全？
10. 从科学性、经验性谈谈对安全生产管理实践的认识。
11. 非本质安全人的心性特征有哪些？
12. 人的本质安全如何体现？
13. 反观自己的身口意、性心身，看看与本质安全人的差距如何。
14. 如何成为本质安全人？
15. 简述安全对策措施的优先顺序。
16. 简述常见安全技术措施的原理。
17. 请比较传统安全策略与本质安全策略的异同。
18. 谈谈本质安全思想在生产、生活方面的应用。

第二章　安全生产管理实务

第一节　安全投入与安全技术措施计划

一、安全效益与安全投入

（一）基本概念

安全投入是一切与安全有关活动中的人力、物力和财力的总和，也称为安全投资。

安全效益是安全投入产生的效果和利益。

安全效益可分为宏观效益和微观效益，对国家、社会的安全作用和效果是安全的宏观效益，对企业和个人的是微观效益。

安全效益从性质上可分为经济效益和非经济效益（社会效益）。安全经济效益包括减损收益（无益消耗和经济损失的减轻）和增值收益（保障劳动条件和维护经济增值过程）。生命与健康、自然环境和社会环境的安全与安定是安全社会效益。

对安全效益的评价，不仅要重视经济效益，也要重视社会效益，并且在追求社会效益的同时，必须按照经济规律办事。

（二）安全效益的特点

安全效益具有间接性、滞后性、长效性、多效性、潜在性等特点。

1. 间接性

安全活动不是直接的物质生产活动，安全的经济效益主要通过减少事故的人员伤亡（包含职业病）和财产环境的损失来体现其价值的。安全效益是从物质资料生产或非物质资料生产的过程中间接产生的。

2. 滞后性

安全投入所带来的效益，不是在安全措施开始运行后马上被人们认识到，往往要在意外事故发生后体现出其价值和作用。但是安全投入不能等到事故发生之时才做，而应超前预防，防患于未然。虽然安全投入见效慢，但是其效益是很大的。据国外的研究表明，一般物力投资获得的效益为投资的3.5倍，而安全投入能获得的效益是其投入的6.7倍。正是由于安全投入的回收期较长，在安全技术措施的寿命期内不一定能使其投入完全得到效益上的补偿。

3. 长效性

安全措施的作用和效果往往是长效的，不仅在措施的功能寿命期内有效，在措施失去“功能”之后其效果还会持续或间接发挥作用。例如，采取的核污染对策，其作用不仅是当时所产生的效能，而且具有造福子孙后代的长久效益；实施安全教育的功效，则使受教育者获得的意识、经验、知识和技能在后期的生产过程中持续发挥作用。

4. 多效性

安全效益是多方面的，既有经济的，又有非经济的；既有能用价值直接衡量的内容，又有不能直接用货币来衡量的方面；既有直接的，也有间接的。

5. 潜在性

安全效益的直接和间接性主要体现在减损、保值和增值上，其潜在性主要体现在继续拥有生命和健康的员工背后的群体中，员工家庭得以保全，社会得以安定，避免许多人间悲剧的发生。

（三）安全投入

企业经营过程中，企业主的安全投入主要体现在两方面：资金经费和时间精力。

1. 企业主的时间投入

不在安全事务投入时间、精力和情感，就是不重视安全。主要表现形式有：

(1) 个人表率

除了口头重视外，从来：

- 不主持安全工作会议；
- 不参与安全检查；
- 不遵守安全规章制度，经常拍大腿式决策。

(2) 安全岗位

- 把企业中能力最差的人员安排到安全岗位；
- 把安全岗位排名在同级人员的最后一位。

(3) 安全部门

- 安全部门是无所不能的部门：检查、整改、审核全权包揽；
- 安全部门又是可有可无的部门：只要和安全有关的支配，都可以缩减。

(4) 工作任务

- 在分配安全工作时所有带“安全”二字的任务都交给安全部门；
- 安全人员最主要的职责是现场安全检查和督促隐患整改；
- 安全部门就是做做表面文章，应付检查。

(5) 工作方法

- 基本上没有奖励，有奖励也不兑现；
- 罚款，继续罚款；
- 将事故的原因归结于员工素质低、违规，从来不找管理原因。

(6) 工作时间

- 事故发生前，安全人员找领导；
- 事故发生后，主动找安全人员。

2. 资金经费投入

(1)《安全生产法》相关规定

第二十三条规定：生产经营单位应当具备的安全生产条件所必需的资金投入，由生产经营单位的决策机构、主要负责人或者个人经营的投资人予以保证，并对由于安全生产所必需的资金投入不足导致的后果承担责任。

有关生产经营单位应当按照规定提取和使用安全生产费用，专门用于改善安全生产条件。安全生产费用在成本中据实列支。安全生产费用提取、使用和监督管理的具体办法由国务院财政部门会同国务院应急管理部门征求国务院有关部门意见后制定。

第四十七条规定：生产经营单位应当安排用于配备劳动防护用品、进行安全生产培训的经费。

第五十一条规定：生产经营单位必须依法参加工伤保险，为从业人员缴纳保险费。

国家鼓励生产经营单位投保安全生产责任保险；属于国家规定的高危行业、领域的生产经营单位，应当投保安全生产责任保险。具体范围和实施办法由国务院应急管理部门会同国务院财政部门、国务院保险监督管理机构和相关行业主管部门制定。

(2)《企业安全生产费用提取和使用管理办法》相关要求

2012年2月14日，财政部、原国家安全生产监督管理总局联合印发了《企业安全生产费用提取和使用管理办法》(财企〔2012〕16号)，对煤炭生产、非煤矿山开采、建设工程施工、危险品生产与储存、交通运输、烟花爆竹生产、冶金、机械制造和武器装备研制生产与试验(含民用航空及核燃料)企业的安全生产费用提取和使用做出详细规定。

二、企业安全生产费用提取和使用

安全生产费用(以下简称安全费用)是指企业按照规定标准提取在成本中列支，专门用于完善和改进企业或者项目安全生产条件的资金。

安全费用按照“企业提取、政府监管、确保需要、规范使用”的原则进行管理。

安全生产投入资金根据企业性质确定责任主体：

(1) 股份制企业、合资企业等由董事会予以保证；

(2) 一般国有企业由厂长或者经理予以保证；

(3) 个体工商户等个体经济组织由投资人予以保证。

(一) 提取标准

(1) 煤炭生产企业、非煤矿山开采企业依据开采的原矿产量按月提取：

① 煤(岩)与瓦斯(二氧化碳)突出矿井、高瓦斯矿井吨煤30元；

② 其他井工矿吨煤15元；

③ 露天矿吨煤5元。

④ 石油，每吨原油17元；

⑤ 天然气、煤层气(地面开采)，每千立方米原气5元；

⑥ 金属矿山，其中露天矿山每吨5元，地下矿山每吨10元；

⑦ 核工业矿山，每吨25元；

⑧ 非金属矿山，其中露天矿山每吨2元，地下矿山每吨4元；

⑨ 小型露天采石场，即年采剥总量50万吨以下，且最大开采高度不超过50m，产品用于建筑、铺路的山坡型露天采石场，每吨1元；

⑩ 尾矿库按入库尾矿量计算，三等及三等以上尾矿库每吨1元，四等及五等尾矿库每吨1.5元。

(2) 建设工程施工企业以建筑安装工程造价为计提依据：

① 矿山工程为2.5%；

② 房屋建筑工程、水利水电工程、电力工程、铁路工程、城市轨道交通工程为2.0%；

③ 市政公用工程、冶炼工程、机电安装工程、化工石油工程、港口与航道工程、公路工程、通信工程为1.5%。

建设工程施工企业提取的安全费用列入工程造价，在竞标时，不得删减，列入标外管理。国家对基本建设投资概算另有规定的，从其规定。

总包单位应当将安全费用按比例直接支付分包单位并监督使用，分包单位不再重复提取。

（3）交通运输企业以上年度实际营业收入为计提依据，逐月提取：

① 普通货运业务按照1%提取；

② 客运业务、管道运输、危险品等特殊货运业务按照1.5%提取。

（4）危险品生产与储存、烟花爆竹生产、冶金、机械制造和武器装备按上年度实际营业收入为计提依据，采取超额累退方式逐月提取，以危险品生产与储存企业为例：

① 营业收入不超过1000万元的，按照4%提取；

② 营业收入超过1000万元至1亿元的部分，按照2%提取；

③ 营业收入超过1亿元至10亿元的部分，按照0.5%提取；

④ 营业收入超过10亿元的部分，按照0.2%提取。

（5）结余

中小微型企业和大型企业上年末安全费用结余分别达到本企业上年度营业收入的5%和1.5%时，经当地县级以上安全生产监督管理部门、煤矿安全监察机构商财政部门同意，企业本年度可以缓提或者少提安全费用。

（二）使用

企业应当将安全费用优先用于满足安全生产监督管理部门、煤矿安全监察机构以及行业主管部门对企业安全生产提出的整改措施或者达到安全生产标准所需的支出。

以煤炭生产企业、危险品生产与储存企业为例说明安全费用使用范围。

1. 煤炭生产企业

（1）煤与瓦斯突出及高瓦斯矿井落实“两个四位一体”综合防突措施支出，包括瓦斯区域预抽、保护层开采区域防突措施、开展突出区域和局部预测、实施局部补充防突措施、更新改造防突设备和设施、建立突出防治实验室等支出；

（2）煤矿安全生产改造和重大隐患治理支出，包括“一通三防”（通风，防瓦斯、防煤尘、防灭火）、防治水、供电、运输等系统设备改造和灾害治理工程，实施煤矿机械化改造，实施矿压（冲击地压）、热害、露天矿边坡治理、采空区治理等支出；

（3）完善煤矿井下监测监控、人员定位、紧急避险、压风自救、供水施救和通信联络安全避险“六大系统”支出，应急救援技术装备、设施配置和维护保养支出，事故逃生和紧急避难设施设备的配置和应急演练支出；

（4）开展重大危险源和事故隐患评估、监控和整改支出；

（5）安全生产检查、评价（不包括新建、改建、扩建项目安全评价）、咨询、标准化建设支出；

（6）配备和更新现场作业人员安全防护用品支出；

（7）安全生产宣传、教育、培训支出；

（8）安全生产适用新技术、新工艺、新标准、新装备的推广应用支出；

（9）安全设施及特种设备检测检验支出；

（10）其他与安全生产直接相关的支出。

2. 危险品生产与储存企业

(1) 完善、改造和维护安全防护设施设备支出(不含“三同时”要求初期投入的安全设施)，包括车间、库房、罐区等作业场所的监控、监测、通风、防晒、调温、防火、灭火、防爆、泄压、防毒、消毒、中和、防潮、防雷、防静电、防腐、防渗漏、防护围堤或者隔离操作等设施设备支出；

(2) 配备、维护、保养应急救援器材、设备支出和应急演练支出；

(3) 开展重大危险源和事故隐患评估、监控和整改支出；

(4) 安全生产检查、评价(不包括改建、新建、扩建项目安全评价)、咨询和标准化建设支出；

(5) 配备和更新现场作业人员安全防护用品支出；

(6) 安全生产宣传、教育、培训支出；

(7) 安全生产适用的新工艺、新标准、新技术、新装备的推广应用支出；

(8) 安全设施及特种设备检测检验支出；

(9) 其他与安全生产直接相关的支出。

(三) 管理

(1) 企业应当建立健全内部安全费用管理制度，明确安全费用提取和使用的程序、职责及权限，按规定提取和使用安全费用。

(2) 企业提取的安全费用应当专户核算，按规定范围安排使用，不得挤占、挪用。年度结余资金结转下年度使用，当年计提安全费用不足的，超出部分按正常成本费用渠道列支。

企业提取的安全费用属于企业自提自用资金，其他单位和部门不得采取收取、代管等形式对其进行集中管理和使用，国家法律、法规另有规定的除外。

主要承担安全管理责任的集团公司经过履行内部决策程序，可以对所属企业提取的安全费用按照一定比例集中管理，统筹使用。

(3) 企业应当加强安全费用管理，编制年度安全费用提取和使用计划，纳入企业财务预算。企业年度安全费用使用计划和上一年安全费用的提取、使用情况按照管理权限报同级财政部门、安全生产监督管理部门、煤矿安全监察机构和行业主管部门备案。

(4) 各级财政部门、安全生产监督管理部门、煤矿安全监察机构和有关行业主管部门依法对企业安全费用提取、使用和管理进行监督检查。

(5) 企业未按本办法提取和使用安全费用的，安全生产监督管理部门、煤矿安全监察机构和行业主管部门会同财政部门责令其限期改正，并依照相关法律法规进行处理、处罚。

三、工伤保险

(一) 社会保障与社会保险

社会保障，作为由国家为处于生活困境的社会成员提供生活保证的一种制度，是指当社会成员陷于生活贫困或当劳动者因年老患病、工伤、生育等原因永久地或暂时地、完全地或部分地丧失劳动能力，或者因失业而丧失工作机会、丧失收入来源时，由国家和社会对其提供经济上的援助或补偿。它是由政府负责，通过国家立法形式，集众多的经济力量，配合政府的财力，共同补偿少数人因遭受意外事件所致的收入中断或减少，属于国家收入再分配的一种分配关系。

社会保险是指在既定的社会政策的指导下，由国家通过立法手段对公民强制征收保险费，形成保险基金，用以对其中年老、疾病、生育、伤残、死亡和失业而导致丧失劳动能力或失去工作机会的成员提供基本生存保障的一种社会保障制度。我国社会保险为养老保险、失业保险、工伤保险、医疗保险、生育保险“五大保险”和疾病、伤残、遗属“三大津贴”的制度体系。

（二）工伤保险的概念

工伤保险亦称职业伤害保险，是对在劳动过程中遭受人身伤害（包括事故伤残和职业病以及因这两种情况造成死亡）的职工、遗属提供经济补偿的一种社会保险制度。实行工伤保险的目的，在于预防工伤事故，补偿职业伤害的经济损失，保障工伤职工及其家属的基本生活水准，减轻企业负担，同时保证社会经济秩序的稳定。

工伤保险的实施范围为“我国境内的企业及职工”。

（三）工伤保险的实施原则

1. 强制性实施原则

强制性实施原则是指由国家通过法律法规强制企业实行工伤赔偿，并依照法定的项目、标准和方式支付待遇，依照法定的标准和时间缴纳保险费，对于违反有关规定的，要依法追究法律责任。

2. 无责任赔偿原则

又称无过失补偿原则，是指劳动者在生产工作过程中遭遇工伤事故后，无论其是否对意外事故负有责任，均应依法按规定的标准享受工伤保险待遇。

3. 个人不缴费原则

这是指无论是直接支付保险待遇或者缴费投保，全部由用人单位负担，劳动者个人不缴费。工伤事故属于职业性伤害，伤害成本被认为是一种制造成本，工伤保险待遇属于企业生产成本的特殊部分，同时，这也是国际上通行的惯例。

4. 损失补偿与事故预防及职业康复相结合的原则

现代工伤保险已不仅仅局限于对工伤职工给予工伤补偿，而是把工伤补偿、工伤预防与工伤康复紧密地联系起来，以更好地发挥其在维护社会安定、保护和促进生产力发展方面的积极作用。差别费率、浮动费率机制的建立就是这一原则的一种体现。这样，既有利于工伤保险的社会化管理，促使劳动者重视自身的工伤保险的权利，积极监督企业履行职责，也使工伤康复事业在资金来源上有所保证，同时也避免了形成企业缴纳工伤保险费就可放松安全管理的错误诱导。使工伤保险与安全生产紧密结合，使事故预防、应急救援、保险补偿三种手段紧密结合，也是我国工伤保险事业逐步走向成熟的一个显著特点。

国家根据不同行业的工伤风险程度确定行业的差别费率，并根据工伤保险费使用、工伤发生率等情况在每个行业内确定若干费率档次。用人单位缴纳工伤保险费的数额为本单位职工工资总额乘以单位缴费费率之积。

（四）工伤认定

（1）职工有下列情形之一的，应当认定为工伤：

① 在工作时间和工作场所内，因工作原因受到事故伤害的；

② 工作时间前后在工作场所内，从事与工作有关的预备性或者收尾性工作受到事故伤害的；

③ 在工作时间和工作场所内，因履行工作职责受到暴力等意外伤害的；

④ 患职业病的；

⑤ 因工外出期间，由于工作原因受到伤害或者发生事故下落不明的；

⑥ 在上下班途中(职工以上下班为目的，在合理时间内往返于工作单位和居住地之间的合理路线，视为上下班途中)，受到非本人主要责任的交通事故或者城市轨道交通、客运轮渡、火车事故伤害的；

⑦ 法律、行政法规规定应当认定为工伤的其他情形。

(2) 职工有下列情形之一的，视同工伤：

① 在工作时间和工作岗位，突发疾病死亡或者在48小时之内经抢救无效死亡的；

② 在抢险救灾等维护国家利益、公共利益活动中受到伤害的；

③ 职工原在军队服役，因战、因公负伤致残，已取得革命伤残军人证，到用人单位后旧伤复发的。

职工有前款第①项、第②项情形的，按照《工伤保险条例》的有关规定享受工伤保险待遇；职工有前款第③项情形的，按照《工伤保险条例》的有关规定享受除一次性伤残补助金以外的工伤保险待遇。

(3) 职工符合上述规定，但是有下列情形之一的，不得认定为工伤或者视同工伤：

① 在工作时间和工作场所内，非因工作原因受到伤害的；

② 在工作时间和工作场所内，不是履行工作职责受到暴力伤害的；

③ 因工外出期间从事个人活动受到伤害的；

④ 在上下班途中发生交通事故但本人负主要责任或全部责任的(责任的认定应当以有关机关出具的法律文书或者人民法院的生效裁决为依据)；

⑤ 在工作时间和工作岗位，突发疾病抢救无效在48小时后死亡的；

⑥ 虽在工作时间、工作岗位发病或者自感不适，但未送医院抢救而是回家休息，48小时内死亡的，不应视同工伤；

⑦ 非因工作原因对遇险者实施救助导致伤亡又未经有关部门认定为见义勇为的；

⑧ 故意犯罪导致伤亡的(“故意犯罪”的认定，应当以刑事侦查机关、检察机关和审判机关的生效法律文书或者结论性意见为依据；过失犯罪导致的伤亡不影响工伤认定，比如交通肇事罪、重大责任事故罪)；

⑨ 醉酒或者吸毒导致伤亡的；

⑩ 自残或者自杀的；

⑪ 非从事新冠肺炎预防和相关工作的企业员工工作期间感染新冠肺炎不能认定为工伤。

(4) 职工发生事故伤害或者按照《职业病防治法》规定被诊断、鉴定为职业病，所在单位应当自事故伤害发生之日或者被诊断、鉴定为职业病之日起30日内，向统筹地区社会保险行政部门提出工伤认定申请。遇有特殊情况，经报社会保险行政部门同意，申请时限可以适当延长。

用人单位未按前款规定提出工伤认定申请的，工伤职工或者其近亲属、工会组织在事故伤害发生之日或者被诊断、鉴定为职业病之日起1年内，可以直接向用人单位所在地统筹地区社会保险行政部门提出工伤认定申请。

提出工伤认定申请应当提交下列材料：

① 工伤认定申请表；

② 与用人单位存在劳动关系(包括事实劳动关系)的证明材料；

③ 医疗诊断证明或者职业病诊断证明书(或者职业病诊断鉴定书)。

工伤认定申请表应当包括事故发生的时间、地点、原因以及职工伤害程度等基本情况。

工伤认定申请人提供材料不完整的，社会保险行政部门应当一次性书面告知工伤认定申请人需要补正的全部材料。申请人按照书面告知要求补正材料后，社会保险行政部门应当受理。

(五) 劳动能力鉴定

职工发生工伤，经治疗伤情相对稳定后存在残疾、影响劳动能力的，应当进行劳动能力鉴定。

劳动能力鉴定是指劳动功能障碍程度和生活自理障碍程度的等级鉴定。

劳动功能障碍分为十个伤残等级，最重的为一级，最轻的为十级。

生活自理障碍分为三个等级：生活完全不能自理、生活大部分不能自理和生活部分不能自理。

劳动能力鉴定由用人单位、工伤职工或者其近亲属向设区的市级劳动能力鉴定委员会提出申请，并提供工伤认定决定和职工工伤医疗的有关资料。

自劳动能力鉴定结论作出之日起 1 年后，工伤职工或者其近亲属、所在单位或者经办机构认为伤残情况发生变化的，可以申请劳动能力复查鉴定。

(六) 工伤保险待遇

1. 工伤医疗

职工因工作遭受事故伤害或者患职业病进行治疗，享受工伤医疗待遇。

工伤职工治疗非工伤引发的疾病，不享受工伤医疗待遇，按照基本医疗保险办法处理。

工伤职工因日常生活或者就业需要，经劳动能力鉴定委员会确认，可以安装假肢、矫形器、假眼、假牙和配置轮椅等辅助器具，所需费用按照国家规定的标准从工伤保险基金支付。

2. 停工留薪

职工因工作遭受事故伤害或者患职业病需要暂停工作接受工伤医疗的，在停工留薪期内，原工资福利待遇不变，由所在单位按月支付。

停工留薪期一般不超过 12 个月。伤情严重或者情况特殊，经设区的市级劳动能力鉴定委员会确认，可以适当延长，但延长不得超过 12 个月。工伤职工评定伤残等级后，停发原待遇，按照本章的有关规定享受伤残待遇。工伤职工在停工留薪期满后仍需治疗的，继续享受工伤医疗待遇。

生活不能自理的工伤职工在停工留薪期需要护理的，由所在单位负责。

3. 伤残补助

(1) 职工因工致残被鉴定为一级至四级伤残的，保留劳动关系，退出工作岗位，享受以下待遇：

① 从工伤保险基金按伤残等级支付一次性伤残补助金，标准为：一级伤残为 27 个月的本人工资，二级伤残为 25 个月的本人工资，三级伤残为 23 个月的本人工资，四级伤残为 21 个月的本人工资。

② 从工伤保险基金按月支付伤残津贴，标准为：一级伤残为本人工资的 90%，二级伤残为本人工资的 85%，三级伤残为本人工资的 80%，四级伤残为本人工资的 75%。伤残津贴实际金额低于当地最低工资标准的，由工伤保险基金补足差额。

③ 工伤职工达到退休年龄并办理退休手续后，停发伤残津贴，按照国家规定享受基本养老保险待遇，基本养老保险待遇低于伤残津贴的由工伤保险基金补足差额。

④ 职工因工致残被鉴定为一级至四级伤残的，由用人单位和职工个人以伤残津贴为基数，缴纳基本医疗保险费。

（2）职工因工致残被鉴定为五级、六级伤残的，享受以下待遇：

① 从工伤保险基金按伤残等级支付一次性伤残补助金，标准为：五级伤残为 18 个月的本人工资，六级伤残为 16 个月的本人工资；

② 保留与用人单位的劳动关系，由用人单位安排适当工作。难以安排工作的，由用人单位按月发给伤残津贴，标准为：五级伤残为本人工资的 70%，六级伤残为本人工资的 60%，并由用人单位按照规定为其缴纳应缴纳的各项社会保险费。伤残津贴实际金额低于当地最低工资标准的，由用人单位补足差额。

经工伤职工本人提出，该职工可以与用人单位解除或者终止劳动关系，由工伤保险基金支付一次性工伤医疗补助金，由用人单位支付一次性伤残就业补助金。一次性工伤医疗补助金和一次性伤残就业补助金的具体标准由省、自治区、直辖市人民政府规定。

（3）职工因工致残被鉴定为七级至十级伤残的，享受以下待遇：

① 从工伤保险基金按伤残等级支付一次性伤残补助金，标准为：七级伤残为 13 个月的本人工资，八级伤残为 11 个月的本人工资，九级伤残为 9 个月的本人工资，十级伤残为 7 个月的本人工资；

② 劳动、聘用合同期满终止，或者职工本人提出解除劳动、聘用合同的，由工伤保险基金支付一次性工伤医疗补助金，由用人单位支付一次性伤残就业补助金。一次性工伤医疗补助金和一次性伤残就业补助金的具体标准由省、自治区、直辖市人民政府规定。

（4）工伤职工已经评定伤残等级并经劳动能力鉴定委员会确认需要生活护理的，从工伤保险基金按月支付生活护理费。生活护理费按照生活完全不能自理、生活大部分不能自理或者生活部分不能自理三个不同等级支付，其标准分别为统筹地区上年度职工月平均工资的 50%、40%或者 30%。

4. 工亡

职工因工死亡，其近亲属按照下列规定从工伤保险基金领取丧葬补助金、供养亲属抚恤金和一次性工亡补助金：

① 丧葬补助金为 6 个月的统筹地区上年度职工月平均工资；

② 供养亲属抚恤金按照职工本人工资的一定比例发给由因工死亡职工生前提供主要生活来源、无劳动能力的亲属。标准为：配偶每月 40%，其他亲属每人每月 30%，孤寡老人或者孤儿每人每月在上述标准的基础上增加 10%。核定的各供养亲属的抚恤金之和不应高于因工死亡职工生前的工资。供养亲属的具体范围由国务院社会保险行政部门规定；

③ 一次性工亡补助金标准为上一年度全国城镇居民人均可支配收入的 20 倍。

伤残职工在停工留薪期内因工伤导致死亡的，其近亲属享受丧葬补助金的待遇。

一级至四级伤残职工在停工留薪期满后死亡的，其近亲属可以享受丧葬补助金、供养亲属抚恤金待遇。

5. 工伤职工有下列情形之一的，停止享受工伤保险待遇：

（1）丧失享受待遇条件的；

（2）拒不接受劳动能力鉴定的；

（3）拒绝治疗的。

因生产安全事故受到损害的从业人员，除依法享有工伤保险外，依照有关民事法律尚有获得赔偿的权利的，有权提出赔偿要求。

四、安全生产责任保险

为落实企业安全生产责任，自 2006 年起我国实行安全生产风险抵押金制度。但在实施过程中，由于缴存标准不合理、事故赔偿能力不足，加之长期占压企业资金，实际缴存率、利用率偏低。

2016 年 12 月 18 日，《中共中央国务院关于推进安全生产领域改革发展的意见》取消了安全生产风险抵押金制度，提出建立健全安全生产责任保险制度，在矿山、危险化学品、烟花爆竹、交通运输、建筑施工、民用爆炸物品、金属冶炼、渔业生产等高危行业领域强制实施，切实发挥保险机构参与风险评估管控和事故预防功能。

安全生产责任保险制度具有风险转嫁能力强、事故预防能力突出、注重应急救援和第三者伤害补偿等特点，近年来一些地区积极推进并积累了成功经验。安全生产责任保险旨在将保险的风险管理职能引入安全生产监管体系，实现风险专业化管理与安全监管监察工作的有机结合，通过强化事前风险防范，最终减少事故发生，促进安全生产，提高安全生产突发事件的应对处置能力。

五、安全技术措施计划

生产经营单位为了保证安全资金的有效投入，应编制安全技术措施计划。安全技术措施计划是生产经营单位生产财务计划的一个组成部分，是改善生产经营单位生产条件，有效防止事故和职业病的重要保证制度。

（一）安全技术措施计划的编制原则

1. 必要性和可行性原则

编制计划时，一方面要考虑安全生产的实际需要，如针对在安全生产检查中发现的隐患，可能引发伤亡事故和职业病的主要危险有害因素，新工艺、新技术、新设备、新材料等的应用，安全技术革新项目和职工提出的合理化建议等方面编制安全技术措施。另一方面，还要考虑技术可行性与经济承受能力。

2. 自力更生与勤俭节约的原则

充分利用现有的设备和设施，挖掘潜力，讲求实效。

3. 轻重缓急与统筹安排的原则

预先考虑影响最大、危险性最大的项目，逐步有计划解决。

4. 领导和群众相结合的原则

加强领导，依靠群众，使计划切实可行，以便顺利实施。

（二）编制内容

（1）措施应用的单位或工作场所；

（2）措施名称；

（3）措施目的和内容；

（4）经费预算及来源；

（5）设计、施工单位或负责人；

(6) 开工日期和竣工日期；

(7) 措施预期效果及检查验收。

(三) 计划编制

编制安全技术措施计划应以安全生产方针为指导思想，以《安全生产法》等法律法规、规章标准为依据，结合本单位安全生产实际状况，有计划、有步骤地进行。

年度安全技术措施计划一般应与同年度的生产、技术、财务、供销等计划同时编制。

安全技术措施计划的编制应高度重视一线员工的意见，充分发动群众，将安全生产经费落到实处，发挥最大的效力。年度安全技术措施计划在实际工作中可能表现为年度安全生产费用提取及使用计划。

经费预算不应该是硬约束，安全技术措施应从实际出发，根据安全生产需要编制计划，计划还应根据安全生产形势的变化留有裕度。

第二节 建设项目安全设施和职业病防护设施“三同时”

一、“三同时”的概念

(一) 安全设施“三同时”

《安全生产法》第三十一条规定：“生产经营单位新建、改建、扩建工程项目(以下统称建设项目)的安全设施，必须与主体工程同时设计、同时施工、同时投入生产和使用。安全设施投资应当纳入建设项目概算。”

《建设项目安全设施“三同时”监督管理办法》规定，建设项目安全设施，是指生产经营单位在生产经营活动中用于预防生产安全事故的设备、设施、装置、构(建)筑物和其他技术措施的总称。

建设项目安全设施未与主体工程同时设计、同时施工或者同时投入使用的，安全生产监督管理部门对与此有关的行政许可一律不予审批，同时责令生产经营单位立即停止施工、限期改正违法行为，对有关生产经营单位和人员依法给予行政处罚。

(二) 职业病防护设施“三同时”

《职业病防治法》第十八条规定：“建设项目的职业病防护设施所需费用应当纳入建设项目工程预算，并与主体工程同时设计，同时施工，同时投入生产和使用。”

《建设项目职业病防护设施“三同时”监督管理办法》规定，职业病防护设施，是指消除或者降低工作场所的职业病危害因素的浓度或者强度，预防和减少职业病危害因素对劳动者健康的损害或者影响，保护劳动者健康的设备、设施、装置、构(建)筑物等的总称。

(三) 煤矿建设项目“三同时”

煤矿建设项目的监督检查工作按照《煤矿和煤层气地面开采建设项目安全设施监察规定》执行，煤矿安全监察机构按照规定履行国家监察职责。

(四) 建设项目安全设施和职业病防护设施“三同时”意义

建设项目安全设施和职业病防护设施“三同时”是生产经营单位安全生产的重要保障措施，是落实本质安全的事前保障措施。

建设项目安全设施和职业病防护设施“三同时”是各级政府安全生产与职业卫生监督管理机构实施安全、职业卫生监督管理的主要内容，是一项根本性的基础工作，也是有效消除和控制建设项目中的危险、有害因素的根本措施。

二、监管部门

（一）安全设施“三同时”

应急管理部对全国建设项目安全设施“三同时”实施综合监督管理，并在国务院规定的职责范围内承担有关建设项目安全设施“三同时”的监督管理。

县级以上地方各级应急管理部门对本行政区域内的建设项目安全设施“三同时”实施综合监督管理，并在本级人民政府规定的职责范围内承担本级人民政府及其有关主管部门审批、核准或者备案的建设项目安全设施“三同时”的监督管理。

跨两个及两个以上行政区域的建设项目安全设施“三同时”由其共同的上一级人民政府安全生产监督管理部门实施监督管理。

上一级人民政府安全生产监督管理部门根据工作需要，可以将其负责监督管理的建设项目安全设施“三同时”工作委托下一级人民政府安全生产监督管理部门实施监督管理。

（二）职业病防护设施“三同时”

2018 年 12 月 29 日修正的《职业病防治法》明确了卫生行政部门承担职业病防治的监督管理工作。国家职业卫生监管职能在卫生、劳动以及安监部门之间历经多次调整，监管体制呈现从集中统一到多头负责、再到集中统一的历史轨迹。

职业卫生监管职责调整后，卫生行政部门的工作范围由之前以职业病诊治为主业，扩展到了职业卫生与职业医学的所有环节，其管理的对象也由职业健康检查和职业病诊断医疗机构以及存在放射职业病危害的医疗机构的监督管理，扩展到了所有存在职业病危害的用人单位、职业卫生技术服务机构，工作内容除工伤待遇保障环节外，将由传统职业病防治扩展到了所有职业人群的健康管理，再次负责职业卫生的全流程监管。

三、建设项目“三同时”工作流程

（一）安全设施“三同时”

（1）安全预评价（委托安全评价机构）/安全生产条件和设施综合分析。

（2）安全设施设计。

（3）安全设施设计审查（矿山建设项目和用于生产、储存危险物品的建设项目）。

（4）安全设施设计审查未予批准的，生产经营单位经过整改后可以向原审查部门申请再审。

（5）施工与监理。

（6）安全设施竣工验收。

① 试运行。

试运行时间应当不少于 30 日，最长不得超过 180 日，国家有关部门有规定或者特殊要求的行业除外。

② 安全设施验收评价。

③ 生产经营单位组织竣工验收，形成书面报告。

（7）有关部门对建设项目的竣工验收活动和验收结果进行抽查。

（二）职业病防护设施“三同时”

（1）除国家保密的建设项目外，产生职业病危害的建设单位应当通过公告栏、网站等方式及时公布建设项目职业病危害预评价、职业病防护设施设计、职业病危害控制效果评价的承担单位、评价结论、评审时间及评审意见，以及职业病防护设施验收时间、验收方案和验收意见等信息，供本单位劳动者和监督管理部门查询。

（2）职业病危害预评价。

（3）建设单位组织《职业病危害预评价报告》评审，形成书面报告。

（4）职业病防护设施设计。

（5）建设单位组织设计评审。

（6）职业病危害风险发生重大变化的，建设单位应当对变更的内容重新进行职业病防护设施设计和评审。

（7）施工。

（8）试运行。

（9）职业病防护设施竣工验收。

① 职业病危害控制效果评价；

② 建设单位编制验收方案；

③ 建设单位组织验收；

④ 建设单位将职业病危害控制效果评价和职业病防护设施验收工作过程形成书面报告备查。

四、安全设施和职业病防护设施使用与管理

（1）安全设施和职业病防护设施尽可能采用先进适用的工艺、技术和可靠的设备、设施，应当优先采用有利于保护劳动者健康的新技术、新工艺、新设备和新材料。

（2）建立健全安全设施和职业病防护设施台账和档案。

（3）定期检查安全设施和职业病防护设施。

（4）定期检验（校验）安全设施和职业病防护设施。

（5）定期维护和检修安全设施和职业病防护设施。

（6）定期更换、报废安全设施和职业病防护设施。

（7）不得随意拆除、挪用或废置不用；因检维修拆除的，检维修完毕应立即复原。

五、安全设施分类

生产经营单位应建立安全设施台账，将与安全相关的设备或设施登记造册，便于定期检查，保证安全设备或设施总是处在有效状态。

生产经营单位不得关闭、破坏直接关系生产安全的监控、报警、防护、救生设备、设施，或者篡改、隐瞒、销毁其相关数据、信息。

餐饮等行业的生产经营单位使用燃气的，应当安装可燃气体报警装置，并保障其正常使用。

安全设施可分为事故预防与事故控制两类。

（一）事故预防设施

（1）设备安全防护设施：防护罩、防护屏、负荷限制器、行程限制器，制动、限速、防雷、防潮、防晒、防冻、防腐、防渗漏等设施，传动设备安全锁闭设施，电器过载保护设施，静电接地设施。

(2) 检测报警设施：压力、温度、液位、流量、组分等监测报警设施，可燃气体、有毒有害气体、氧气等检测报警设施，用于安全检查和安全数据分析等检测检验设备、仪器。

(3) 防爆设施：各种电气、仪表的防爆设施，抑制助燃物品混入(如氮封)、易燃易爆气体和粉尘形成等设施，阻隔防爆器材，防爆工器具。

(4) 泄压和止逆设施：用于泄压的阀门、爆破片、放空管等设施，用于止逆的阀门等设施，真空系统的密封设施。

(5) 作业场所防护设施：作业场所的防辐射、防静电、防噪声、通风(除尘、排毒)、防护栏(网)、防滑、防灼烫等设施。

(6) 安全警示标志：包括各种指示、警示作业安全和逃生避难及风向等警示标志。

(7) 紧急处理设施：应急备用电源，紧急切断、分流、排放(火炬)、吸收、中和、冷却等设施，通入或者加入惰性气体、反应抑制剂等设施，紧急停车、仪表联锁等设施。

(二) 事故控制设施

(1) 防止火灾蔓延设施：阻火器、安全水封、回火防止器、防油(火)堤，防爆墙、防爆门等隔爆设施，防火墙、防火门、蒸汽幕、水幕等设施，防火材料涂层。

(2) 灭火设施：水喷淋，干粉、泡沫释放，惰性气体、蒸汽等灭火设施，消火栓、高压水枪(炮)、消防车、消防水管网、消防站等。

(3) 应急救援设施：堵漏、工程抢险装备和现场受伤人员医疗抢救装备。

(4) 个体紧急处置设施：洗眼器、喷淋器、逃生器、逃生索、应急照明等设施。

(5) 逃生避难设施：逃生和避难的安全通道(梯)、安全避难所(带空气呼吸系统)、避难信号等。

第三节　全员安全生产责任制与安全生产管理机构

为全面落实企业安全生产(含职业健康，下同)主体责任，进一步提升企业的安全生产水平，推动全国安全生产形势持续稳定好转，国务院安委会办公室于 2017 年 10 月 10 日发布了《国务院安委会办公室关于全面加强企业全员安全生产责任制工作的通知》(安委办〔2017〕29 号)。

一、企业全员安全生产责任制

企业全员安全生产责任制是由企业根据安全生产法律法规和相关标准要求，在生产经营活动中，根据企业岗位的性质、特点和具体工作内容，明确所有层级、各类岗位从业人员的安全生产责任，通过加强教育培训、强化管理考核和严格奖惩等方式，建立起安全生产工作“层层负责、人人有责、各负其责”的工作体系。

全面加强企业全员安全生产责任制工作，是推动企业落实安全生产主体责任的重要抓手，有利于减少企业“三违”现象(违章指挥、违章作业、违反劳动纪律)的发生，有利于降低因人的不安全行为造成的生产安全事故，对解决企业安全生产责任传导不力问题，维护广大从业人员的生命安全和职业健康具有重要意义。

二、建立健全企业全员安全生产责任制

(一) 企业主要负责人负责建立、健全企业的全员安全生产责任制

企业要按照《安全生产法》《职业病防治法》等法律法规规定，参照《企业安全生产标准化

基本规范》(GB/T 33000—2016)和《企业安全生产责任体系五落实五到位规定》(安监总办〔2015〕27号)等有关要求，结合企业自身实际，明确从主要负责人到一线从业人员(含劳务派遣人员、实习学生等)的安全生产责任、责任范围和考核标准。安全生产责任制应覆盖本企业所有组织和岗位，其责任内容、范围、考核标准要简明扼要、清晰明确、便于操作、适时更新。企业一线从业人员的安全生产责任制，要力求通俗易懂。

(二) 企业全员安全生产责任制公示

企业要在适当位置对全员安全生产责任制进行长期公示。公示的内容主要包括所有层级、所有岗位的安全生产责任、安全生产责任范围、安全生产责任考核标准等。

(三) 企业全员安全生产责任制教育培训

企业主要负责人要指定专人组织制定并实施本企业全员安全生产教育和培训计划。企业要将全员安全生产责任制教育培训工作纳入安全生产年度培训计划，通过自行组织或委托具备安全培训条件的中介服务机构等实施。要通过教育培训，提升所有从业人员的安全技能，培养良好的安全习惯。要建立健全教育培训档案，如实记录安全生产教育和培训情况。

(四) 企业全员安全生产责任制考核管理

企业要建立健全安全生产责任制管理考核制度，对全员安全生产责任制落实情况进行考核管理。要健全激励约束机制，通过奖励主动落实、全面落实责任，惩处不落实责任、部分落实责任，不断激发全员参与安全生产工作的积极性和主动性，形成良好的安全文化氛围。

(五)《企业安全生产责任体系五落实五到位规定》

2015年3月16日，原国家安全生产监督管理总局以安监总办〔2015〕27号印发《企业安全生产责任体系五落实五到位规定》，并要求各企业将《规定》张贴在醒目位置，并严格按照要求，抓紧完善安全生产领导责任制，调整安全生产管理机构人员，建立相关工作制度。

(1) 必须落实“党政同责”要求，董事长、党组织书记、总经理对本企业安全生产工作共同承担领导责任。

(2) 必须落实安全生产“一岗双责”，所有领导班子成员对分管范围内安全生产工作承担相应职责。

(3) 必须落实安全生产组织领导机构，成立安全生产委员会，由董事长或总经理担任主任。

(4) 必须落实安全管理力量，依法设置安全生产管理机构，配齐配强注册安全工程师等专业安全管理人员。

(5) 必须落实安全生产报告制度，定期向董事会、业绩考核部门报告安全生产情况，并向社会公示。

(6) 必须做到安全责任到位、安全投入到位、安全培训到位、安全管理到位、应急救援到位。

三、安全生产职责

建立一个完善的全员安全生产责任制的总要求是横向到边、纵向到底。安全生产责任制的内容主要包括下列两个方面：

一是横向方面，即各职能部门(包括党、政、工、团)的安全生产职责。在建立责任制时，可按照本单位职能部门的设置(如安全、设备、计划、技术、生产、基建、人事、财务、设计、档案、培训、党办、宣传、工会、团委等部门)，分别对其在安全生产中应承担的职责作出规定。

二是纵向方面，即从上到下所有类型人员的安全生产职责。在建立责任制时，可首先将本单位从主要负责人一直到岗位工人分成相应的层级；然后结合本单位的实际工作，对不同层级的人员在安全生产中应承担的职责作出规定。

生产经营单位在建立安全生产责任制时，在纵向方面至少应包括下列几类人员。

(一) 生产经营单位主要负责人

生产经营单位的主要负责人是本单位安全生产的第一责任者，对安全生产工作全面负责。主要负责人的安全生产法定责任有《安全生产法》第 21、27、50 条。

(1) 建立健全并落实本单位全员安全生产责任制，加强安全生产标准化建设；

(2) 组织制定并落实本单位安全生产规章制度和操作规程；

(3) 组织制定并实施本单位安全生产教育和培训计划；

(4) 保证本单位安全生产投入的有效实施；

(5) 组织建立并落实安全风险分级管控和隐患排查治理双重预防工作机制，督促、检查本单位的安全生产工作，及时消除生产安全事故隐患；

(6) 组织制定并实施本单位的生产安全事故应急救援预案；

(7) 及时、如实报告生产安全事故；

(8) 具备相应的安全生产知识和管理能力；

(9) 发生生产安全事故时立即组织抢救，不得在事故调查处理期间擅离职守。

主要负责人是指有限责任公司、股份有限公司的董事长、总经理，其他生产经营单位的厂长、经理、矿长，以及对生产经营活动有决策权的实际控制人。

需要注意的是如何理解主要负责人，一般是指在生产经营单位中起决策作用的领导人，具体要根据实际情况来确定：

(1) 主要负责人必须是生产经营单位开展生产经营活动的主要决策人，享有本单位生产经营活动包括安全生产事项的最终决定权，全面领导生产经营活动。例如，生产经营单位的重大生产经营事项应由董事会决策的，那么董事长是主要负责人，个人投资生产经营单位的投资人是主要负责人。

(2) 主要负责人必须是实际领导、指挥生产经营日常活动的决策人。在一般情况下，生产经营单位主要负责人是其法定代表人。但是某些公司制企业，特别是一些大集团公司的法定代表人，往往与其子公司的法定代表人同为一人，他不负责企业日常的生产经营活动和安全生产工作，而且通常是在异地。这种情况下，那些真正全面组织、领导生产经营活动和安全生产工作的决策人就不一定是集团董事长，而是总经理或者其他人。还有一些不具备企业法人资格的生产经营单位不需要并且也不设法定代表人，这些单位的主要负责人就是其资产所有人或者生产经营负责人。

(3) 主要负责人必须是能够承担生产经营单位安全生产全面领导责任的决策人。当董事长或者总经理长期缺位(因生病、学习等情况不能主持全面领导工作)时，将由其授权或者委托的副职或者其他负责人全面主持生产经营单位的工作，如果在这种情况下发生安全生产违法行为或者生产安全事故需要追究责任时，将长期缺位的董事长或者总经理作为责任人既不合情理又难以执行，只能追究其授权或者委托主持全面工作的实际负责人的法律责任。

（二）安全生产管理人员

安全生产管理人员是指生产经营单位分管安全生产的负责人、安全生产管理机构负责人及其管理人员，以及未设安全生产管理机构的生产经营单位专、兼职安全生产管理人员等。

安全生产管理机构，是指生产经营单位内部设立的专门负责安全生产管理事务的独立部门。

专职安全生产管理人员，是指在生产经营单位中专门负责安全生产管理，不再兼任其他工作的人员。

生产经营单位的安全生产管理机构以及安全生产管理人员履行下列职责：

（1）组织或者参与拟订本单位安全生产规章制度、操作规程和生产安全事故应急救援预案；

（2）组织或者参与本单位安全生产教育和培训，如实记录安全生产教育和培训情况；

（3）组织开展危险源辨识和评估，督促落实本单位重大危险源的安全管理措施；

（4）组织或者参与本单位应急救援演练；

（5）检查本单位的安全生产状况，及时排查生产安全事故隐患，提出改进安全生产管理的建议；

（6）制止和纠正违章指挥、强令冒险作业、违反操作规程的行为；

（7）督促落实本单位安全生产整改措施。

（三）其他负责人

各分管负责人应对各自职责范围内的安全生产和职业卫生工作负责。

生产经营单位的主要技术负责人在主要负责人授权范围内负有安全生产技术决策和指挥权。

生产经营单位可以设置专职安全生产分管负责人，协助本单位负责人履行安全生产管理职责，但不能因此减轻或免除主要负责人对本单位安全生产工作所负的全面责任。

安全生产工作是企业管理工作中的重要内容，涉及企业生产经营活动的各个方面，必须要由企业“一把手”统一领导，统筹协调，负全面责任。

（四）各职能部门负责人及其工作人员

各职能部门负责人的职责是按照本部门安全生产职责，组织有关人员做好本部门安全生产责任制的落实，并对本部门职责范围内的安全生产工作负责。

各职能部门的工作人员则是在本人职责范围内做好有关安全生产工作，并对自己职责范围内的安全生产工作负责。

（五）班组长

班组长是搞好安全生产工作的关键。班组长全面负责本班组的安全生产工作，是安全生产法律、法规和规章制度的直接执行者。

班组长的主要职责：

（1）贯彻执行本单位对安全生产的规定和要求；

（2）督促本班组的工人遵守有关安全生产规章制度和安全操作规程；

（3）切实做到不违章指挥、不违章作业、遵守劳动纪律。

（六）岗位工人

岗位工人对本岗位的安全生产负直接责任。

岗位工人的主要职责：接受安全生产教育和培训，遵守有关安全生产规章和安全操作规程，遵守劳动纪律，不违章作业。

四、安全生产管理机构与人员

（一）法律要求

《安全生产法》第二十四条规定："矿山、金属冶炼、建筑施工、运输单位和危险物品的生产、经营、储存、装卸单位，应当设置安全生产管理机构或者配备专职安全生产管理人员。

前款规定以外的其他生产经营单位，从业人员超过一百人的，应当设置安全生产管理机构或者配备专职安全生产管理人员；从业人员在一百人以下的，应当配备专职或者兼职的安全生产管理人员。"

（二）任免与任职

1. 部分高危行业

危险物品的生产、储存单位以及矿山、金属冶炼单位的安全生产管理人员的任免，应当告知主管的负有安全生产监督管理职责的部门。

2. 任职能力

生产经营单位的主要负责人和安全生产管理人员必须具备与本单位所从事的生产经营活动相应的安全生产知识和管理能力。

危险物品的生产、经营、储存、装卸单位以及矿山、金属冶炼、建筑施工、运输单位的主要负责人和安全生产管理人员，应当由主管的负有安全生产监督管理职责的部门对其安全生产知识和管理能力考核合格。考核不得收费。

煤矿、非煤矿山、危险化学品、烟花爆竹、金属冶炼等生产经营单位主要负责人和安全生产管理人员，自任职之日起6个月内，必须经安全生产监管监察部门对其安全生产知识和管理能力考核合格。(《生产经营单位安全培训规定》)

《全国安全生产专项整治三年行动计划》(安委〔2020〕3号文)要求：

(1) 自2020年5月起，对涉及"两重点一重大"生产装置和储存设施的企业，新入职的主要负责人和主管生产、设备、技术、安全的负责人及安全生产管理人员必须具备化学、化工、安全等相关专业大专及以上学历或化工类中级及以上职称。

(2) 每年至少对化工和危险化学品企业主要负责人集中开展一次法律意识、风险意识和事故教训的警示教育，按照化工(危险化学品)企业主要负责人安全生产管理知识重点考核内容，对危险化学品企业主要负责人每年开展至少一次考核，考核和补考均不合格的，不得担任企业主要负责人。

3. 技术支持

危险物品的生产、储存、装卸单位以及矿山、金属冶炼单位应当有注册安全工程师从事安全生产管理工作。鼓励其他生产经营单位聘用注册安全工程师从事安全生产管理工作。危险化学品企业要按规定配备化工相关专业注册安全工程师。

当生产经营单位依据法律规定和本单位实际情况，委托工程技术人员提供安全生产技术、管理服务时，保证安全生产的责任仍由本单位负责。

第四节　安全生产规章制度和操作规程

安全生产规章制度是一个企业规章制度重要组成部分，是企业安全生产的法规，是统一全体职工安全生产的法则。

安全操作规程是根据企业的生产性质、工艺设备的特点和技术要求，结合具体情况及群众经验制定出的安全操作守则，是要求员工在日常工作中必须遵照执行的一种保证安全的规定程序。

一、规章制度和操作规程的制定

安全生产规章制度和操作规程由主要负责人负责组织制定。

企业应建立安全生产和职业卫生法律法规、标准规范的管理制度，明确主管部门，确定获取的渠道、方式，及时识别和获取适用、有效的法律法规、标准规范，建立安全生产和职业卫生法律法规、标准规范清单和文本数据库。企业应将适用的安全生产和职业卫生法律法规、标准规范的相关要求转化为本单位的规章制度、操作规程，并及时传达给相关从业人员，确保相关要求落实到位。

安全生产规章制度的制定一般包括起草、会签、审核、签发、发布及培训、反馈和修订。

（一）起草

根据企业安全生产责任制，由负有安全生产管理职能的部门负责起草。

企业应确保从业人员参与岗位安全生产和职业卫生操作规程的编制和修订工作。

（二）会签或征求意见

规章制度草案，应通过正式渠道征求有关部门和员工的意见、建议，便于规章制度的贯彻落实。意见不一致时，一般由主要负责人或分管安全的负责人主持会议，统一思想，达成一致。

（三）审核

规章制度在签发前，应进行审核。

一是企业法律部门进行合规性审查；二是技术性较强的规章制度应邀请相关专家审核；三是安全奖惩、考核等涉及全员个人利益的制度，应经过职工代表大会表决。

（四）签发

技术规程、安全操作规程等技术性较强的安全生产规章制度，一般由分管安全生产的负责人或总工程师签发，涉及全局性的综合管理规章制度应由主要负责人签发。

（五）发布

生产经营单位的安全规章制度，应采用固定的发布方式，如通过红头文件形式、内部办公网络发布等。

上述就是安全生产规章制度制定的五个流程。

（六）培训

新颁布(修订)的安全生产规章制度应组织相关人员进行培训，对安全操作规程类，还应组织考试。

（七）反馈

定期检查规章制度执行中存在的问题，建立信息反馈渠道，及时掌握规章制度、操作规程的运行效果。

（八）修订

生产经营单位应每年对安全生产规章制度进行一次修订，并公布现行有效的安全生产规章制度清单。安全操作规程，除每年进行一次修订外，3~5 年应组织进行一次全面修订，并重新发布。

二、安全生产规章制度体系

目前我国还没有明确的安全生产规章制度体系建设标准。在长期的安全生产实践过程中，生产经营单位按照自身的传统和习惯，形成了各具特色的安全生产规章制度体系。

通常按三类体系来建立安全生产规章制度体系，一是按照安全系统工程原理，一般由综合管理、人员管理、设备设施管理和环境安全管理四部分组成；二是按照标准化工作体系，规章制度可分为技术标准、管理标准和工作标准，通常称为“三大标准体系”；三是按职业安全健康管理体系，一般分为手册、程序文件和作业指导书。

一般生产经营单位安全生产规章制度应包括以下内容，高危行业还应根据自身生产特点进行补充完善。

（一）综合安全管理制度

（1）目标管理；

（2）全员安全生产责任制及考核；

（3）安全生产投入；

（4）安全生产奖惩；

（5）安全风险分级管控；

（6）隐患排查治理；

（7）档案管理；

（8）变更管理；

（9）重大危险源管理；

（10）危险物品使用管理；

（11）消防安全管理；

（12）交通安全管理；

（13）事故管理；

（14）应急管理；

（15）四新（新技术、新材料、新工艺、新设备设施）管理；

（16）安全生产例会等安全生产会议制度。

（二）人员安全管理制度

（1）安全教育培训；

（2）班组安全活动；

（3）特种作业人员管理；

（4）相关方安全管理；

（5）劳动防护用品管理；

（6）职业健康检查制度；
（7）危险作业安全管理等。

（三）设备设施安全管理

（1）三同时制度；
（2）设备设施管理；
（3）安全设施管理；
（4）施工和检维修管理；
（5）定期检测、检验管理；
（6）设备安全操作规程等。

（四）环境安全管理

（1）安全警示标志管理；
（2）职业病危害防治；
（3）作业环境管理等。

第五节 安全生产教育培训

一、安全生产教育培训的意义

据统计，我国大约有 80%的事故同人的不安全行为有关。

海因里希曾经调查了美国的 75000 起工业伤害事故，发现 98%的事故是可以预防的，只有 2%的事故超出人的能力能够达到的范围，是不可预防的。在可预防的工业事故中，以人的不安全行为为主要原因的事故占 88%，以物的不安全状态为主要原因的事故占 10%。

20 世纪 60~90 年代，在所有工业事故中包含人因失误的事故从 20%扩大到 80%以上。美国、日本、法国、德国、瑞典、瑞士六国的联合调查统计资料显示，核电站中的人因事故的比例，六国的平均值超过 60%，最高的达 85%，特别是许多重大事故的原因几乎均源于人的因素。

根据美国杜邦公司一百年的安全事故统计，96%以上的事故是由人的不安全行为造成的，只有 4%是由不安全环境造成的。

国内外大量的统计表明，约 80%的事故是由于人为失误发生的。安全生产教育培训对预防人因事故、提高人的本质安全程度具有重要作用。

二、安全生产教育培训的法规要求

（一）《安全生产法》相关要求

第 28 条规定：“生产经营单位应当对从业人员进行安全生产教育和培训，保证从业人员具备必要的安全生产知识，熟悉有关的安全生产规章制度和安全操作规程，掌握本岗位的安全操作技能，了解事故应急处理措施，知悉自身在安全生产方面的权利和义务。未经安全生产教育和培训合格的从业人员，不得上岗作业。

生产经营单位使用被派遣劳动者的，应当将被派遣劳动者纳入本单位从业人员统一管理，对被派遣劳动者进行岗位安全操作规程和安全操作技能的教育和培训。劳务派遣单位应当对被派遣劳动者进行必要的安全生产教育和培训。

生产经营单位接收中等职业学校、高等学校学生实习的，应当对实习学生进行相应的安全生产教育和培训，提供必要的劳动防护用品。学校应当协助生产经营单位对实习学生进行安全生产教育和培训。

生产经营单位应当建立安全生产教育和培训档案，如实记录安全生产教育和培训的时间、内容、参加人员以及考核结果等情况。"

第 29 条规定："生产经营单位采用新工艺、新技术、新材料或者使用新设备，必须了解、掌握其安全技术特性，采取有效的安全防护措施，并对从业人员进行专门的安全生产教育和培训。"

第 30 条规定："生产经营单位的特种作业人员必须按照国家有关规定经专门的安全作业培训，取得相应资格，方可上岗作业。

特种作业人员的范围由国务院安全生产监督管理部门会同国务院有关部门确定。"

第 44 条规定："生产经营单位应当教育和督促从业人员严格执行本单位的安全生产规章制度和安全操作规程；并向从业人员如实告知作业场所和工作岗位存在的危险因素、防范措施以及事故应急措施。"

生产经营单位应当关注从业人员的身体、心理状况和行为习惯，加强对从业人员的心理疏导、精神慰藉，严格落实岗位安全生产责任，防范从业人员行为异常导致事故发生。"

（二）其他

《国务院安委会关于进一步加强安全培训工作的决定》（安委〔2012〕10 号）、《生产经营单位安全培训规定》《安全生产培训管理办法》和《特种作业人员安全技术培训考核管理规定》等对企业安全教育培训作了明确、具体的规定。

三、企业各类人员的教育培训

（一）主要负责人

生产经营单位主要负责人是指有限责任公司或者股份有限公司的董事长、总经理，其他生产经营单位的厂长、经理、（矿务局）局长、矿长（含实际控制人）等。

主要负责人安全培训应当包括下列内容：

（1）国家安全生产方针、政策和有关安全生产的法律、法规、规章及标准；

（2）安全生产管理基本知识、安全生产技术、安全生产专业知识；

（3）重大危险源管理、重大事故防范、应急管理和救援组织以及事故调查处理的有关规定；

（4）职业危害及其预防措施；

（5）国内外先进的安全生产管理经验；

（6）典型事故和应急救援案例分析；

（7）其他需要培训的内容。

（二）安全生产管理人员

生产经营单位安全生产管理人员安全培训应当包括下列内容：

（1）国家安全生产方针、政策和有关安全生产的法律、法规、规章及标准；

（2）安全生产管理、安全生产技术、职业卫生等知识；

（3）伤亡事故统计、报告及职业危害的调查处理方法；

（4）应急管理、应急预案编制以及应急处置的内容和要求；

（5）国内外先进的安全生产管理经验；

（6）典型事故和应急救援案例分析；

（7）其他需要培训的内容。

（三）特种作业人员

生产经营单位的特种作业人员，必须按照国家有关法律、法规的规定接受专门的安全培训，经考核合格，取得特种作业操作资格证书后，方可上岗作业。

1. 特种作业人员

根据《特种作业人员安全技术培训考核管理规定》(国家安全生产监督管理总局第30号令)，特种作业是指容易发生事故，对操作者本人、他人的安全健康及设备、设施的安全可能造成重大危害的作业。特种作业人员所持证件为特种作业操作证。特种作业的范围由特种作业目录规定。

特种作业的范围包括：①电工作业；②焊接与热切割作业；③高处作业；④制冷与空调作业；⑤煤矿安全作业；⑥金属非金属矿山安全作业；⑦石油天然气安全作业；⑧冶金(有色)生产安全作业；⑨危险化学品安全作业；⑩烟花爆竹安全作业；⑪有限空间安全作业；⑫应急救援作业；⑬其他作业。

2. 建筑施工特种作业人员

根据《建筑施工特种作业人员管理规定》，建筑施工特种作业人员是指在房屋建筑和市政工程施工活动中，从事可能对本人、他人及周围设备设施的安全造成重大危害作业的人员。建筑施工特种作业人员必须经建设主管部门考核合格，取得《建筑施工特种作业人员操作资格证书》，方可上岗从事相应作业。

建筑施工特种作业包括：①建筑电工；②建筑架子工；③建筑起重信号司索工；④建筑起重机械司机；⑤建筑起重机械安装拆卸工；⑥高处作业吊篮安装拆卸工；⑦经省级以上人民政府建设主管部门认定的其他特种作业。

3. 特种设备作业人员

根据《特种设备安全监察条例》，锅炉、压力容器、压力管道、电梯、起重机械、客运索道、大型游乐设施、场(厂)内专用机动车辆的作业人员及其相关管理人员(以下统称特种设备作业人员)，应当按照国家有关规定经特种设备安全监督管理部门考核合格，取得《特种设备作业人员证》，方可从事相应的作业或者管理工作。

特种设备作业包括：①特种设备安全管理；②锅炉作业(司炉和水质处理)；③压力容器作业；④气瓶作业(充装)；⑤电梯作业(修理和维护保养)；⑥起重机作业(指挥和司机)；⑦客运索道作业(修理和司机)；⑧大型游乐设施作业(修理和操作)；⑨场(厂)内专用机动车辆作业(叉车、观光车和观光列车司机)；⑩安全附件维修作业(安全阀校验)；⑪特种设备焊接作业。

《特种设备作业人员资格认定分类与项目》(2019版)取消了原项目代号为D1(压力管道巡检维护)、D2(带压封堵)、D3(带压密封)、Q1(起重机械安装维修)、Q2(起重机械电器安装维修)、Q10(机械式停车设备司机)、T3(电梯司机)、N1(车辆维修)的作业项目。

（四）其他从业人员

生产经营单位其他从业人员是指除主要负责人、安全生产管理人员和特种作业人员以外，该单位从事生产经营活动的所有人员，包括其他负责人、其他管理人员、技术人员、专职应急救援人员和各岗位的工人以及临时聘用的人员。

1. 三级安全教育

煤矿、非煤矿山、危险化学品、烟花爆竹、金属冶炼等生产经营单位必须对新上岗的临时工、合同工、劳务工、轮换工、协议工等进行强制性安全培训，保证其具备本岗位安全操作、自救互救以及应急处置所需的知识和技能后，方能安排上岗作业。

加工、制造业等生产单位的其他从业人员，在上岗前必须经过厂(矿)、车间(工段、区、队)、班组三级安全培训教育。

三级安全教育是指厂(矿)级、车间(工段、区、队)级、班组级的安全教育。三级安全教育是我国多年积累、总结并形成的一套行之有效的安全教育培训方法。三级安全教育培训的形式、方法以及考核标准各有侧重。

(1) 厂(矿)级岗前安全培训内容应当包括：

① 本单位安全生产情况及安全生产基本知识；

② 本单位安全生产规章制度和劳动纪律；

③ 从业人员安全生产权利和义务；

④ 有关事故案例等。

煤矿、非煤矿山、危险化学品、烟花爆竹、金属冶炼等生产经营单位厂(矿)级安全培训除包括上述内容外，应当增加事故应急救援、事故应急预案演练及防范措施等内容。

(2) 车间(工段、区、队)级岗前安全培训内容应当包括：

① 工作环境及危险因素；

② 所从事工种可能遭受的职业伤害和伤亡事故；

③ 所从事工种的安全职责、操作技能及强制性标准；

④ 自救互救、急救方法、疏散和现场紧急情况的处理；

⑤ 安全设备设施、个人防护用品的使用和维护；

⑥ 本车间(工段、区、队)安全生产状况及规章制度；

⑦ 预防事故和职业危害的措施及应注意的安全事项；

⑧ 有关事故案例；

⑨ 其他需要培训的内容。

(3) 班组级岗前安全培训内容应当包括：

① 岗位安全操作规程；

② 岗位之间工作衔接配合的安全与职业卫生事项；

③ 有关事故案例；

④ 其他需要培训的内容。

2. 四新安全教育

生产经营单位实施新工艺、新技术或者使用新设备、新材料时，应当对有关从业人员重新进行有针对性的安全培训。

开展四新安全教育的目的在于重建动力定型。动力定型是指人长期生活、劳动、反复重演某种活动、逐渐在大脑皮质高级神经系统中建立的巩固的条件反射活动模式。其外在表现即为动作习惯。对完成某一动作各器官间建立起相互协调一致、比较稳固的神经系统，即形成动力定型。此后，每一活动都会按已形成的活动规律自动再现。动力定型形成后可以大大节省人们的脑力和体力上的消耗，提高功效。要建立一个动力定型，需要消耗相当多的神经能量，而保持这个动力定型所消耗的神经能量则越来越少。然而动力定型巩固了，就产生了惰性，难以用新的刺激或情境去改变它；要改变它，往往需要消耗很多的神经能量。生产条件一旦发生变化，如果没有进行针对性的四新安全教育，从业人员会不自觉地运用原来的动力定型操作，从而导致伤亡事故的发生。

3. 复工、调岗安全教育

从业人员在本单位内调整工作岗位或离岗一年以上重新上岗时，应当重新接受车间(工段、区、队)和班组级的安全培训。离开特种作业岗位6个月以上的特种作业人员，应当重新进行实际操作考试，经确认合格后方可上岗作业。

4. 专职应急救援人员

企业专职应急救援人员应按照有关规定，经专门应急救援培训，考核合格后，方可上岗，并定期参加复训。

5. 经常性安全教育

由于企业的生产工艺、设备设施、作业环境等处于不断的变化中，因此安全教育培训不可能一劳永逸，每个从业人员都应该树立终身学习的观念。企业应确立全员培训的目标，对在岗的从业人员应进行经常性的安全生产教育培训。其内容主要包括安全生产新知识、新技术，安全生产法律法规，作业场所和工作岗位存在的危险因素、防范措施及事故应急措施，事故案例等。

(五) 培训时间

培训时间的规定见表 2-1。

表 2-1　培训时间的规定

学时

行业 / 学时 / 人员	矿山、危险化学品、烟花爆竹、冶金		其他行业	
	初次培训	每年再培训	初次	每年再培训
主要负责人	48	16	32	12
安全管理人员	48	16	32	12
其他从业人员	72(建筑企业 32)	20	24	8

四、安全生产教育培训组织实施

(1) 生产经营单位主要负责人组织制定并实施本单位安全生产教育和培训计划。

(2) 生产经营单位应当将安全培训工作纳入本单位年度工作计划。保证本单位安全培训工作所需资金。

(3) 具备安全培训条件的生产经营单位，应当以自主培训为主；可以委托具备安全培训条件的机构，对从业人员进行安全培训。

不具备安全培训条件的生产经营单位，应当委托具备安全培训条件的机构，对从业人员进行安全培训。生产经营单位委托其他机构进行安全培训的，保证安全培训的责任仍由本单位负责。

(4) 生产经营单位应当坚持以考促学、以讲促学，确保全体从业人员熟练掌握岗位安全生产知识和技能；煤矿、非煤矿山、危险化学品、烟花爆竹、金属冶炼等生产经营单位还应当完善和落实师傅带徒弟制度。

(5) 生产经营单位应当建立健全从业人员安全生产教育和培训档案，由生产经营单位的安全生产管理机构以及安全生产管理人员详细、准确记录培训的时间、内容、参加人员以及考核结果等情况。

(6) 生产经营单位安排从业人员进行安全培训期间，应当支付工资和必要的费用。

五、相关方人员教育培训

企业应对进入企业从事服务和作业活动的承包商、供应商的从业人员和接收的中等职业学校、高等学校实习生，进行入厂(矿)安全教育培训，并保存记录。

外来人员进入作业现场前，应由作业现场所在单位对其进行安全教育培训，并保存记录。主要内容包括外来人员入厂(矿)有关安全规定、可能接触到的危害因素、所从事作业的安全要求、作业安全风险分析及安全控制措施、职业病危害防护措施、应急知识等。

企业应对进入企业检查、参观、学习等外来人员进行安全教育，主要内容包括安全规定、可能接触到的危险有害因素、职业病危害防护措施、应急知识等。

第六节　安全生产检查

《安全生产法》第四十六条规定：“生产经营单位的安全生产管理人员应当根据本单位的生产经营特点，对安全生产状况进行经常性检查；对检查中发现的安全问题，应当立即处理；不能处理的，应当及时报告本单位有关负责人，有关负责人应当及时处理。检查及处理情况应当如实记录在案。

生产经营单位的安全生产管理人员在检查中发现重大事故隐患，依照前款规定向本单位有关负责人报告，有关负责人不及时处理的，安全生产管理人员可以向主管的负有安全生产监督管理职责的部门报告，接到报告的部门应当依法及时处理。”

安全生产检查是安全生产管理工作中的一项重要内容，是保持安全环境、矫正不安全操作、预防事故的重要手段。它是多年来从生产实践中创造出来的一种好形式，是安全生产工作中运用群众路线的好方法，是发现不安全状态和不安全行为的有效途径，是消除事故隐患、落实整改措施、防止伤亡事故、改善劳动条件的重要手段。

一、安全生产检查的类型

安全生产检查、风险隐患排查的形式有如下几种类型，以危险化学品企业为例。

(一) 日常检查

日常检查是指基层单位班组、岗位员工的交接班检查和班中巡回检查，以及基层单位(厂)管理人员和各专业技术人员的日常性检查。日常检查要加强对关键装置、关键环节、重点部位、重大危险源的检查和巡查。

(二) 综合性排查

综合性排查是指以安全生产责任制、各项专业管理制度、安全生产管理制度和化工过程安全管理各要素落实情况为重点开展的全面检查。

(三) 专业性排查

专业性排查是指工艺、设备、电气、仪表、储运、消防和公用工程等专业对生产各系统进行的检查。

（四）季节性检查

季节性检查是指根据各季节特点开展的专项检查，主要包括：春季以防雷、防静电、防解冻泄漏、防解冻坍塌为重点；夏季以防雷暴、防设备容器超温超压、防台风、防洪、防暑降温为重点；秋季以防雷暴、防火、防静电、防凝保温为重点；冬季以防雪、防冻(解冻)、防凝、防滑、防火、防爆、防静电为重点。

（五）重点时段及节假日前排查

重点时段及节假日前排查是指在重大活动、重点时段和节假日前，对装置生产是否存在异常状况和事故隐患、备用设备状态、备品备件、生产及应急物资储备、保运力量安排、安全保卫、应急、消防等方面进行的检查，特别是要对节假日期间领导干部带班值班、机电仪保运及紧急抢修力量安排、备件及各类物资储备和应急工作进行重点检查。

（六）复产复工前排查

复产复工前排查是指节假日、设备大检修、生产原因等停产较长时间，在重新恢复生产前，需要进行人员培训，对生产工艺、设备设施等进行综合性隐患排查。

（七）事故类比排查

事故类比排查是指对企业内或同类企业发生安全事故后举一反三的安全检查。

（八）外聘专家排查

外聘专家排查是指聘请外部专家对企业进行的安全检查。

二、安全生产检查的内容

安全生产检查的内容包括软件系统和硬件系统。

软件系统主要是查意识、查制度、查管理、查隐患、查整改、查事故处理等。

硬件系统主要是查生产设备、查辅助设施、查安全设施、查作业环境。

安全生产检查具体内容应本着突出重点的原则进行确定。对于危险性大、易发事故、事故危害大的生产系统、部位、装置、设备等应加强检查。

对矿山企业，目前国家有关规定要求强制性检查的项目有：

矿井风量、风质、风速及井下温度、湿度、噪声；瓦斯、粉尘；矿山放射性物质及其他有毒有害物质；露天矿山边坡；尾矿坝；提升、运输、装载、通风、排水、瓦斯抽放、压缩空气和起重设备；各种防爆电气、电气安全保护装置；矿灯、钢丝绳等；瓦斯、粉尘及其他有毒有害物质检测仪器、仪表；自救器；救护设备；安全帽；防尘口罩或面罩；防护服、防护鞋；防噪声耳塞、耳罩。

对非矿山企业，目前国家有关规定要求强制性检查的项目有：

锅炉、压力容器、压力管道、高压医用氧舱、起重机、电梯、自动扶梯、施工升降机、简易升降机、防爆电气、厂内机动车辆、客运索道、游艺机及游乐设施等；作业场所的粉尘、噪声、振动、辐射、温湿度和有毒物质的浓度等。

一般应重点检查易造成重大损失的危险物品、设备设施、危险作业、易造成职业中毒或职业病的作业场所等。

三、安全生产检查的方法

（一）常规检查

常规检查是最常见的一种检查方法，通常由安全管理人员作为检查的主体，到作业现场通过感观或辅助简单的工具、仪表等，对作业人员的行为、作业场所的环境条件、生产设备设施等进行定性检查。

常规检查主要依靠安全检查人员的经验和能力，检查的结果直接受到检查人员个人素质的影响。检查中应有检查记录表，及时记录检查中发现的问题及处理等内容。

（二）安全检查表法

为使安全检查工作更加规范，将个人对检查结果的影响减到最小，常采用安全检查表法。安全检查表应由专家、工程技术人员和岗位作业人员共同讨论制定。我国许多行业如建筑、电力、机械、煤炭等行业都编制并实施了适合行业特点的安全检查标准。

（三）仪器检查法及数据分析法

有些生产经营单位的设备、系统运行数据具有在线监测和记录的系统设计，对设备、系统的运行状况可通过对数据的变化趋势进行分析得出结论。对没有在线数据监测系统的机器、设备、系统，只能通过仪器检查法来进行定量化的检测。

对安全检查中反复出现的问题，企业应从规章制度的健全和完善、从业人员的安全教育培训、设备系统的更新改造、加强现场检查和监督等环节入手，做到持续改进，不断提高安全生产管理水平，防范生产安全事故的发生。

第七节　作业现场管理

生产经营单位应合理组织生产作业，加强从业人员作业行为安全管理，对设备设施、工艺技术、作业条件等进行安全风险辨识，采取相应的措施，控制作业行为安全风险。

一、高危作业管理

高危作业是指对操作者本人、他人及周围建(构)筑物、设备、设施和周围环境可能造成危害的作业。企业生产经营过程中常见的高危作业有动火、进入有限空间(也称受限空间)、盲板抽堵、高处作业、吊装、动土、断路和临时用电等。

（一）高危作业基本要求

(1) 作业前，作业单位应办理作业审批手续，并有相关责任人签名确认。

同一作业涉及动火、进入有限空间、盲板抽堵、高处作业、吊装、临时用电、动土、断路中的两种或两种以上时，除应同时执行相应的作业要求外，还应同时办理相应的作业审批手续。

作业时审批手续应齐全、安全措施应全部落实、作业环境应符合安全要求。

(2) 作业前，作业单位和生产单位应对作业现场和作业过程中可能存在的危险、有害因素进行辨识，制定相应的安全措施。

(3) 作业前，应对参加作业的人员进行安全教育，主要内容如下：

① 有关作业的安全规章制度；

② 作业现场和作业过程中可能存在的危险、有害因素及应采取的具体安全措施；

③ 作业过程中所使用的个体防护器具的使用方法及注意事项；

④ 事故的预防、避险、逃生、自救、互救等知识；

⑤ 相关事故案例和经验、教训。

(4) 作业前，生产单位应进行如下工作：

① 对设备、管线进行隔绝、清洗、置换，并确认满足动火、进入有限空间等作业安全要求；

② 对放射源采取相应的安全处置措施；

③ 对作业现场的地下隐蔽工程进行交底；

④ 腐蚀性介质的作业场所配备人员应急用冲洗水源；

⑤ 夜间作业的场所设置满足要求的照明装置；

⑥ 会同作业单位组织作业人员到作业现场，了解和熟悉现场环境，进一步核实安全措施的可靠性，熟悉应急救援器材的位置及分布。

（5）作业前，作业单位对作业现场及作业涉及的设备、设施、工器具等进行检查，并使之符合如下要求：

① 作业现场消防通道、行车通道应保持畅通；影响作业安全的杂物应清理干净；

② 作业现场的梯子、栏杆、平台、箅子板、盖板等设施应完整、牢固，采用的临时设施应确保安全；

③ 作业现场可能危及安全的坑、井、沟、孔洞等应采取有效防护措施，并设警示标志，夜间应设警示红灯；需要检修的设备上的电器电源应可靠断电，在电源开关处加锁并加挂安全警示牌；

④ 作业使用的个体防护器具、消防器材、通信设备、照明设备等应完好；

⑤ 作业使用的脚手架、起重机械、电气焊用具、手持电动工具等各种工器具应符合作业安全要求；超过安全电压的手持式、移动式电动工器具应逐个配置漏电保护器和电源开关。

（6）进入作业现场的人员应正确佩戴符合 GB 2811《安全帽》要求的安全帽，作业时，作业人员应遵守本工种安全技术操作规程，并按规定着装及正确佩戴相应的个体防护装备，多工种、多层次交叉作业应统一协调。

特种作业和特种设备作业人员应持证上岗。患有职业禁忌证者不应参与相应作业（职业禁忌证依据 GBZ/T 157《职业病诊断名词术语》）。

（7）作业监护人员应坚守岗位，如确需离开，应有专人替代监护。

（8）当生产装置出现异常，可能危及作业人员安全时，生产单位应立即通知作业人员停止作业迅速撤离。

当作业现场出现异常，可能危及作业人员安全时，作业人员应停止作业，迅速撤离，作业单位应立即通知生产单位。

（9）作业完毕，应恢复作业时拆移的盖板、箅子板、扶手、栏杆、防护罩等安全设施的安全使用功能；将作业用的工器具、脚手架、临时电源、临时照明设备等及时撤离现场；将废料、杂物、垃圾、油污等清理干净。

（二）动火作业

动火作业：直接或间接产生明火的工艺设备以外的禁火区内可能产生火焰、火花，或炽热表面的非常规作业，如使用电焊、气焊（割）、喷灯、电钻、砂轮等进行的作业。

1. 动火作业分级

企业应划定固定动火区及禁火区。固定动火区外的动火作业一般分为特级动火、一级动火、二级动火三个级别，遇节假日（含周末）或其他特殊情况，动火作业应升级管理。

特级动火作业：在生产运行状态下的易燃易爆生产装置、输送管道、储罐、容器等部位及其他特殊危险场所进行的动火作业，带压不置换动火作业按特级动火作业管理。

一级动火作业：在易燃易爆场所进行的除特级动火作业以外的动火作业。厂区管廊上的动火作业按一级动火作业管理。

二级动火作业：除特级动火作业和一级动火作业以外的动火作业。凡生产装置或系统全部停车，装置经清洗、置换、分析合格并采取安全隔离措施后，可根据其火灾、爆炸危险性大小，经所在单位安全管理部门批准，动火作业可按二级动火作业管理。

特级动火、一级动火作业的安全作业证有效期不应超过 8h；二级动火作业的安全作业证有效期不应超过 72h。有效期自签发动火作业证的时间算起。

2. 动火分析及合格标准

动火作业前应进行动火分析，要求如下：

（1）动火分析的监测点要有代表性，在较大的设备内动火，应对上、中、下各部位进行监测分析；在较长的物料管线上动火，应在彻底隔绝区域内分段分析；

（2）在设备外部动火，应在不小于动火点 10m 范围内进行动火分析；

（3）动火分析与动火作业间隔一般不超过 30min，如现场条件不允许，间隔时间可适当放宽，但不应超过 60min；

（4）作业中断时间超过 60min，应重新分析，每日动火前均应进行动火分析；特级动火作业期间应随时进行监测；

（5）使用便携式可燃气体检测仪或其他类似手段进行分析时，检测设备应经标准气体样品标定合格。

动火分析合格标准为：

（1）当被测气体或蒸气的爆炸下限大于或等于 4%时，其被测浓度应不大于 0.5%（体积分数）；

（2）当被测气体或蒸气的爆炸下限小于 4%时，其被测浓度应不大于 0.2%（体积分数）。

3. 动火作业基本要求

（1）动火作业应有专人监火，作业前应清除动火现场及周围的易燃物品，或采取其他有效安全防火措施，并配备消防器材，满足作业现场应急需求。

（2）动火点周围或其下方的地面如有可燃物、空洞、窨井、地沟、水封等，应检查分析并采取清理或封盖等措施；对于动火点周围有可能泄漏易燃、可燃物料的设备，应采取隔离措施。

（3）凡在盛有或盛装过危险化学品的设备、管道等生产、储存设施及处于 GB 50016、GB 50160、GB 50074 规定的甲、乙类区域的生产设备上动火作业，应将其与生产系统彻底隔离，并进行清洗、置换，分析合格后方可作业；因条件限制无法进行清洗、置换而确需动火作业时按特级动火作业要求执行。

（4）拆除管线进行动火作业时，应先查明其内部介质及其走向，并根据所要拆除管线的情况制定安全防火措施。

（5）在有可燃物构件和使用可燃物做防腐内衬的设备内部进行动火作业时，应采取防火隔绝措施。

（6）在生产、使用、储存氧气的设备上进行动火作业时，设备内氧含量不应超过 23.5%。

（7）动火期间距动火点 30m 内不应排放可燃气体；距动火点 15m 内不应排放可燃液体；

在动火点 10m 范围内及动火点下方不应同时进行可燃溶剂清洗或喷漆等作业。

(8) 铁路沿线 25m 以内的动火作业，如遇装有危险化学品的火车通过或停留时应立即停止。

(9) 使用气焊、气割动火作业时，乙炔瓶应直立放置，与氧气瓶间距不应小于 5m，二者与作业地点间距不应小于 10m，并应设置防晒设施。

(10) 作业完毕应清理现场，确认无残留火种后方可离开。

(11) 五级风以上(含五级)天气，原则上禁止露天动火作业。因生产确需动火，动火作业应升级管理。

4. 特级动火作业

特级动火作业在符合上述基本要求的同时，还应符合以下规定：

(1) 在生产不稳定的情况下不应进行带压不置换动火作业；

(2) 应预先制定作业方案，落实安全防火措施，必要时可请专职消防队到现场监护；

(3) 动火点所在的生产车间(分厂)应预先通知工厂生产调度部门及有关单位，使之在异常情况下能及时采取相应的应急措施；

(4) 应在正压条件下进行作业；

(5) 应保持作业现场通排风良好。

5. 动火作业事故案例

(1) 不遵守操作规程

某化学品生产公司，利用全厂停车机会进行检修，其中一个检修项目是用气割割断煤气总管后加装阀门。

为此，公司专门制定了停车检修方案。检修当天对室外煤气总管(距地面高度约 6m)及相关设备先进行氮气置换处理。约 1h 后，从煤气总管与煤气气柜间管道的最低取样口取样分析，合格后就关闭氮气阀门，认为氮气置换结束，分析报告上写着“氢气+一氧化碳$<7\%$，不爆”。

接着按停车检修方案，对煤气总管进行空气置换，2h 后空气置换结束。

车间主任开始开《动火安全作业证》，独自制定了安全措施后，监火人、动火负责人、动火人、动火前岗位当班班长、动火作业的审批人(未到现场)先后在动火证上签字。

约 20min 后(距分析时间已间隔 3h 左右)，焊工开始用气割枪对煤气总管进行切割(检修现场没有专人进行安全管理)，在割穿的瞬间煤气总管内的气体发生爆炸，其冲击波顺着煤气总管冲出，击中距动火点 50m 外在管架上已完成另一检修作业准备下架的一名包机工，使其从管架上坠落死亡。

(2) 有限空间动火

2019 年 4 月 15 日，某公司对车间地下室-15℃冷媒管道系统进行改造。

15 点 10 分左右，地下室内室有异常声音，堆放冷媒增效剂的位置上方冒出火光，随即产生爆燃，黄色烟雾迅速弥漫。该公司立即组织应急救援。

16 点 40 分左右，事故现场基本处置完毕，现场存放的 48 袋 LMZ 冷媒增效剂及其底部塑料托盘全部烧毁，燃烧过程中引燃或烤焦了部分室内电缆、管道及设备保温层。造成 10 名现场施工及监护人员中毒窒息死亡、12 名参与救援人员中毒呛伤。

事故直接原因：该公司管道改造作业过程中，违规进行动火作业，电焊或切割产生的焊渣或火花引燃现场堆放的冷媒增效剂(主要成分为氧化剂亚硝酸钠、有机物苯并三氮唑、苯甲酸钠），瞬间产生爆燃，放出大量氮氧化物等有毒气体，在有限空间内快速聚集，氧气参与燃烧而迅速减少，造成现场作业人员中毒窒息死亡。

（三）有限空间作业

有限空间作业：进入或探入有限空间进行的作业。

有限空间：封闭或者部分封闭，与外界相对隔离，出入口较为狭窄，未被设计为固定工作场所，自然通风不良，易造成有毒有害、易燃易爆物质积聚或者氧含量不足的设施及场所。有限空间分为三类：①地下有限空间：如地下管道、地下室、地下仓库、地下工程、暗沟、隧道、涵洞、地坑、地窖、废井、污水池(井)、沼气池、化粪池、下水道等。②地上有限空间：如储藏室、酒糟池、发酵池、垃圾站、气调库、粮仓、料仓等。③密闭设备：如船舱、储罐、车载槽罐、反应塔(釜)、冷藏箱、压力容器、管道、烟道、炉膛、锅筒等。

有限空间的界定可依据《工贸企业有限空间作业安全管理与监督暂行规定》(安全监管总局令第59号)第二条第二款规定并结合现场实际情况来判断，该暂行规定不适用于化工企业。应急管理部对公众留言的回复：烘箱、消防泵房、地上消防水池、车间吊顶夹层、喷漆(砂)间等不存在有毒有害和易燃易爆物质，且无缺氧窒息风险的空间，不属于有限空间。

1. 有限空间作业要求

（1）安全隔绝

作业前，应对有限空间进行安全隔绝，要求如下：

① 与有限空间连通的可能危及安全作业的管道应采用插入盲板或拆除一段管道进行隔绝；

② 与有限空间连通的可能危及安全作业的孔、洞应进行严密的封堵；

③ 有限空间内的用电设备应停止运行并有效切断电源，在电源开关处上锁并加挂警示牌。

（2）清洗或置换

作业前，应根据有限空间盛装(过)的物料特性，对有限空间进行清洗或置换，并达到如下要求：

① 氧含量为18%~21%，在富氧环境下不应大于23.5%；

② 有毒气体(物质)浓度应符合GBZ 2.1—2019《工作场所有害因素职业接触限值 第1部分：化学有害因素》的规定；

③ 可燃气体浓度需满足动火作业分析标准。

（3）通风

应保持有限空间空气流通良好，可采取如下措施：

① 打开人孔、手孔、料孔、风门、烟门等与大气相通的设施进行自然通风；

② 必要时，应采用风机强制通风或管道送风，管道送风前应对管道内介质和风源进行分析确认。

（4）气体浓度监测

应对有限空间内的气体浓度进行严格监测，监测要求如下：

① 作业前30min内，应对有限空间进行气体分析，分析合格后方可进入，如现场条件不允许，时间可适当放宽，但不应超过60min；

② 监测点应有代表性，容积较大的有限空间，应对上、中、下各部位进行监测分析；

③ 分析仪器应在校验有效期内，使用前应保证其处于正常工作状态；

④ 监测人员深入或探入有限空间监测时应采取相应的个体防护措施；

⑤ 作业中应定时监测，至少每 2h 监测一次，如监测分析结果有明显变化，应立即停止作业，撤离人员，对现场进行处理，分析合格后方可恢复作业；

⑥ 对可能释放有害物质的有限空间应连续监测，情况异常时应立即停止作业，撤离人员，对现场进行处理，分析合格后方可恢复作业；

⑦ 涂刷具有挥发性溶剂的涂料时，应作连续分析，并采取强制通风措施；

⑧ 作业中断时间超过 60min 时，应重新进行分析。

(5) 防护措施

进入下列有限空间作业应采取如下防护措施：

① 缺氧或有毒的有限空间经清洗或置换仍达不到要求的，应佩戴隔绝式呼吸器，必要时应拴带救生绳；

② 易燃易爆的有限空间经清洗或置换仍达不到要求的，应穿防静电工作服及防静电工作鞋，使用防爆型低压灯具及防爆工具；

③ 酸碱等腐蚀性介质的有限空间，应穿戴防酸碱防护服、防护鞋、防护手套等防腐蚀护品；

④ 有噪声产生的有限空间，应配戴耳塞或耳罩等防噪声护具；

⑤ 有粉尘产生的有限空间，应配戴防尘口罩、眼罩等防尘护具；

⑥ 高温的有限空间，进入时应穿戴高温防护用品，必要时采取通风、隔热、佩戴通信设备等防护措施；

⑦ 低温的有限空间，进入时应穿戴低温防护用品，必要时采取供暖、佩戴通信设备等措施。

(6) 照明及用电

① 有限空间照明电压应≤36V，在潮湿容器、狭小容器内作业电压应≤12V；

② 在潮湿容器中，作业人员应站在绝缘板上，同时保证金属容器接地可靠。

(7) 作业监护

① 在有限空间外应设有专人监护，作业期间监护人员不应离开；

② 在风险较大的有限空间作业时，应增设监护人员，并随时与有限空间内作业人员保持联络。

(8) 其他要求

① 有限空间外应设置安全警示标志，备有空气呼吸器(氧气呼吸器)、消防器材和清水等相应的应急用品；

② 有限空间出入口应保持畅通；

③ 作业前后应清点作业人员和作业工器具；

④ 作业人员不应携带与作业无关的物品进入有限空间；作业中不应抛掷材料、工器具等物品；在有毒、缺氧环境下不应摘下防护面具；不应向有限空间充氧气或富氧空气；离开有限空间时应将气割(焊)工器具带出；

⑤ 难度大、劳动强度大、时间长的有限空间作业应采取轮换作业方式；

⑥ 作业结束后，有限空间 所在单位和作业单位共同检查有限空间内外，确认无问题后方可封闭有限空间；

⑦ 有限空间安全作业证有效期限一般不得超过一个班次；最长作业时限不应超过 24h，

特殊情况超过时限的应办理作业延期手续。

2. 有限空间作业事故案例

（1）窒息：除盐水池渗漏修复作业

2009 年 3 月 21 日 8 时 30 分，某冶金建设公司闻某等 3 名民工，在某钢铁公司连铸车间水泵房除盐水池进行池壁渗漏修复作业时，因稳压罐内氮气随回流水管道反串到除盐水池内，池内氮气含量超标，造成闻某等 3 人缺氧窒息死亡。

（2）窒息：煤灰过滤器内部除锈作业

2008 年 2 月 23 日上午 8 时左右，承包商某公司对某集团气化装置的煤灰过滤器（S1504）内部进行除锈作业。

在没有对作业设备进行有效隔离、没有对作业容器内氧气含量进行分析、没有办理进入有限空间作业许可证的情况下，作业人员进入煤灰过滤器进行作业。约 10 点 30 分，1 名作业人员窒息晕倒，坠落作业容器底部。在施救过程中，另外 3 名作业人员相继窒息晕倒在作业容器内。随后赶来的救援人员在向该煤灰过滤器中注入空气后，将 4 名受伤人员救出，其中 3 人经抢救无效死亡，1 人经抢救脱离生命危险。

（3）窒息：发酵罐内取菌作业

2018 年 6 月 16 日 17 时 45 分，陕西省某公司 1 名员工在发酵罐内取菌时在罐内昏迷，随后公司 3 名员工相继进入罐内救援时均昏迷。

事发后，该区消防支队、医院第一时间赶赴事发现场，进行积极救治。由于缺氧窒息时间过长，晚 11 时 20 分，4 名伤者经抢救无效相继身亡。此次事故中参与救人的 3 名遇难者分别为该公司的一名厂长、总经理和公司法定代表人。

（4）中毒：清洗糖浆箱

2015 年 1 月 14 日 21 时 20 分，云南某糖业公司制炼车间副主任安排 5 名工人清洗糖浆箱。21 时 46 分，1 名工人进入糖浆箱，在弯腰准备作业时晕倒，现场人员发现后用对讲机呼叫，附近 11 名工人相继进行施救，最终导致 4 人死亡、2 人中度中毒、6 人轻度中毒。

（5）中毒：处理污水池

2018 年 3 月 28 日晚上 11 点左右，某造纸厂内，厂长邀请一位村民帮忙处理污水池，却被污水池中的毒气毒晕，后期赶来相救的人，也被毒气毒晕。造成 2 人当场中毒死亡，2 人经抢救无效后死亡。

（6）中毒溺亡：清洗下水道

2018 年 4 月 16 日，某产业园发生一起 2 人死亡事故，2 名专业清通人员在下水道进行清洗作业时失联，随后被找到并证实死亡，经诊断系中毒溺水死亡。

（7）中毒窒息：维修化粪池

2018 年 4 月 30 日，某村排污泵站化粪池进行维修疏通时，1 人进入化粪池后窒息，其他人员在施救时窒息。事故造成 3 人死亡、3 人受伤。

（8）铁质工具清罐爆燃

2010 年 6 月 29 日 16 时 20 分左右，某炼油厂原油输转站 1 个 3 万立方米的原油罐在清罐作业过程中，发生可燃气体爆燃事故，致使罐内作业人员 3 人死亡，7 人受伤，造成直接经济损失 150 万元。

直接原因：现场清罐作业时产生的油气与空气混合，形成了爆炸性气体环境，遇到非防爆照明灯具出现闪灭打火，或铁质清罐工具作业时撞击罐底产生的火花，导致发生爆燃事故。

防爆工具(防爆材料)的防爆机理：

通常由钢铁材料制成的钎、镐、锤、钳、扳手、吊具等工具和设备在其激烈动作或失手跌落时发生的摩擦、撞击火花是隐蔽的引爆火源，所以这些工具不能在爆炸危险场所使用。在爆炸危险场所使用的工具(设备)必须由不发生摩擦、撞击火花，甚至不能产生炽热高温表面的特种材料制成，这样的工具称为防爆工具(又称无火花工具)。

钢铁材料具有较高的强度和硬度，适合于制造工具，而且钢材的强度和硬度随着含碳量的增加而提高。然而对钢铁材料摩擦火花产生机理的研究结果表明，恰恰是钢材中所含的碳是产生摩擦火花的根源。

防爆工具(防爆材料)的防爆机理主要是由于材料本身的特性决定的。防爆工具的主要材料是铜，铜材防爆工具与钢材比较有两个显著的不同点：第一，不含碳，不会出现氧-铁-碳反应链，所以不出现火花。第二，铜的强度和硬度都比较低，导热性又比钢材高，发生摩擦或撞击时，局部摩擦点会发生塑性变形而避免摩擦能量集中在个别接触点上，加上材料的高导热性，摩擦产生的热量迅速分散到基体而减少摩擦撞击点出现炽热高温的危险。以上两点就是铜材工具的防爆机理。

然而，纯铜的强度和硬度太低，不能直接用作工具，需要添加适当的元素如铍、铝、钛、镍、镁等熔炼成铜基合金以提高其强度和硬度。现在工业上已有铍青铜、铝青铜、J892铜合金等多种铜基合金成功地应用于防爆工具上。

其实在做防爆材料的冲击试验和摩擦试验时，在试验仓内还是可以看到火花的，因为这两种试验是在高速下落和摩擦的情况下进行的，这种冲击和摩擦会产生微小金属颗粒以及短时间内产生大量的热量，只是这时产生的微量火花(颗粒燃烧)引起的热量不足以引爆试验仓内的可燃性气体而已。

同一原理，如果把防爆材料放到高速运转的砂轮机上磨时或用砂轮切割机切防爆材料时，也会看到大量的火花，原因是这种情况下会产生大量的金属颗粒，同时短时间内集聚的热量不能被全部吸收和传导，而我们用锉刀锉防爆材料或用锯条锯防爆材料时，几乎看不到火花，因为这种情况下热量能被及时吸收和传导。根据这种情况，如果我们用钢制工具去锁紧用防爆材料做的螺母或用钢制工具去和防爆材料做的工件接触时，同样看不到火花，这和用防爆工具去接触钢制工件是一个道理。

由此可知，防爆工具的防爆性能不是绝对的，不是不会产生火花，只是火花(颗粒燃烧)产生的热量不足以引爆可燃性气体而已。

(四) 盲板抽堵作业

盲板抽堵作业是指在设备、管道上安装和拆卸盲板的作业。

1. 盲板抽堵作业要求

(1) 生产车间(分厂)应预先绘制盲板位置图，对盲板进行统一编号，并设专人统一指挥作业。

(2) 应根据管道内介质的性质、温度、压力和管道法兰密封面的口径等选择相应材料、强度、口径和符合设计、制造要求的盲板及垫片。高压盲板使用前应经超声波探伤，并符合JB/T 450《锻造角式高压阀门　技术条件》的要求。

(3) 作业单位应按图进行盲板抽堵作业，并对每个盲板设标牌进行标识，标牌编号应与盲板位置图上的盲板编号一致。生产车间(分厂)应逐一确认并做好记录。

(4) 作业时，作业点压力应降为常压，并设专人监护。

(5) 在有毒介质的管道、设备上进行盲板抽堵作业时，作业人员应按 GB 39800—2020《个体防护装备配备规范》的要求选用防护用具。

(6) 在易燃易爆场所进行盲板抽堵作业时，作业人员应穿防静电工作服、工作鞋，并应使用防爆灯具和防爆工具；距盲板抽堵作业地点 30m 内不应有动火作业。

(7) 在强腐蚀性介质的管道、设备上进行盲板抽堵作业时，作业人员应采取防止酸碱灼伤的措施。

(8) 介质温度较高、可能造成烫伤的情况下，作业人员应采取防烫措施。

(9) 不应在同一管道上同时进行两处及两处以上的盲板抽堵作业。

(10) 盲板抽堵作业结束，由作业单位和生产车间(分厂)专人共同确认。

2. 盲板抽堵作业事故案例

(1) 盲板安装不牢

1988 年 7 月 6 日，英国北海阿尔法平台天然气生产平台发生爆炸，事故造成 165 人死亡。事故原因是当班人员试图重新启动另一台备用泵，而这台泵的泄压管线上的压力安全阀已经拆掉去修了，只在原阀门两端管线上安了盲板法兰，但未上紧，这样高压凝析油就从盲板法兰处泄漏，从而引发爆炸事故。

(2) 盲板阀(见图 2-1)未闭合

2010 年 1 月 18 日上午 8 时 30 分左右，河北某公司的 6 名检修施工人员进入内丘顺达冶炼公司 2 号高炉($440m^3$)炉缸内搭设脚手架，拆除冷却壁时，造成 6 名施工人员煤气中毒死亡。

图 2-1　盲板阀

事故要点：

① 11 月 22 日，2 号高炉因炉凉造成高炉停产检修；

② 1 月 6 日 15 时 30 分，竖炉因生产需要开始恢复生产，某公司将 2 号高炉净煤气总管出口的电动蝶阀和盲板阀(眼镜阀)打开，由 1 号高炉产生的煤气向竖炉提供燃料供应；

③ 1 月 16 日 17 时 56 分，竖炉停止生产，将 2 号高炉的电动蝶阀关闭，而未将盲板阀(眼镜阀)关闭；

④ 在 2 号高炉检修期间，干式除尘器箱体的进、出口盲板阀(眼镜阀)处于未关闭状态，箱顶放散管处于关闭状态，2 号高炉重力除尘器放散管处于关闭状态；

⑤ 高炉检修施工人员在进入炉内作业前，也未按规定对炉内是否存在煤气等有害气体进行检测，在煤气浓度超标的情况下，盲目进入炉内进行作业。

(五) 高处作业

高处作业：在距坠落基准面 2m 及 2m 以上有可能坠落的高处进行的作业。

坠落基准面：坠落处最低点的水平面。

坠落高度 & 作业高度：从作业位置到坠落基准面的垂直距离。

异温高处作业：在高温或低温情况下进行的高处作业。高温是指作业地点具有生产性热源，其环境温度高于本地区夏季室外通风设计计算温度 2℃及以上。低温是指作业地点的气温低于 5℃。

带电高处作业：采取地(零)电位或等(同)电位方式接近或接触带电体，对带电设备和线路进行检修的高处作业。

1. 作业分级

(1) 作业高度 h 分为四个区段：$2m \leqslant h \leqslant 5m$；$5m < h \leqslant 15m$；$15m < h \leqslant 30m$；$h > 30m$。

(2) 不存在"直接引起坠落的客观危险因素"的高处作业按表 2-2 规定的 A 类法分级，存在一种或一种以上客观危险因素的高处作业按表 2-2 规定的 B 类法分级。

表 2-2　高处作业分级

分类法	高处作业高度/m			
	$2 \leqslant h \leqslant 5$	$5 < h \leqslant 15$	$15 < h \leqslant 30$	$h > 30$
A	Ⅰ	Ⅱ	Ⅲ	Ⅳ
B	Ⅱ	Ⅲ	Ⅳ	Ⅳ

(3) 直接引起坠落的客观危险因素分为 11 种：

① 阵风风力五级(风速 8.0m/s)以上；

② Ⅱ级或Ⅰ级以上的高温作业；

③ 平均气温等于或低于 5℃的作业环境；

④ 接触冷水温度等于或低于 12℃的作业；

⑤ 作业场地有冰、雪、霜、水、油等易滑物；

⑥ 作业场所光线不足或能见度差；

⑦ 作业活动范围与危险电压带电体距离小于表 2-3 的规定；

表 2-3　作业活动范围与危险电压带电体的距离

危险电压带电体的电压等级/kV	≤10	35	63~110	220	330	500
距离/m	1.7	2.0	2.5	4.0	5.0	6.0

⑧ 摆动，立足处不是平面或只有很小的平面，即任一边小于 50cm 的矩形平面、直径小于 50cm 的圆形平面或具有类似尺寸的其他形状的平面，致使作业者无法维持正常姿势；

⑨ Ⅲ级或Ⅲ级以上的体力劳动强度；

⑩ 存在有毒气体或空气中含氧量低于 19.5%的作业环境；

⑪ 可能会引起各种灾害事故的作业环境和抢救突然发生的各种灾害事故。

2. 作业要求

(1) 作业人员应正确佩戴符合 GB 6095《安全带》要求的安全带。带电高处作业应使用绝缘工具或穿均压服。Ⅳ级高处作业(30m 以上)宜配备通信联络工具。

(2)高处作业应设专人监护，作业人员不应在作业处休息。

(3)应根据实际需要配备符合 GB 26557《吊笼有垂直导向的人货两用施工升降机》等标准安全要求的吊笼、梯子、挡脚板、跳板等，脚手架的搭设应符合国家有关标准。

(4) 在彩钢板屋顶、石棉瓦、瓦棱板等轻型材料上作业，应铺设牢固的脚手板并加以固定，脚手板上要有防滑措施。

(5) 在临近排放有毒、有害气体、粉尘的放空管线或烟囱等场所进行作业时，应预先与作业所在地有关人员取得联系、确定联络方式，并为作业人员配备必要的且符合相关国家标准的防护器具(如空气呼吸器、过滤式防毒面具或口罩等)。

(6) 雨天和雪天作业时，应采取可靠的防滑、防寒措施；遇有五级以上强风、浓雾等恶劣气候，不应进行高处作业、露天攀登与悬空高处作业；暴风雪、台风、暴雨后，应对作业安全设施进行检查，发现问题立即处理。

(7) 作业使用的工具、材料、零件等应装入工具袋，上下时手中不应持物，不应投掷工具、材料及其他物品。易滑动、易滚动的工具、材料堆放在脚手架上时，应采取防坠落措施。

(8) 与其他作业交叉进行时，应按指定的路线上下，不应上下垂直作业，如果确需垂直作业应采取可靠的隔离措施。

(9) 因作业必需，临时拆除或变动安全防护设施时，应经作业审批人员同意，并采取相应的防护措施，作业后应立即恢复。

(10) 作业人员在作业中如果发现异常情况，应及时发出信号，并迅速撤离现场。

(11) 拆除脚手架、防护棚时，应设警戒区并派专人监护，不应上部和下部同时施工。

3. 高处作业事故案例

(1) 失稳坠落

2006 年，修船厂贺某、何某二人，在泵机舱内拆卸泵机上泥管的法兰螺丝。两人站立在泵壳箱体上，何某用敲扳固定螺丝，贺某用开口扳拧螺帽，在拆去第 1 只螺丝，拧松第 2 只螺丝的螺帽后，按上述步骤拧第 3 只螺帽时，开口扳滑出螺帽，贺某失去平衡，跌落到泵机右后方的花铁板上，坠落高度为 2. 2m。经医院检查后，诊断为肝右后叶挫裂伤。

(2) 违反操作规程

2005 年，在某轮胎吊总装场地，安装车间施工队张某、朱某、高某用 35t 汽车吊安装菲利斯通 1#机轮胎吊上的维修平台(长 6. 2m，宽 0. 6m)。35t 吊机将菲利斯通 1#机上的斜梯吊上去安装到位后，朱某回到地面，张某在斜梯上拧螺栓。

朱某、高某在下面将维修平台尼龙吊带和手拉葫芦系好后，朱某站在维修平台栏杆里面系好保险带后指挥起吊。此时张某已固定好斜梯螺栓爬到上面的周转平台上，等待维修平台上去。

维修平台将要吊到安装位时，朱某想转动平台，调整平台的方向以便安装。张某见未转到位，便爬上周转平台的栏杆，用手帮助推维修平台(保险带没有扣住)。当他用力推动时，维修平台在空中晃开，张某脚未站稳身体失去平衡后从 15. 6m 的高空坠落地面，内脏大出血抢救无效死亡。

(六) 吊装作业

吊装作业：利用各种吊装机具将设备、工件、器具、材料等吊起，使其发生位置变化的作业过程。

1. 作业分级

吊装作业按照吊装重物质量 m 不同分为：

(1) 一级吊装作业：$m>100t$；

(2) 二级吊装作业：$40t \leqslant m \leqslant 100t$；

(3) 三级吊装作业：$m<40t$。

2. 作业要求

(1) 吊装作业方案

三级以上的吊装作业，应编制吊装作业方案。吊装物体质量虽不足 40t，但形状复杂、刚度小、长径比大、精密贵重，以及在作业条件特殊的情况下，也应编制吊装作业方案，吊装作业方案应经审批。

（2）安全警戒标志

吊装现场应设置安全警戒标志，并设专人监护，非作业人员禁止入内，安全警戒标志应符合 GB 2894《安全标志及其使用导则》的规定。

（3）不应靠近输电线路进行吊装作业

确需在输电线路附近作业时，起重机械的安全距离应大于起重机械的倒塌半径并符合 DL 409《电业安全工作规程（电力线路部分）》的要求；不能满足时，应停电后再进行作业。吊装场所如有含危险物料的设备、管道等时，应制定详细吊装方案，并对设备、管道采取有效防护措施，必要时停车，放空物料，置换后进行吊装作业。

（4）恶劣天气不应露天作业

大雪、暴雨、大雾及六级以上大风时，不应露天作业。

（5）作业前安全检查

作业前，作业单位应对起重机械、吊具、索具、安全装置等进行检查，确保其处于完好状态。

（6）按规定负荷吊装

应按规定负荷进行吊装，吊具、索具应经计算选择使用，不应超负荷吊装。

（7）吊装锚点

不应利用管道管架、电杆、机电设备等作吊装锚点。未经土建专业审查核算，不应将建筑物、构筑物作为锚点。

（8）试吊

起吊前应进行试吊，试吊中检查全部机具、地锚受力情况，发现问题应将吊物放回地面，排除故障后重新试吊，确认正常后方可正式吊装。

（9）吊运指挥

指挥人员应佩戴明显的标志，并按 GB 5082《起重吊运指挥信号》规定的联络信号进行指挥。

（10）起重机械操作人员应遵守如下规定：

① 按指挥人员发出的指挥信号进行操作；任何人发出的紧急停车信号均应立即执行；吊装过程中出现故障，应立即向指挥人员报告；

② 重物接近或达到额定起重吊装能力时，应检查制动器，用低高度、短行程试吊后，再吊起；

③ 利用两台或多台起重机械吊运同一重物时应保持同步，各台起重机械所承受的载荷不应超过各自额定起重能力的 80%；

④ 下放吊物时，不应自由下落（溜）；不应利用极限位置限制器停车；

⑤ 不应在起重机械工作时对其进行检修；不应在有载荷的情况下调整起升变幅机构的制动器；

⑥ 停工和休息时，不应将吊物、吊笼、吊具和吊索悬在空中；

⑦ 以下情况不应起吊：

a. 无法看清场地、吊物，指挥信号不明；

b. 起重臂吊钩或吊物下面有人、吊物上有人或浮置物；

c. 重物捆绑、紧固、吊挂不牢，吊挂不平衡，绳打结，绳不齐，斜拉重物，棱角吊物与钢丝绳之间没有衬垫；

d. 重物质量不明、与其他重物相连、埋在地下、与其他物体冻结在一起。

(11) 司索人员应遵守如下规定：

① 听从指挥人员的指挥，并及时报告险情；

② 不应用吊钩直接缠绕重物及将不同种类或不同规格的索具混在一起使用；

③ 吊物捆绑应牢靠，吊点和吊物的重心应在同一垂直线上；起升吊物时应检查其连接点是否牢固、可靠；吊运零散件时，应使用专门的吊篮、吊斗等器具，吊篮、吊斗等不应装满；

④ 起吊重物就位时，应与吊物保持一定的安全距离，用拉伸或撑杆、钩子辅助其就位；

⑤ 起吊重物就位前，不应解开吊装索具；

⑥ (10)中与司索人员有关的不应起吊的情况，司索工应做相应处理。

(12) 用定型起重机械(例如履带吊车、轮胎吊车、桥式吊车等)进行吊装作业时，除遵守本标准外，还应遵守该定型起重机械的操作规程。

(13) 作业完毕应做如下工作：

① 将起重臂和吊钩收放到规定位置，所有控制手柄均应放到零位，电气控制的起重机械的电源开关应断开；

② 对在轨道上作业的吊车，应将吊车停放在指定位置有效锚定；

③ 吊索、吊具应收回，放置到规定位置，并对其进行例行检查。

3. 吊装作业事故案例

2008 年，某项目部进行 T 梁吊装作业。架桥机顺桥轴线方向布置，自 61#墩向 62#墩进行编号为 62-1#T 梁吊装。该梁为桥轴线左幅左侧边梁，梁长 30.18m，重约 88t。

14 时 30 分左右，架桥机在完成编号为 62-1#梁喂梁、提梁工作后，横移到距桥轴线左幅边梁设计安装位置靠右侧水平距离 2m 的 62-2# 盆式支座上方约 1m 高处停钩检查对位，随后再次将该梁下放至 62-2#梁的位置，进行临时存放倒钩作业。

当下放至距离支座约 10cm 时，指挥人员李某在 61#墩处指挥拟进行 T 梁最后的对位调整，经确认后，李某鸣哨发出停钩指令，操作员吴某发现架桥机的电动卷扬机刹车失灵，并告诉李某，李某立即发出起钩指令。吴某做出起钩动作时，架桥机已经失效，同时架桥机缓起失效，架桥机向外侧快速滑动，操作员吴某立即从操纵室跳出，坠入离地面 8m 处的水坑，未造成伤亡。

T 梁则迅速下降到 61-2#盆式支座顺桥向中心线左侧，造成 T 梁失稳并向左侧倾覆，并将架桥机迅速带向左侧侧翻坠落于地面。导致提前就位负责 T 梁支垫的 61#墩高某、62#墩张某被 T 梁顺势带下，张某被架桥机前支腿电动卷扬机挤压当场死亡，高某被架桥机后支腿击中头部，经抢救无效死亡。

事故直接原因：

(1) 架桥机的电动卷扬机刹车失灵。经技术鉴定分析，架桥机后支腿的电动卷扬机制动力弹簧压缩量不够，制动器定位螺杆未调整到位，提供的制动力不足以制动。

(2) 高某、张某违章作业。高某、张某高空作业未采取任何安全防护措施。按操作规程，T 梁就位前，支垫辅助作业人员不能提前就位，但高、张二人分别提前就位在 61#、62#墩。

（七）动土作业

动土作业：挖土、打桩、钻探、坑探、地锚入土深度在 0.5m 以上；使用推土机、压路机等施工机械进行填土或平整场地等可能对地下隐蔽设施产生影响的作业。

1. 动土作业要求：

（1）作业前，应检查工具、现场支撑是否牢固、完好，发现问题应及时处理。

（2）作业现场应根据需要设置护栏、盖板和警告标志，夜间应悬挂警示灯。

（3）在破土开挖前，应先做好地面和地下排水，防止地面水渗入作业层面造成塌方。

（4）作业前应首先了解地下隐蔽设施的分布情况，动土临近地下隐蔽设施时，应使用适当工具挖掘，避免损坏地下隐蔽设施。如暴露出电缆、管线以及不能辨认的物品时，应立即停止作业，妥善加以保护，报告动土审批单位处理，经采取措施后方可继续动土作业。

（5）动土作业应设专人监护。挖掘坑、槽、井、沟等作业，应遵守下列规定：

① 挖掘土方应自上而下逐层挖掘，不应采用挖底脚的办法挖掘；使用的材料、挖出的泥土应堆放在距坑、槽、井、沟边沿至少 0.8m 处，挖出的泥土不应堵塞下水道和窨井；

② 不应在土壁上挖洞攀登；

③ 不应在坑、槽、井、沟上端边沿站立、行走；

④ 应视土壤性质、湿度和挖掘深度设置安全边坡或固壁支撑。作业过程中应对坑、槽、井、沟边坡或固壁支撑架随时检查，特别是雨雪后和解冻时期，如发现边坡有裂缝、疏松或支撑有折断、走位等异常情况，应立即停止工作，并采取相应措施；

⑤ 在坑、槽、井、沟的边缘安放机械、铺设轨道及通行车辆时，应保持适当距离，采取有效的固壁措施，确保安全；

⑥ 在拆除固壁支撑时，应从下而上进行；更换支撑时，应先装新的，后拆旧的；

⑦ 不应在坑、槽、井、沟内休息。

（6）作业人员在沟(槽、坑)下作业应按规定坡度顺序进行，使用机械挖掘时不应进入机械旋转半径内；深度大于 2m 时应设置人员上下的梯子等，保证人员快速进出设施；两个以上作业人员同时挖土时应相距 2m 以上，防止工具伤人。

（7）作业人员发现异常时，应立即撤离作业现场。

（8）在化工危险场所动土时，应与有关操作人员建立联系，当化工装置发生突然排放有害物质时，化工操作人员应立即通知动土作业人员停止作业，迅速撤离现场。

（9）施工结束后应及时回填土石，并恢复地面设施。

2. 动土作业事故案例

（1）塌方

2008 年 1 月 3 日，某建设公司分包商在某石化公司老厂内聚丙烯区进行二级地管碰头作业过程中，由于管沟挖掘作业没有按规范要求对管沟壁采取放坡措施，管沟壁突然塌方，造成 1 名分包商员工死亡。

（2）破坏地下设施

2010 年 7 月 28 日，南京某公司在平整拆迁土地过程中(该旧址为某塑料厂)，挖掘机挖穿了地下丙烯管道，丙烯泄漏后遇到明火发生爆燃。事故导致 13 人死亡、14 人重伤、120 人住院，同时造成周边近 $2km^2$ 范围内 3000 多户居民住房及部分商店玻璃门窗不同程度破碎，建筑物外立面受损，少数钢架大棚坍塌。

（八）断路作业

断路作业：在生产经营单位内交通主、支路与车间引道上进行工程施工、吊装、吊运等各种影响正常交通的作业。

（1）作业前，作业申请单位应会同本单位相关主管部门制定交通组织方案，方案应能保证消防车和其他重要车辆的通行，并满足应急救援要求。

（2）作业单位应根据需要在断路的路口和相关道路上设置交通警示标志，在作业区附近设置路栏、道路作业警示灯、导向标等交通警示设施。

（3）在道路上进行定点作业，白天不超过 2h、夜间不超过 1h 即可完工的，在有现场交通指挥人员指挥交通的情况下，只要作业区设置了相应的交通警示设施，即白天设置了锥形交通路标或路栏，夜间设置了锥形交通路标或路栏及道路作业警示灯，可不设标志牌。

（4）在夜间或雨、雪、雾天进行作业应设置道路作业警示灯，警示灯设置要求如下：

① 采用安全电压；

② 设置高度应离地面 1.5m，不低于 1.0m；

③ 其设置应能反映作业区的轮廓；

④ 应能发出至少自 150m 以外清晰可见的连续、闪烁或旋转的红光。

（5）断路作业结束后，作业单位应清理现场，撤除作业区、路口设置的路栏、道路作业警示灯、导向标等交通警示设施。申请断路单位应检查核实并报告有关部门恢复交通。

（九）临时用电作业

临时用电：正式运行的电源上所接的非永久性用电。

（1）在运行的生产装置、罐区和具有火灾爆炸危险场所内不应接临时电源，确需时应对周围环境进行可燃气体检测分析，分析结果应符合规定。

（2）各类移动电源及外部自备电源，不应接入电网。

（3）动力和照明线路应分路设置。

（4）在开关上接引、拆除临时用电线路时，其上级开关应断电上锁并加挂安全警示标牌。

（5）临时用电应设置保护开关，使用前应检查电气装置和保护设施的可靠性。所有的临时用电均应设置接地保护。

（6）临时用电设备和线路应按供电电压等级和容量正确使用，所用的电器元件应符合国家相关产品标准及作业现场环境要求，临时用电电源施工、安装应符合 JGJ 46《施工现场临时用电安全技术规范(附条文说明)》的有关要求，并有良好的接地，临时用电还应满足如下要求：

① 火灾爆炸危险场所应使用相应防爆等级的电源及电气元件并采取相应的防爆安全措施；

② 临时用电线路及设备应有良好的绝缘，所有的临时用电线路应采用耐压等级不低于 500V 的绝缘导线；

③ 临时用电线路经过有高温、振动、腐蚀、积水及产生机械损伤等区域，不应有接头，并应采取相应的保护措施；

④ 临时用电架空线应采用绝缘铜芯线，并应架设在专用电杆或支架上。其最大弧垂与地面距离，在作业现场不低于 2.5m，穿越机动车道不低于 5m；

⑤ 对需埋地敷设的电缆线路应设有走向标志和安全标志。电缆埋地深度不应小于 0.7m，穿越道路时应加设防护套管；

⑥ 现场临时用电配电盘、箱应有电压标识和危险标识，应有防雨措施，盘、箱、门应能牢靠关闭并能上锁；

⑦ 行灯电压不应超过 36V；在特别潮湿的场所或塔、釜、槽、罐等金属设备内作业，临时照明行灯电压不应超过 12V；

⑧ 临时用电设施应安装符合规范要求的漏电保护器，移动工具、手持式电动工具应逐个配置漏电保护器和电源开关。

（7）临时用电单位不应擅自向其他单位转供电或增加用电负荷，以及变更用电地点和用途。

临时用电时间一般不超过 15 天，特殊情况不应超过一个月。用电结束后，用电单位应及时通知供电单位拆除临时用电线路。

二、作业现场环境管理

（一）作业现场环境危险有害因素分类

根据 GB/T 13861《生产过程危险和有害因素分类与代码》，生产作业现场环境危险有害因素包括四类。

1. 室内作业场所环境不良

室内作业涉及的作业环境不良的因素包括房屋地基下沉，室内地面不平，室内地面滑，室内作业场所狭窄，室内作业场所杂乱，室内梯架缺陷，地面、墙和天花板上的开口缺陷，室内安全通道缺陷，房屋安全出口缺陷，采光照明不良，作业场所空气不良，室内温度、湿度、气压不适，室内给排水不良，室内涌水，其他室内作业场所环境不良。

2. 室外作业场所环境不良

室外作业涉及的作业环境不良的因素包括恶劣气候与环境，作业场地和交通设施湿滑，作业场地狭窄，作业场地杂乱，作业场地不平，航道狭窄、有暗礁或险滩，脚手架、阶梯和活动梯架缺陷，地面开口缺陷，建筑物和其他结构缺陷，门和围栏缺陷，作业场地基础下沉，作业场地安全通道缺陷，作业场地安全出口缺陷，作业场地光照不良，作业场地空气不良，作业场地温度、湿度、气压不适，作业场地涌水，其他室外作业场所环境不良。

3. 地下(含水下)作业环境不良

地下(含水下)涉及的作业环境不良的因素包括隧道矿井顶面缺陷，隧道矿井正面或侧壁缺陷，隧道矿井地面缺陷，地下作业面空气不良，冲击地压，地下火，地下水，水下作业供氧不当，其他地下(含水下)作业环境不良。

地下(含水下)作业环境不良因素主要存在于地下和水下的作业环境中，如地下矿井、山体隧道、水下石油勘探开采井道、陆基石油勘探开采井道及其他地下、水下作业的环境中。地下(含水下)作业环境不良因素受人为和环境因素的影响较大，部分环境因素为不可控因素。以山体隧道挖掘为例，可能存在的地下作业环境不良因素既有基于人为因素造成的地下作业面空气质量不良、地下作业环境积水，也有基于环境因素造成的冲击地压等有害因素。

4. 其他作业环境不良

其他作业环境不良包括强迫体位，综合性作业环境不良，以上未包括的其他作业环境不良。

（二）作业现场环境管理

1. 警示标志管理

企业应按照有关规定和工作场所的安全风险特点，在有重大危险源、较大危险因素和严重职业病危害因素的工作场所，设置明显的、符合有关规定要求的安全警示标志和职业病危害警示标识。其中，警示标志的安全色和安全标志应分别符合 GB 2893《安全色》和 GB 2894《安全标志及其使用导则》的规定，道路交通标志和标线应符合 GB 5768《道路交通标志和标线》(所有部分)的规定，工业管道安全标识应符合 GB 7231《工业管道的基本识别色、识别符号和安全标识》的规定，消防安全标志应符合 GB 13495.1《消防安全标志 第 1 部分：标志》的规定，工作场所职业病危害警示标识应符合 GBZ 158《工作场所职业病危害警示标识》的规定。

安全警示标志和职业病危害警示标识应标明安全风险内容、危险程度、安全距离、防控办法、应急措施等内容，在有重大隐患的工作场所和设备设施上设置安全警示标志，标明治理责任、期限及应急措施；在有安全风险的工作岗位设置安全告知卡，告知从业人员本企业、本岗位主要危险有害因素、后果、事故预防及应急措施、报告电话等内容。

企业应定期对警示标志进行检查维护，确保其完好有效。

2. 日本 5S 现场管理法

生产现场应实行定置管理，保持作业环境整洁。

生产现场应配备相应的安全、职业病防护用品(具)及消防设施与器材，按照有关规定设置应急照明、安全通道，并确保安全通道畅通。

(1) 5S 的含义

5S 起源于日本，5S 理论之父平野裕之(Hiroyuki Hirano)。

5S 是整理(Seiri)、整顿(Seiton)、清扫(Seiso)、清洁(Seiketsu)和素养(Shitsuke)这 5 个词的缩写。

5S 活动的对象是现场的环境，它对生产现场环境全局进行综合考虑，对人员、机器、材料、方法等生产要素进行有效管理，并制订切实可行的计划与措施，改善生产现场环境，提升生产效率。

(2) 5S 的定义与目的

① 1S——整理

定义：将现场需要的东西与不需要的东西分开，把不必要的东西处理掉。如撤去不需要的设备、管线、工具、模型和个人物品等。

目的：将“空间”腾出来活用。

该阶段关键道具是“红单运动”。红单运动是 5S 管理中针对整理时出现的较难处理的“不要物品”一种处理工具，对“不要物品”进行挂牌标示，限期整改处理。

② 2S——整顿

定义：把要用的东西，根据使用频度分别放置，使常用的东西能及时、准确地取出，保持必要时马上能使用的状态和谁都能了解的状态。如放置场所与通道的标志、放置物品及其管理者的标志等。

目的：不浪费“时间”找东西。

③ 3S——清扫

定义：清除现场的脏污，经常清扫、检查，形成制度，采取根治污物的对策。如彻底改善设备漏水、漏油、漏气以及易落下灰尘等状况。

目的：消除“脏污”，保持现场干干净净、明明亮亮。

④ 4S——清洁

定义：企业、现场、岗位、设备时时保持干净状态，保持环境卫生。如定期进行卫生、安全检查，采取防止污染、噪声和震动的对策，使现场明亮化。

目的：通过制度化来维持成果。

⑤ 5S——素养

定义：要加强修养，美化身心，做到心灵美、行为美。人人养成良好的习惯，自觉遵守和执行各种规章制度和标准。

目的：提升“人的品质”，成为对任何工作都讲究认真的人。

(3) 整顿的三要素

① 放置场所：

a. 放置场所原则上100%设定；

b. 物品保管：定点、定容、定置；

c. 生产线附近只放真正需要的物品。

② 放置方法：

a. 易取；

b. 不超出所规定范围；

c. 在放置方法上下功夫。

③ 标示方法：

a. 放置场所与物品原则上一对一表示；

b. 现场标示与放置标示一致；

c. 某些标示方法必须全公司统一；

d. 在标示方法上下功夫。

(4) 整顿的三定原则

① 定点：放在哪里合适。

具备放置的必要条件，方便取用，还原放置的一个或若干个固定区域。

② 定容：用什么容器、颜色。

可以是不同意义上的容器、器皿的物件。如筐、桶、箱、篓等，也可以是车或特殊存放平台，甚至是一个固定的存放空间。

③ 定量：规定合适数量。

规定上下限，或直接定量。

(5)5S 的效用

5S 的效用可归纳为 5 个 S，即：Sales、Saving、Safety、Standardization、Satisfaction。

① 5S 是最佳推销员(Sales)

被顾客称赞为干净整洁的工厂，对这样的工厂有信心，乐于下订单；口碑相传，会有很多人来工厂参观学习；整洁明朗的环境，会使大家希望到这样的工厂工作。

② 5S 是节约家(Saving)

降低很多不必要的材料以及工具的浪费；减少“寻找”的浪费，节省很多宝贵的时间；降低工时，提高效率。

③ 5S 对安全有保障(Safety)

宽广明亮、视野开阔的职场，物流一目了然；遵守堆积限制，危险处一目了然；走道明确，不会造成杂乱情形而影响工作的顺畅。

④ 5S 是标准化的推动者(Standardization)

“三定”“三要素”原则规范现场作业；大家都正确地按照规定执行任务；程序稳定，带来品质稳定，成本也稳定。

⑤ 5S 形成令人满意的职场(Satisfaction)

明亮、清洁的工作场所；员工动手做改善、有成就感；能造就现场全体人员进行改善的气氛。

第八节 劳动防护用品管理

劳动防护用品，是指由用人单位为劳动者配备的，使其在劳动过程中免遭或者减轻事故伤害及职业病危害的个体防护装备。

劳动防护用品是由用人单位提供的，保障劳动者安全与健康的辅助性、预防性措施，不得以劳动防护用品替代工程防护设施和其他技术、管理措施。

一、劳动防护用品分类

(一) 按劳动防护用品防护部位分类

1. 头部防护用品

头部防护用品用于防御头部不受外来物体打击、挤压伤害和其他因素危害，如防护帽、工作帽、安全帽等。

2. 呼吸器官防护用品

呼吸器官防护用品用于防御有害气体、蒸气、粉尘、烟、雾由呼吸道吸入，或向使用者供氧或新鲜空气，保证尘、毒污染或缺氧环境中作业人员正常呼吸，是预防尘肺病和职业中毒的重要护具，如防尘口罩(面具)、防毒口罩(面具)、空气呼吸器等。

3. 眼面部防护用品

眼面部防护用品用于防护作业人员的眼睛及面部免受粉尘、颗粒物、金属火花、飞屑、烟气、电磁辐射、化学飞溅物等伤害，如焊接护目镜和防护面罩、炉窑眼面防护镜、防冲击护目镜，以及防辐射眼镜等。

4. 听觉器官防护用品

听觉器官防护用品能够防止过量的声能侵入外耳道，使人耳避免噪声的过度刺激，减少听力损失，预防由噪声对人身引起的不良影响，如耳塞、耳罩等。

5. 手部防护用品

手部防护用品是用于保护手和手臂，供作业者劳动时戴用的手套(劳动防护手套)，如一般工作手套、防振手套、防放射性手套、防静电手套、绝缘手套、防化学品手套、防酸碱手套、防机械伤害手套、防微生物手套、焊接手套、耐油手套、皮革手套、纺织手套等。

6. 足部防护用品

足部防护用品用于防止生产过程中有害物质和能量损伤劳动者足部，通常人们称之为劳动防护鞋，如防寒鞋、防静电鞋、隔热鞋、防酸碱鞋、防油鞋、导电鞋、防砸鞋、电绝缘鞋、防振鞋等。

7. 躯干防护用品

躯干防护用品即通常讲的防护服，如一般防护服、化学品防护服、防酸服、防碱服、防油服、防水服、防放射性服、浸水工作服、防寒服、热防护服、防静电服、无尘服、阻燃防护服等。

8. 坠落防护用品

坠落防护用品用于防止高处作业坠落或高处落物伤害，如安全带、安全网等。

9. 劳动护肤用品

劳动护肤用品用于防止皮肤(主要是面、手等外露部分)免受化学、物理、生物等有害因素危害，如防油型护肤剂、防水型护肤剂、遮光护肤剂、洁肤型护肤剂、驱避型护肤剂和其他用途型护肤剂等。

10. 其他劳动防护用品(略)

(二) 按劳动防护用品防护性能分类

按劳动防护用品防护性能分为特种劳动防护用品和一般劳动防护用品两大类。

1. 特种劳动防护用品

特种劳动防护用品指从业人员为防御物理、化学、生物等外界因素伤害所穿戴、配备和使用的各种护品的总称。

根据国家市场监督管理总局《特种劳动防护用品产品生产许可证实施细则》，特种劳动防护用品可以分为：

(1) 安全帽：普通型和特殊型(防静电、电绝缘、侧向刚性、阻燃、耐低温，或上述功能的组合)。

(2) 呼吸护具：自吸过滤式防毒面具、长管呼吸器、自给开路式压缩空气呼吸器、自吸过滤式防颗粒物呼吸器、动力送风过滤式呼吸器。

(3) 眼(面)护具：焊接眼面防护具(钢板纸面罩、塑料面罩、焊接工防护眼罩、滤光片、眼镜、自动变光焊接滤光镜)、防冲击眼护具(眼镜、眼罩、面罩)。

(4) 防护服：阻燃服、防静电服、防静电毛针织服、酸碱类化学品防护服(织物)、酸碱类化学品防护服(非织物)。

(5) 防护手套：耐酸(碱)手套、带电作业用绝缘手套。

(6) 防护鞋：防静电鞋、导电鞋、保护足趾安全(防护)鞋、防刺穿鞋、电绝缘鞋、耐化学品的工业用橡胶靴、耐化学品的工业用模压塑料靴、多功能安全(防护)鞋(X)。

(7) 防坠落：安全带(围杆作业、坠落悬挂、区域限制)、自锁器、速差自控器、安全网[平(立)网、密目式安全立网]。

2. 一般劳动防护用品

未列入特种劳动防护用品目录的劳动防护用品为一般劳动防护用品。如一般的工作服、手套等。

二、劳动防护用品管理

《安全生产法》第四十五条规定：“生产经营单位必须为从业人员提供符合国家标准或者行业标准的劳动防护用品，并监督、教育从业人员按照使用规则佩戴、使用。”

《职业病防治法》第四十二条规定：“用人单位必须采用有效的职业病防护设施，并为劳动者提供个人使用的职业病防护用品。

用人单位为劳动者个人提供的职业病防护用品必须符合防治职业病的要求；不符合要求的，不得使用。”

GB 39800—2020《个体防护装备配备规范》《用人单位劳动防护用品管理规范》(安监总厅安健〔2018〕3 号)对劳动防护用品的选用、管理做出了详细规定。

煤矿劳动防护用品的管理，按照《煤矿职业安全卫生个体防护用品配备标准》(AQ 1051)规定执行。

(一) 劳动防护用品管理

(1) 用人单位应当健全管理制度，加强劳动防护用品配备、发放、使用等管理工作。

(2) 用人单位应当安排专项经费用于配备劳动防护用品，不得以货币或者其他物品替代。该项经费计入生产成本，据实列支。

(3) 用人单位应当为劳动者提供符合国家标准或者行业标准的劳动防护用品。使用进口的劳动防护用品，其防护性能不得低于我国相关标准。

(4) 劳动者在作业过程中，应当按照规章制度和劳动防护用品使用规则，正确佩戴和使用劳动防护用品。

(5) 用人单位使用的劳务派遣工、接纳的实习学生应当纳入本单位人员统一管理，并配备相应的劳动防护用品。对处于作业地点的其他外来人员，必须按照与进行作业的劳动者相同的标准，正确佩戴和使用劳动防护用品。

(二) 劳动防护用品选用

(1) 用人单位应按照识别、评价、选择的程序(见图 2-2)，结合劳动者作业方式和工作条件，并考虑其个人特点及劳动强度，选择防护功能和效果适用的劳动防护用品。

(2) 同一工作地点存在不同种类的危险、有害因素的，应当为劳动者同时提供防御各类危害的劳动防护用品。需要同时配备的劳动防护用品，还应考虑其可兼容性。劳动者在不同地点工作，并接触不同的危险、有害因素，或接触不同的危害程度的有害因素的，为其选配的劳动防护用品应满足不同工作地点的防护需求。

(3) 劳动防护用品的选择还应当考虑其佩戴的合适性和基本舒适性，根据个人特点和需求选择适合型号、式样。

(4) 用人单位应当在可能发生急性职业损伤的有毒、有害工作场所配备应急劳动防护用品，放置于现场临近位置并有醒目标识。

(5) 用人单位应当为巡检等流动性作业的劳动者配备随身携带的个人应急防护用品。

(三) 劳动防护用品采购、发放、培训和使用

1. 劳动防护用品采购

(1) 用人单位应当根据劳动者工作场所中存在的危险、有害因素种类及危害程度、劳动环境条件、劳动防护用品有效使用时间制定适合本单位的劳动防护用品配备标准。

(2) 用人单位应当根据劳动防护用品配备标准制定采购计划，购买符合标准的合格产品。

(3) 用人单位应当查验并保存劳动防护用品检验报告等质量证明文件的原件或复印件。

2. 发放

用人单位应当按照本单位制定的配备标准发放劳动防护用品，并做好登记。

3. 培训

用人单位应当对劳动者进行劳动防护用品的使用、维护等专业知识的培训。

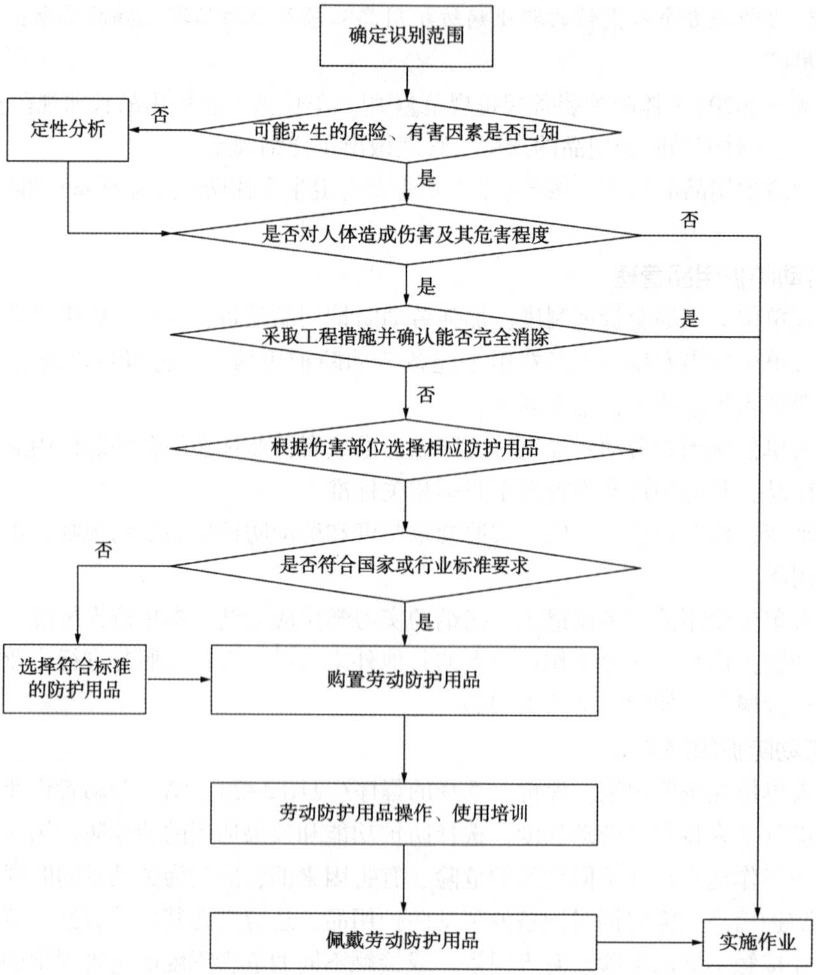

图 2-2　劳动防护用品选择程序

4. 使用

(1) 用人单位应当督促劳动者在使用劳动防护用品前，对劳动防护用品进行检查，确保外观完好、部件齐全、功能正常。

(2) 用人单位应当定期对劳动防护用品的使用情况进行检查，确保劳动者正确使用。

(四) 劳动防护用品维护、更换及报废

1. 保存与维护

(1) 劳动防护用品应当按照要求妥善保存，及时更换，保证其在有效期内。

(2) 公用的劳动防护用品应当由车间或班组统一保管，定期维护。

(3) 用人单位应当对应急劳动防护用品进行经常性的维护、检修，定期检测劳动防护用品的性能和效果，保证其完好有效。

2. 更换

用人单位应当按照劳动防护用品发放周期定期发放，对工作过程中损坏的，用人单位应及时更换。

3. 报废

安全帽、呼吸器、绝缘手套等安全性能要求高、易损耗的劳动防护用品，应当按照有效防护功能最低指标和有效使用期，到期强制报废。

第九节 特种设备管理

特种设备，是指对人身和财产安全有较大危险性的锅炉、压力容器(含气瓶)、压力管道、电梯、起重机械、客运索道、大型游乐设施、场(厂)内专用机动车辆，以及法律、行政法规规定适用本法的其他特种设备。

特种设备包括其附属的安全附件、安全保护装置和与安全保护装置相关的设施。

国家对特种设备实行目录管理。特种设备目录由国务院负责特种设备安全监督管理的部门制定，报国务院批准后执行。

一、特种设备分类

按照特种设备的特点，特种设备可划分为承压类和机电类。

(一) 承压类

(1) 锅炉，是指利用各种燃料、电或者其他能源，将所盛装的液体加热到一定的参数，并通过对外输出介质的形式提供热能的设备，其范围规定为设计正常水位容积大于或者等于30L，且额定蒸汽压力大于或者等于0.1MPa(表压)的承压蒸汽锅炉；出口水压大于或者等于0.1MPa(表压)，且额定功率大于或者等于0.1MW的承压热水锅炉；额定功率大于或者等于0.1MW的有机热载体锅炉。

(2) 压力容器，是指盛装气体或者液体，承载一定压力的密闭设备，其范围规定为最高工作压力大于或者等于0.1MPa(表压)的气体、液化气体和最高工作温度高于或者等于标准沸点的液体、容积大于或者等于30L且内直径(非圆形截面指截面内边界最大几何尺寸)大于或者等于150mm的固定式容器和移动式容器；盛装公称工作压力大于或者等于0.2MPa(表压)，且压力与容积的乘积大于或者等于1.0MPa·L的气体、液化气体和标准沸点等于或者低于60℃液体的气瓶；氧舱。

(3) 压力管道，是指利用一定的压力，用于输送气体或者液体的管状设备，其范围规定为最高工作压力大于或者等于0.1MPa(表压)，介质为气体、液化气体、蒸气或者可燃、易爆、有毒、有腐蚀性、最高工作温度高于或者等于标准沸点的液体，且公称直径大于或者等于50mm的管道。公称直径小于150mm，且其最高工作压力小于1.6MPa(表压)的输送无毒、不可燃、无腐蚀性气体的管道和设备本体所属管道除外。

(二) 机电类

(1) 电梯，是指动力驱动，利用沿刚性导轨运行的箱体或者沿固定线路运行的梯级(踏步)，进行升降或者平行运送人、货物的机电设备，包括载人(货)电梯、自动扶梯、自动人行道等。非公共场所安装且仅供单一家庭使用的电梯除外。

(2) 起重机械，是指用于垂直升降或者垂直升降并水平移动重物的机电设备，其范围规定为额定起重量大于或者等于0.5t的升降机；额定起重量大于或者等于3t(或额定起重力矩大于或者等于40t·m的塔式起重机，或生产率大于或者等于300t/h的装卸桥)，且提升高度大于或者等于2m的起重机；层数大于或者等于2层的机械式停车设备。

(3) 客运索道，是指动力驱动，利用柔性绳索牵引箱体等运载工具运送人员的机电设备，包括客运架空索道、客运缆车、客运拖牵索道等。非公用客运索道和专用于单位内部通勤的客运索道除外。

（4）大型游乐设施，是指用于经营目的，承载乘客游乐的设施，其范围规定为设计最大运行线速度大于或者等于 2m/s，或者运行高度距地面高于或者等于 2m 的载人大型游乐设施。用于体育运动、文艺演出和非经营活动的大型游乐设施除外。

（5）场(厂)内专用机动车辆，是指除道路交通、农用车辆以外仅在工厂厂区、旅游景区、游乐场所等特定区域使用的专用机动车辆。

二、特种设备安全管理

（一）采购

（1）特种设备使用单位应当使用取得许可生产并经检验合格的特种设备。禁止使用国家明令淘汰和已经报废的特种设备。

（2）因生产原因造成特种设备存在危及安全的同一性缺陷的，特种设备生产单位应当立即停止生产，主动召回。

（二）使用登记

特种设备使用单位应当在特种设备投入使用前或者投入使用后 30 日内，向负责特种设备安全监督管理的部门办理使用登记，取得使用登记证书。登记标志应当置于该特种设备的显著位置。

（三）机构与人员

（1）特种设备生产、经营、使用单位及其主要负责人对其生产、经营、使用的特种设备安全负责。

（2）特种设备生产、经营、使用单位应当按照国家有关规定配备特种设备安全管理人员、检测人员和作业人员，并对其进行必要的安全教育和技能培训。

（3）特种设备安全管理人员、检测人员和作业人员应当按照国家有关规定取得相应资格，方可从事相关工作。特种设备安全管理人员、检测人员和作业人员应当严格执行安全技术规范和管理制度，保证特种设备安全。

（4）电梯、客运索道、大型游乐设施等为公众提供服务的特种设备运营使用单位，应当设置特种设备安全管理机构或者配备专职的安全管理人员；其他特种设备使用单位，应当根据情况设置特种设备安全管理机构或者配备专职、兼职的安全管理人员。

（四）安全技术档案

特种设备使用单位应当建立特种设备安全技术档案。安全技术档案应当包括以下内容：

（1）特种设备的设计文件、制造单位、产品质量合格证明、使用维护说明等文件以及安装技术文件和资料；

（2）特种设备的定期检验和定期自行检查的记录；

（3）特种设备的日常使用状况记录；

（4）特种设备及其安全附件、安全保护装置、测量调控装置及有关附属仪器仪表的日常维护保养记录；

（5）特种设备运行故障和事故记录；

（6）高耗能特种设备的能效测试报告、能耗状况记录以及节能改造技术资料。

（五）管理制度和操作规程

特种设备使用单位应当建立岗位责任、隐患治理、应急救援等安全管理制度，制定操作规程，保证特种设备安全运行。

（六）日常检查与维护保养

（1）特种设备使用单位应当对在用特种设备进行经常性日常维护保养，至少每月进行一次自行检查，并作出记录。自行检查和日常维护保养时发现异常情况的，应当及时处理。

（2）特种设备安全管理人员应当对特种设备使用状况进行经常性检查，发现问题应当立即处理；情况紧急时，可以决定停止使用特种设备并及时报告本单位有关负责人。

（3）特种设备作业人员在作业过程中发现事故隐患或者其他不安全因素，应当立即向特种设备安全管理人员和单位有关负责人报告；特种设备运行不正常时，特种设备作业人员应当按照操作规程采取有效措施保证安全。

（4）特种设备使用单位应当对在用特种设备的安全附件、安全保护装置、测量调控装置及有关附属仪器仪表进行定期校验、检修，并作出记录。

（5）客运索道、大型游乐设施在每日投入使用前，其运营使用单位应当进行试运行和例行安全检查，并对安全附件和安全保护装置进行检查确认。电梯、客运索道、大型游乐设施的运营使用单位应当将电梯、客运索道、大型游乐设施的安全使用说明、安全注意事项和警示标志置于易于为乘客注意的显著位置。

（6）电梯的维护保养应当由电梯制造单位或者依法取得许可的安装、改造、修理单位进行。电梯的维护保养单位应当对其维护保养的电梯的安全性能负责；接到故障通知后，应当立即赶赴现场，并采取必要的应急救援措施。

（七）定期检验

（1）特种设备使用单位应当按照安全技术规范的定期检验要求，在安全检验合格有效期届满前1个月向特种设备检验检测机构提出定期检验要求。

（2）未经定期检验或者检验不合格的特种设备，不得继续使用。

（3）锅炉使用单位应当按照安全技术规范的要求进行锅炉水(介)质处理，并接受特种设备检验检测机构实施的水(介)质处理定期检验。从事锅炉清洗的单位，应当按照安全技术规范的要求进行锅炉清洗，并接受特种设备检验检测机构实施的锅炉清洗过程监督检验。

特种设备检验周期见表2-4。

（八）改造、修理、报废

（1）特种设备进行改造、修理，按照规定需要变更使用登记的，应当办理变更登记，方可继续使用。

（2）特种设备存在严重事故隐患，无改造、修理价值，或者达到安全技术规范规定的其他报废条件的，特种设备使用单位应当依法履行报废义务，采取必要措施消除该特种设备的使用功能，并向原登记的负责特种设备安全监督管理的部门办理使用登记证书注销手续。

（3）报废条件以外的特种设备，达到设计使用年限可以继续使用的，应当按照安全技术规范的要求通过检验或者安全评估，并办理使用登记证书变更，方可继续使用。允许继续使用的，应当采取加强检验、检测和维护保养等措施，确保使用安全。

表 2-4　特种设备检验周期

<table>
<tr><th colspan="3">设备名称及代码</th><th colspan="3">检验周期</th></tr>
<tr><td rowspan="3">锅炉(1000)</td><td colspan="2">外部检验</td><td colspan="3">一般每年一次</td></tr>
<tr><td colspan="2">内部检验</td><td colspan="3">一般每 2 年一次</td></tr>
<tr><td colspan="2">水压试验</td><td colspan="3">一般每 6 年一次；不能内部检验的，每 3 年一次</td></tr>
<tr><td rowspan="15">压力容器(2000)</td><td colspan="2" rowspan="3">固定式(2100)</td><td>年度检查</td><td colspan="2">每年至少一次</td></tr>
<tr><td rowspan="2">定期检查</td><td>全面检验</td><td>一般应当于投用后 3 年内进行首次全面检验。下次的定期检验周期，由检验机构根据压力容器的安全状况等级确定
1. 安全状况等级为 1、2 级的，一般每 6 年一次；
2. 安全状况等级为 3 级的，一般每 3~6 年一次；
3. 安全状况等级为 4 级的，其检验周期由检验机构确定。
4. 安全状况等级为 5 级的，应当对缺陷进行处理，否则不得继续使用</td></tr>
<tr><td>耐压试验</td><td>每两次全面检验期间内至少进行一次</td></tr>
<tr><td rowspan="6">移动式(2200)</td><td rowspan="3">汽车罐车 2220、铁路罐车 2210、罐式集装箱 224</td><td colspan="2">年度检验</td><td>每年至少一次</td></tr>
<tr><td colspan="2">全面检验</td><td>新罐车首次检验 1 年；安全状况等级为 1、2 级的，汽车罐车每 5 年至少一次，铁路罐车每 4 年至少一次，罐式集装箱每 5 年至少一次；安全状况等级为 3 级，汽车罐车每 3 年至少一次，铁路罐车每 2 年至少一次，罐式集装箱每 2.5 年至少一次</td></tr>
<tr><td>耐压试验</td><td colspan="2">每 6 年至少进行一次</td></tr>
<tr><td rowspan="3">长管拖车 2230</td><td>年度检验</td><td colspan="2">每年至少 1 次</td></tr>
<tr><td>首次定期检验</td><td colspan="2">3 年(充装 A 类介质)；4 年(充装 B 类介质)</td></tr>
<tr><td>定期检验</td><td colspan="2">5 年(充装 A 类介质)；6 年(充装 B 类介质)</td></tr>
<tr><td colspan="2" rowspan="6">气瓶(2300)</td><td colspan="3">盛装腐蚀性气体的气瓶，每 2 年检验一次</td></tr>
<tr><td colspan="3">盛装一般气体的气瓶，每 3 年检验一次</td></tr>
<tr><td colspan="3">盛装惰性气体的气瓶，每 5 年检验一次</td></tr>
<tr><td colspan="3">液化石油气钢瓶，按国家标准 GB 8334 的规定(盛装液化石油气钢瓶，对 YSP-0.5 型、YSP-2.0 型、YSP-5.0 型、YSP-10 型和 YSP-15 型，自制造日期起，第一次至第三次检验的检验周期均为 4 年，第四次检验有效期为 3 年；对 YSP-50 型，每 3 年检验一次)</td></tr>
<tr><td colspan="3">低温绝热气瓶，每 3 年检验一次</td></tr>
<tr><td colspan="3">车用液化石油气钢瓶每五年检验一次，车用压缩天然气钢瓶，每三年检验一次。汽车报废时，车用气瓶同时报废</td></tr>
<tr><td colspan="3">电梯(3000)</td><td colspan="3">每年进行 1 次定期检验</td></tr>
</table>

续表

设备名称及代码				检验周期
起重机械(4000)				桥式起重机、门式起重机、门座起重机、缆索起重机、桅杆起重机、铁路起重机、旋臂起重机、机械式停车设备每2年一次，其中吊运熔融金属和炽热金属的起重机每年一次；塔式起重机、升降机、流动式起重机每年一次，其中轮胎式集装箱门式起重机每2年一次
起重机械(4000)				在用起重机械至少每月进行一次日常维护保养和自行检查，每年进行一次全面检查
场(厂)内专用机动车辆(5000)				定期检验期为1年
大型游乐设施(6000)				定期检验周期为1年
压力管道元件(7000)				
压力管道(8000)	长输管道8100		年度检验	至少每年一次，进行全面检验的年度可不进行年度检查
压力管道(8000)	长输管道8100		全面检验	新建管道一般于投用后3年内进行首次全面检验，首次全面检验之后的全面检验周期按照本规则第23条确定
压力管道(8000)	公用管道8200		年度检验	至少每年一次，进行全面检验的年度可不进行年度检查
压力管道(8000)	公用管道8200		全面检验	GB1-Ⅲ级次高压燃气管道全面检验最大时间间隔8年；GB1-IV级次高压燃气管道、中压燃气管道、GB2级管道全面检验最大时间间隔12年；以PE管或者铸铁为管道材料的管道全面检验周期不超过15年
压力管道(8000)	工业管道8300		在线检验	每年至少检验一次
压力管道(8000)	工业管道8300		全面检验	首检周期不超过3年；安全状况等级为1级和2级的检验周期一般不超过6年；安全状况等级为3级的，检验周期一般不超过3年；安全状况等级为4级的，应判废
压力管道(8000)	工业管道8300		全面检验	GC1、GC2级压力管道的全面检验周期一般不超过6年；按照基于风险检验(RBI)的结果确定的检验周期，一般不超过9年；GC3级管道的全面检验周期一般不超过9年
客运索道(9000)	客运架空索道			年度检验每年一次，全面检验3年一次
客运索道(9000)	客运拖牵索道			每年进行一次定期检验
客运索道(9000)	客运缆车		年度检验	每年进行一次年度检验
客运索道(9000)	客运缆车		全面检验	每3年进行一次全面检验
安全附件及安全保护装置(F000)	安全阀	固定式压力容器用安全阀		每年至少核验一次；特殊情况按相应的技术规范规定执行
安全附件及安全保护装置(F000)	安全阀	固定式压力容器用安全阀		安全阀一般每年至少校验一次。对于弹簧直接载荷式安全阀，当满足所规定的条件时，可延长校验周期为3年或5年
安全附件及安全保护装置(F000)	安全阀	工业管道用安全阀		每年至少校验一次；特殊情况按相应的技术规范规定执行
安全附件及安全保护装置(F000)	安全阀	工业管道用安全阀		一般每年至少核验一次，对于弹簧直接载荷式安全阀，在满足相应的条件后，检验周期最多可以延长为3年
安全附件及安全保护装置(F000)	安全阀	锅炉用安全阀		在用锅炉的安全阀每年至少应检验一次
安全附件及安全保护装置(F000)	安全阀	锅炉用安全阀		锅炉上的安全阀应按制造厂的要求或每年至少进行一次整定和检验
安全附件及安全保护装置(F000)	压力表			每半年至少校验一次
安全附件及安全保护装置(F000)	爆破片			根据厂家设计确定(一般2~3年内更换)，在苛刻条件下使用的应每年更换
安全附件及安全保护装置(F000)	限速器			每2年应进行限速器动作速度校验一次
安全附件及安全保护装置(F000)	防坠安全器			每2年应进行安全器动作速度校验一次
安全附件及安全保护装置(F000)	测量温度的仪表			每年至少检验一次
安全附件及安全保护装置(F000)	液位计			每年至少检验一次

第十节 重大危险源管理

一、重大工业事故

1984 年 12 月 3 日凌晨，印度中央邦博帕尔市美国联合碳化物属下的联合碳化物(印度)有限公司发生异氰酸甲酯泄漏中毒事故。

切尔诺贝利核事故，是一件发生在乌克兰境内切尔诺贝利核电站的核子反应堆事故。该事故被认为是历史上最严重的核电事故，也是首例被国际核事件分级表评为第七级事件的特大事故。1986 年 4 月 26 日凌晨 1 点 23 分，乌克兰普里皮亚季邻近的切尔诺贝利核电厂的第四号反应堆发生了爆炸。连续的爆炸引发了大火并散发出大量高能辐射物质到大气层中，这些辐射尘涵盖了大面积区域。这次灾难所释放出的辐射线剂量是二战时期爆炸于广岛的原子弹的 400 倍以上。经济上，这场灾难总共损失大概 2000 亿美元(已计算通货膨胀)，是近代历史中代价最“昂贵”的灾难事件。普里皮亚季城因此被废弃。

二、重大危险源辨识与分级

20 世纪 70 年代以来，预防重大工业事故已引起国际社会的广泛重视。随之产生“重大危害”“重大危害设施(国内称为重大危险源)”等概念。1993 年 6 月第 80 届国际劳工大会通过的《预防重大工业事故公约》，将“重大事故”定义为：在重大危害设施内的一项活动过程中出现意外的、突发性的事故，如严重泄漏、火灾或爆炸，其中涉及一种或多种危险物质，并导致对工人、公众或环境造成即刻的或延期的严重危险。对重大危害设施定义为：不论长期地或临时地加工、生产、处理、搬运、使用或储存数量超过临界量的一种或多种危险物质，或多类危险物质的设施(不包括核设施、军事设施以及设施现场之外的非管道的运输)。

(一) 重大危险源相关概念

《安全生产法》

重大危险源：长期地或者临时地生产、搬运、使用或者储存危险物品，且危险物品的数量等于或者超过临界量的单元(包括场所和设施)。

危险物品：易燃易爆物品、危险化学品、放射性物品等能够危及人身安全和财产安全的物品。

GB 18218—2018*《危险化学品重大危险源辨识》*

危险化学品重大危险源：长期地或临时地生产、储存、使用和经营危险化学品，且危险化学品的数量等于或超过临界量的单元。

单元(unit)：涉及危险化学品的生产、储存装置、设施或场所，分为生产单元和储存单元。

生产单元(production unit)：危险化学品的生产、加工及使用等的装置及设施，当装置及设施之间有切断阀时，以切断阀作为分隔界限划分为独立的单元。

储存单元(storage unit)：用于储存危险化学品的储罐或仓库组成的相对独立的区域，储罐区以罐区防火堤为界限划分为独立的单元，仓库以独立库房(独立建筑物)为界限划分为独立的单元。

临界量(threshold quantity)：某种或某类危险化学品构成重大危险源所规定的最小数量。

(二) 危险化学品重大危险源辨识流程

危险化学品重大危险源辨识流程，如图 2-3 所示。

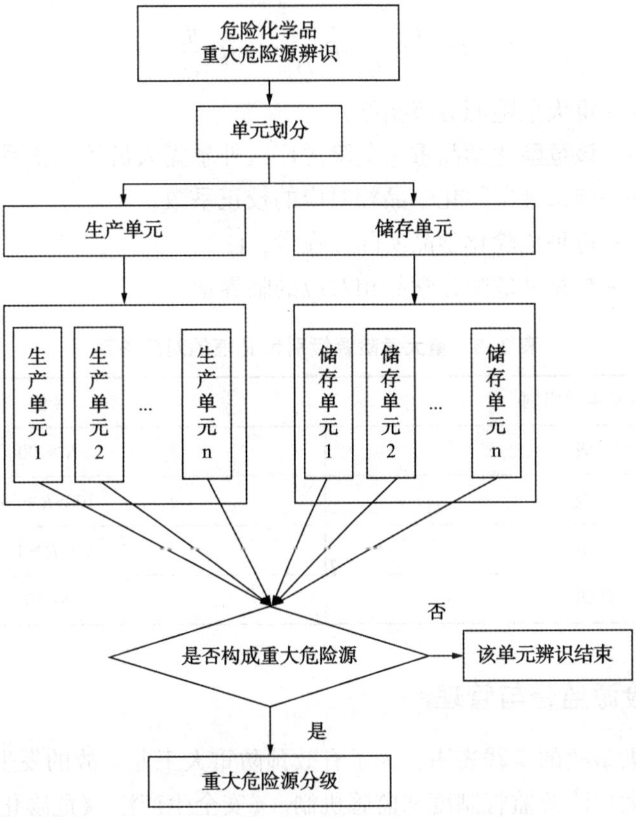

图 2-3　危险化学品重大危险源辨识流程

(三) 重大危险源的辨识分级

(1) 重大危险源的辨识生产单元、储存单元内存在危险化学品的数量等于或超过 GB 18218 规定的临界量，即被定为重大危险源。单元内存在的危险化学品的数量根据危险化学品种类的多少区分为以下两种情况：

生产单元、储存单元内存在的危险化学品为单一品种时，该危险化学品的数量即为单元内危险化学品的总量，若等于或超过相应的临界量，则定为重大危险源。

生产单元、储存单元内存在的危险化学品为多品种时，满足式(2-1)，则定为重大危险源：

$$S=q_1/Q_1+q_2/Q_2+\cdots+q_n/Q_n\geqslant 1 \tag{2-1}$$

式中　S——辨识指标；

q_1，q_2，…，q_n——每种危险化学品的实际存在量，t；

Q_1，Q_2，…，Q_n——与每种危险化学品相对应的临界量，t。

危险化学品储罐以及其他容器、设备或仓储区的危险化学品的实际存在量按设计最大量确定，即按该危险化学品储罐最大容积计算。

(2) 重大危险源的分级

采用单元内各种危险化学品实际存在量与其相对应的临界量比值，经校正系数校正后的比值之和 R 作为分级指标(表 2-5)。

重大危险源的分级指标按式(2-2)计算。

$$R=\alpha\left(\beta_1\frac{q_1}{Q_1}+\beta_2\frac{q_2}{Q_2}+\cdots+\beta_n\frac{q_n}{Q_n}\right) \tag{2-2}$$

式中 R——重大危险源分级指标；

α——该危险化学品重大危险源厂区外暴露人员的校正系数；

β_1，β_2，…，β_n——与每种危险化学品相对应的校正系数；

q_1，q_1，…，q_n——每种危险化学品实际存在量，t；

Q_1，Q_2，…，Q_n——与每种危险化学品相对应的临界量，t。

表 2-5 重大危险源级别和 R 值的对应关系

重大危险源级别	R 值
一级	$R\geqslant100$
二级	$100>R\geqslant50$
三级	$50>R\geqslant10$
四级	$R<10$

三、重大危险源监督与管理

国内外预防重大事故的实践表明，为了有效预防重大工业事故的发生，降低事故造成的损失，必须建立重大危险源监管制度和监管机制。《安全生产法》《危险化学品安全法》和《危险化学品安全管理条例》从法律法规层面对重大危险源的监督和管理提出了明确要求。为贯彻落实《安全生产法》《危险化学品安全管理条例》和《国务院关于进一步加强企业安全生产工作的通知》的有关要求，针对当前我国危险化学品重大危险源管理存在的突出问题，进一步加强危险化学品重大危险源的安全监督管理，防止和减少危险化学品事故的发生，保障人民群众生命财产安全，原国家安全监管总局公布了《危险化学品重大危险源监督管理暂行规定》(国家安全生产监督管理总局令第 40 号)，自 2011 年 12 月 1 日起施行，2015 年 7 月 1 日又进行了修订。《暂行规定》紧紧围绕危险化学品重大危险源的规范管理，明确提出了危险化学品重大危险源的辨识、评估、登记建档、备案、核销及其监督管理等要求，是我国多年来危险化学品重大危险源管理实践经验的总结和提炼。

(一) 土地使用与厂矿选址安全规划

政府主管部门应制定综合性的土地使用安全规划政策，确保重大危险源与居民区、其他工作场所、机场、水库及其他危险源和公共设施安全隔离。我国的工业化、城市化不能因为缺乏安全规划，走入“盲目建设→搬迁→再盲目建设→再搬迁”的恶性循环。企业应在厂矿选址、项目规划和设计、工厂布局设计等规划源头落实事故预防措施。政府应保持规划的前后一致，避免因为短期财政压力而不断变更规划，牺牲已建成企业的利益。

1.《危险化学品安全管理条例》相关规定

第十九条规定："危险化学品生产装置或者储存数量构成重大危险源的危险化学品储存设施(运输工具加油站、加气站除外)，与下列场所、设施、区域的距离应当符合国家有关规定：

(1) 居住区以及商业中心、公园等人员密集场所；

(2) 学校、医院、影剧院、体育场(馆)等公共设施；

(3) 饮用水源、水厂以及水源保护区；

(4) 车站、码头(依法经许可从事危险化学品装卸作业的除外)、机场以及通信干线、通信枢纽、铁路线路、道路交通干线、水路交通干线、地铁风亭以及地铁站出入口；

(5) 基本农田保护区、基本草原、畜禽遗传资源保护区、畜禽规模化养殖场(养殖小区)、渔业水域以及种子、种畜禽、水产苗种生产基地；

(6) 河流、湖泊、风景名胜区、自然保护区；

(7) 军事禁区、军事管理区；

(8) 法律、行政法规规定的其他场所、设施、区域。

已建的危险化学品生产装置或者储存数量构成重大危险源的危险化学品储存设施不符合前款规定，由所在地设区的市级人民政府应急管理部门会同有关部门监督其所属单位在规定期限内进行整改；需要转产、停产、搬迁、关闭的，由本级人民政府决定并组织实施。"

2.《国务院安委会办公室关于进一步加强危险化学品安全生产工作的指导意见》(安委办〔2008〕26 号)相关规定

"合理规划产业安全发展布局。县级以上地方人民政府要制定化工行业安全发展规划，按照"产业集聚"与"集约用地"的原则，确定化工集中区域或化工园区，明确产业定位，完善水电气风、污水处理等公用工程配套和安全保障设施。2009 年底，完成化工行业安全发展规划编制工作，确定危险化学品生产、储存的专门区域。从 2010 年起，危险化学品生产、储存建设项目必须在依法规划的专门区域内建设，负责固定资产投资管理部门和安全监管部门不再受理没有划定危险化学品生产、储存专门区域的地区提出的立项申请和安全审查申请。要通过财政、税收、差别水电价等经济手段，引导和推动企业结构调整、产业升级和技术进步。新的化工建设项目必须进入产业集中区或化工园区，逐步推动现有化工企业进区入园。"

(二) 重大危险源辨识与安全评估

1. 重大危险源辨识

危险化学品单位应当按照《危险化学品重大危险源辨识》标准，对本单位的危险化学品生产、经营、储存和使用装置、设施或者场所进行重大危险源辨识，并记录辨识过程与结果。

2. 安全评估

重大危险源安全评估是安全监督与日常管理的基础和依据，是一项复杂的技术性工作，需要系统地收集重大危险源设计、运行及事故隐患相关的资料和信息，找出预防重点。应尽可能采用定量风险评价方法对重大危险源的危险程度、可能发生的重特大事故的影响范围进行分级。

危险化学品单位应当对重大危险源进行安全评估并确定重大危险源等级。危险化学品单位可以组织本单位的注册安全工程师、技术人员或者聘请有关专家进行安全评估，也可以委托具有相应资质的安全评价机构进行安全评估。

依照法律、行政法规的规定，危险化学品单位需要进行安全评价的，重大危险源安全评估可以与本单位的安全评价一起进行，以安全评价报告代替安全评估报告，也可以单独进行重大危险源安全评估。

3. 委托安全评估

重大危险源有下列情形之一的，应当委托具有相应资质的安全评价机构，按照有关标准的规定采用定量风险评价方法进行安全评估，确定个人和社会风险值：

（1）构成一级或者二级重大危险源，且毒性气体实际存在（在线）量与其在《危险化学品重大危险源辨识》中规定的临界量比值之和大于或等于1的；

（2）构成一级重大危险源，且爆炸品或液化易燃气体实际存在（在线）量与其在《危险化学品重大危险源辨识》中规定的临界量比值之和大于或等于1的。

4. 安全评估报告

重大危险源安全评估报告应当客观公正、数据准确、内容完整、结论明确、措施可行，并包括下列内容：

（1）评估的主要依据；

（2）重大危险源的基本情况；

（3）事故发生的可能性及危害程度；

（4）个人风险和社会风险值（仅适用定量风险评价方法）；

（5）可能受事故影响的周边场所、人员情况；

（6）重大危险源辨识、分级的符合性分析；

（7）安全管理措施、安全技术和监控措施；

（8）事故应急措施；

（9）评估结论与建议。

危险化学品单位以安全评价报告代替安全评估报告的，其安全评价报告中有关重大危险源的内容也应当满足上述要求。

5. 重新辨识、安全评估及分级

有下列情形之一的，危险化学品单位应当对重大危险源重新进行辨识、安全评估及分级：

（1）重大危险源安全评估已满三年的；

（2）构成重大危险源的装置、设施或者场所进行新建、改建、扩建的；

（3）危险化学品种类、数量、生产、使用工艺或者储存方式及重要设备、设施等发生变化，影响重大危险源级别或者风险程度的；

（4）外界生产安全环境因素发生变化，影响重大危险源级别和风险程度的；

（5）发生危险化学品事故造成人员死亡，或者10人以上受伤，或者影响到公共安全的；

（6）有关重大危险源辨识和安全评估的国家标准、行业标准发生变化的。

（三）重大危险源日常管理与在线监测预警系统

企业对安全生产负主体责任。企业在重大危险源辨识和安全评估基础上，应对每一个重大危险源制定严格的安全管理制度和措施，包括监测、监控，人员培训，安全责任制等。

推动建设危险化学品监测预警系统，提升企业安全管理技术和安全生产保障水平，是督促企业落实安全生产主体责任的有效手段。未按要求建设并且重大危险源未接入监测监控系统、监测监控措施不到位、不能保证安全生产条件的依法不予核发安全生产许可证。

危险化学品企业建立或完善监测监控系统，实现重大危险源在线监测监控和自动预警以及安全生产标准化管理等功能，具体包括：

（1）视频监控：实现重大危险源、值班监控中心等重点部位的视频监控和远程调用。

（2）重大危险源在线监测监控：实现企业储罐区、生产装置等重大危险源的动态监测和自动预警。

（3）日常安全管理：实现重大危险源的日常安全管理，包括高风险作业活动、监管处置闭环、定期检查评估等。

（4）风险动态监测预警：构建企业安全风险动态监测地图，实现企业生产装置、储罐区、厂区泄漏风险、直接作业环节风险的动态监测预警和分级管控，确保各类风险管控措施有效落实，保障企业安全生产。

（四）危险化学品安全生产风险监测预警系统

2016年12月9日，《中共中央国务院关于推进安全生产领域改革发展的意见》提出构建国家、省、市、县四级重大危险源信息管理体系，对重点行业、重点区域、重点企业实行风险预警控制，有效防范重特大生产安全事故。

2019年5月22日，《国务院安委会办公室应急管理部关于加快推进危险化学品安全生产风险监测预警系统建设的指导意见》（安委办〔2019〕11号），提出加快建设危险化学品安全生产风险监测预警系统（以下简称“危险化学品监测预警系统”），实现危险化学品企业安全生产风险的动态监测和自动预警，不断提升危险化学品安全监管的信息化、网络化、智能化水平，有效防范化解重大安全风险，坚决遏制重特大事故，有力保护人民群众生命财产安全。

1. 监测预警系统总体框架

危险化学品监测预警系统利用数据采集设备，依托专线/互联网/VPN采集企业重大危险源的在线监控监测等数据，利用全国危险化学品登记管理系统采集企业基础信息，构建应急管理部、地方、园区、企业四级危险化学品安全生产风险分级管控与动态监测预警系统，部省两级系统建成后分别集成到部级应急管理大数据应用平台和省级应急管理综合应用平台（图2-4）。

2. 化工园区安全监管信息平台

危险化学品园区应建立或完善安全监管信息平台，接入园区内重大危险源企业在线监测监控等数据，对园区内的重点企业、重点场所、基础设施进行在线实时管控，具备危险化学品企业及重大危险源的动态预警和日常安全监督管理等功能，实现企业重大危险源（罐区、仓库、生产装置等）各类参数的实时监测、风险预警、闭环处置以及定期的检查评估，做好重大危险源监控与风险分级管控，定期生成企业风险预警分级分析报告，督促企业整改落实。

3. 地方危险化学品监测预警系统

省级应急管理部门通过省级系统获取重大风险预警信息，全面掌握本辖区内危险化学品企业和重大危险源风险分布，实现重点地区风险动态监测预警，在需要时能够调取辖区内企业的实时图像数据，督促地市级应急管理部门落实安全监管职责，并为事故应急处置提供数据支持。

地市级应急管理部门通过省级系统或者自建系统，实时监测企业罐区、库区及值班监控

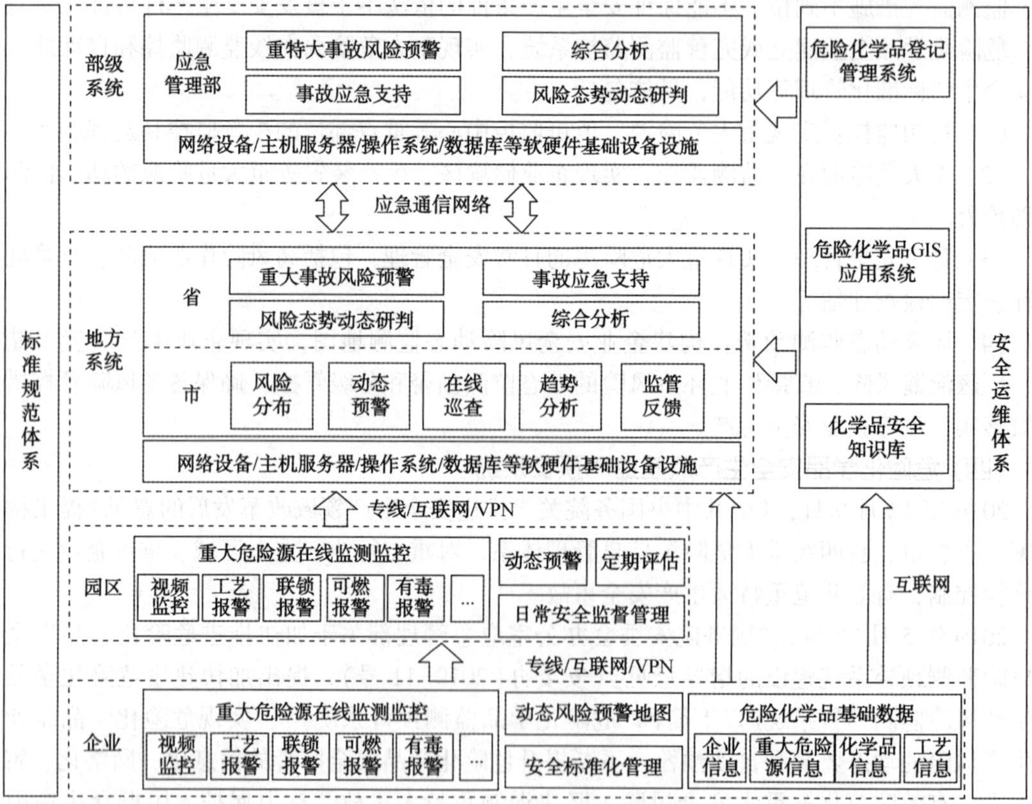

图 2-4　危险化学品安全生产风险监测预警系统总体框架

室等重点部位的视频图像、监测报警数据，指导各级监管执法人员有针对性地开展执法检查，通过在线巡查监管反馈实现风险预警信息消除的闭环处置。地方系统主要功能：重大事故风险预警；综合分析；风险态势动态研判；事故应急支持；动态预警；在线巡查；监管反馈；风险分布；趋势分析。

4. 部级危险化学品监测预警系统

应急管理部通过部级系统全面掌握全国危险化学品企业和重大危险源情况，实现全国宏观趋势性风险综合分析和动态监测预警，必要时可对特定区域进行重点监控，为重特大事故应急提供决策支持。部级系统主要功能：重大安全风险预警；综合分析；事故应急支持；风险态势动态研判。

5. 危险化学品安全生产基础信息采集共享

各地要按照《国务院安委会办公室国家减灾委办公室应急管理部关于加强应急基础信息管理的通知》（安委办〔2019〕8 号）要求，组织协调公安、工业和信息化、交通运输、生态环境、市场监管等部门，加快涉及危险化学品生产、存储、使用、经营、运输和废弃处置等全链条基础信息共享和监管业务协同，为实现危险物品全生命周期的安全监管奠定基础。

各级应急管理部门要利用危险化学品登记管理系统完成辖区内的危险化学品生产、经营企业安全生产基础信息的采集，形成“一园一档”“一企一档”，确保基础数据完整、准确。

（五）应急救援系统

企业应负责建立现场应急救援系统，定期检验和评估现场应急救援系统、预案和程序的有效程度，并在必要时进行修订。

应急救援预案应提出详尽、实用、清楚和有效的技术与组织措施。应确保职工和相关居民充分了解发生重特大事故时需要采取的应急措施，每隔适当的时间应修订和重新发放应急救援预案及宣传材料。

场外应急救援系统由政府安全监管部门根据企业上报的安全评价报告和预案等有关材料建立。

（六）安全包保责任制

根据《危险化学品企业重大危险源安全包保责任制办法(试行)》，涉及危险化学品重大危险源的危险化学品生产、经营(带储存)企业，以及使用危险化学品从事生产的化工企业(不含无生产实体的集团公司总部)，每一处重大危险源都要明确主要负责人、技术负责人、操作负责人三个责任人，从总体、技术、操作三个层面对重大危险源实行安全包保。

危险化学品企业应当在重大危险源安全警示标志位置增设公示牌，写明主要负责人、技术负责人、操作负责人三个安全包保责任人及对应职责，并公开电话，接受员工监督。

危险化学品企业应当对照重大危险源安全包保要求，建立主要负责人、技术负责人、操作负责人履职记录，做到可查询、可追溯，并纳入企业安全生产责任制考核。

重大危险源安全包保责任人、职责、联系方式应当录入危险化学品安全生产风险监测预警系统，在对应的重大危险源信息中向所在地应急管理部门报备，相关信息变更后，应当于2日内在危险化学品安全生产风险监测预警系统中更新。

第十一节　相关方管理

相关方主要指在本企业进行建设项目工程施工、设备安装维修、原辅材料供货、产品配套供货、产品委托加工、物流服务、环卫绿化服务、废弃物处置、客户、参观、检查、培训、实习等外来单位或个人。

相关方的安全管理主要有四部分内容：一是资质，二是安全管理责任，三是作业现场安全管理，四是教育培训。

一、企业发包工程的内部管理

企业发包工程项目，应以单位名义进行，严禁以某一部门的名义进行发包。企业应明确发包工程归口管理部门，统一对发包工程进行管理。

企业应建立承包商、供应商等安全管理制度，将承包商、供应商等相关方的安全生产和职业卫生纳入企业内部管理，对承包商、供应商等相关方的资格预审、选择、作业人员培训、作业过程检查监督、提供的产品与服务、绩效评估、续用或退出等进行管理。

二、承包商管理

（一）承包商资质

《安全生产法》第49条规定：生产经营单位不得将生产经营项目、场所、设备发包或者出租给不具备安全生产条件或者相应资质的单位或者个人。

矿山、金属冶炼建设项目和用于生产、储存、装卸危险物品的建设项目的施工单位应当加强对施工项目的安全管理，不得倒卖、出租、出借、挂靠或者以其他形式非法转让施工资质，不得将其承包的全部建设工程转包给第三人或者将其承包的全部建设工程支解以后以分包的名义分别转包给第三人，不得将工程分包给不具备相应资质条件的单位。

企业应对各类承包商的准入进行审查，并办理临时或长期承包商准入许可相关手续。承包商资质一般分为业务资质和安全资质两部分。

（二）安全管理责任

《安全生产法》第49条规定：生产经营项目、场所发包或者出租给其他单位的，生产经营单位应当与承包单位、承租单位签订专门的安全生产管理协议，或者在承包合同、租赁合同中约定各自的安全生产管理职责；生产经营单位对承包单位、承租单位的安全生产工作统一协调、管理，定期进行安全检查，发现安全问题的，应当及时督促整改。

安全生产管理协议的主要内容：

（1）发包单位提出的确保施工安全的组织措施、安全措施和技术措施要求。

（2）发包单位对现场实施奖惩的有关规定。

（3）承包商制定的确保施工安全的组织措施、安全措施和技术措施。

（4）承包商应遵照执行的有关安全文明生产、治安、防火等方面的规章制度。

（5）有关事故报告、调查、统计、责任划分的规定。

（6）对承包商人员进行安全教育、考试及办理施工人员进入现场应履行的手续等要求。

（7）承包商必须按照生产经营单位的要求提供相关材料，接受安全资质和条件审查。

（8）承包商不得擅自将工程转包、分包和返包。在工作中遇有特殊情况确实需要由生产经营单位配合完成的工作，应书面提出申请，经发包单位领导批准后，指派有关部门、班组配合完成。

（9）承包商在施工过程中不得擅自更换工程技术管理人员、安全管理人员以及关系到施工安全及质量的特殊工种人员，特殊情况需要换人时须征得发包单位的同意，并对新参加工作人员进行相应的安全教育、培训和考核，合格后方可使用。

（10）承包商不得使用童工，施工人员不得有承包工程的职业禁忌证。

（三）现场安全管理要求

（1）工程开工前，生产经营单位应对承包方负责人、工程技术人员进行全面的安全技术交底，并应有完整的记录。必要时，在承包商教育培训的基础上对承包商管理人员和工程技术人员、工人进行安全教育培训和考试，提供有关安全生产的规程、制度、要求。

（2）在有危险性的生产区域内作业，有可能造成火灾、爆炸、触电、中毒、窒息、机械伤害、灼烫、高处坠落、溺水等事故的，生产经营单位应要求承包商做好作业安全风险分析，并制订安全措施，经生产经营单位审核批准后，监督承包方实施。承包商应按有关行业安全管理法规、条例、规程的要求，在工作现场设置安全监护人员。

（3）在承包商队伍进入作业现场前，发包单位要对其进行消防安全、设备设施保护及社会治安方面的教育。所有教育培训和考试完成后，办理准入手续，凭证件出入现场。证件上应有本人近期免冠照片和姓名、承包商名称、准入的现场区域等信息。

（4）生产经营单位协助做好办理开工手续等工作，承包商取得经批准的开工手续后方可开始施工。

（5）发包单位、承包商安全监督管理人员，应经常深入现场，检查指导安全施工，要随时对施工安全进行监督，发现有违反安全规章制度的情况，及时纠正，并按规定给予惩处。

（6）同一工程项目或同一施工场所有多个承包商施工的，生产经营单位应与承包商签订专门的安全管理协议或者在承包合同中约定各自的安全生产管理职责，发包单位对各承包商的安全生产工作统一协调、管理。

(7) 承包商施工队伍严重违章作业，导致设备故障等严重影响安全生产的后果，生产经营单位可以要求承包商进行停工整顿，并有权决定终止合同的执行。

第十二节　安全风险分级管控与隐患排查治理双体系建设

国务院安委会办公室 2016 年 4 月印发《标本兼治遏制重特大事故工作指南》(安委办〔2016〕3 号)，提出构建形成点、线、面有机结合、无缝对接的安全风险分级管控和隐患排查治理双重预防性工作体系(以下简称双体系)。

国务院安委会办公室 2016 年 10 月 9 日印发《关于实施遏制重特大事故工作指南构建双重预防机制的意见》(安委办〔2016〕11 号)。《意见》提出，尽快建立健全安全风险分级管控和隐患排查治理的工作制度和规范，完善技术工程支撑、智能化管控、第三方专业化服务的保障措施，实现企业安全风险自辨自控、隐患自查自治，形成政府领导有力、部门监管有效、企业责任落实、社会参与有序的工作格局，提升安全生产整体预控能力，夯实遏制重特大事故的坚强基础。

《安全生产法》(2021 年修订)第四条增加了构建安全风险分级管控和隐患排查治理双重预防机制内容：“生产经营单位必须遵守本法和其他有关安全生产的法律、法规，加强安全生产管理，建立健全全员安全生产责任制和安全生产规章制度，加大对安全生产资金、物资、技术、人员的投入保障力度，改善安全生产条件，加强安全生产标准化、信息化建设，构建安全风险分级管控和隐患排查治理双重预防机制，健全风险防范化解机制，提高安全生产水平，确保安全生产。”

双体系是预防生产安全事故的两道防火墙。第一道是“管风险”，利用风险评估技术，以安全风险辨识和管控为基础，从源头上系统辨识风险、分级管控风险，再通过行政、技术和管理等手段落实管控方案，杜绝和减少事故隐患的产生，把各类风险控制在可接受范围内。第二道是“治隐患”，以隐患排查和治理为手段，认真排查风险管控过程中出现的缺失、漏洞和风险控制失效环节，坚决把隐患消灭在事故发生之前。双体系旨在风险预控、关口前移，坚持把风险控制在隐患形成之前、把隐患消灭在事故前面。

一、风险分级管控体系

风险分级管控流程，如图 2-5 所示。

(一) 识别风险点

风险点是指存在安全风险的设施、部位、场所和区域，以及在设施、部位、场所和区域实施的伴随风险的作业活动，或以上两者的组合。可划分为静态、动态两类。

识别风险点是风险管控的基础，对风险点内的不同危险源(与风险点相关联的人、物、环境及管理等因素)进行识别、风险评价以及根据评价结果采取不同控制措施是风险分级管控的核心。

风险点划分原则：

静态风险点是指生产过程中有关设备、设施、部位、场所、区域的风险点。动态风险点是指生产过程中所有常规和非常规状态的操作及作业活动的风险点。

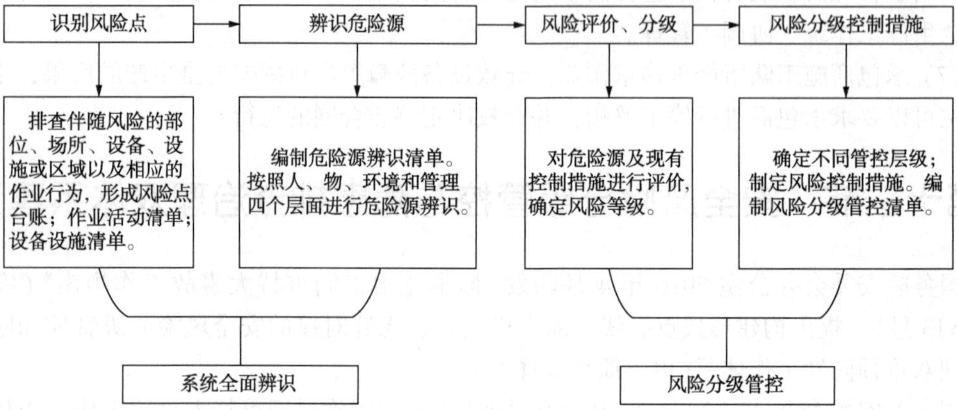

图 2-5　风险分级管控流程

（1）设施、部位、场所、区域

风险点是指存在安全风险的设施、部位、场所和区域，以及在设施、部位、场所和区域实施的伴随风险的作业活动，或以上两者的组合。

风险点划分应当遵循“大小适中、便于分类、功能独立、易于管理、范围清晰”的原则，工贸企业风险点划分可按照原料、产品储存区域、生产车间或装置、公辅设施等功能分区进行划分。对于规模较大、工艺复杂的系统可以按照所包含的工序、设施、部位进行细分（图 2-6）。

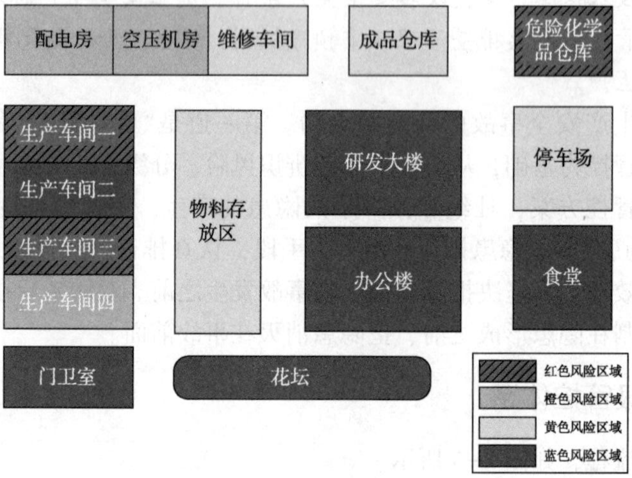

图 2-6　××公司安全风险四色分布示意图

按区域场所划分如原料仓库、生产车间、成品仓库、储罐区、制冷车间、污水处理场、锅炉房等；按工序划分如纺织行业的前纺工序、织造工序等；按设施划分如除尘系统等；按部位划分如铁合金生产企业的炉前部位、炉面部位等。

（2）作业活动

对操作及作业活动等风险点的划分，应当涵盖生产经营全过程所有常规和非常规状态的作业活动，风险等级高、可能导致严重后果的作业活动应作为风险点。

示例：高温熔融金属吊运、危险区域动火作业、有限空间作业等危险作业。

（二）辨识危险源

1. 危险源概念

根据危险源在事故发生发展中的作用，危险源划分第一类危险源和第二类危险源。

（1）第一类危险源（事故发生的内因）

在生产现场，产生能量的能量源或拥有能量的能量载体，以及载有有害物质的载体属于第一类危险源。

第一类危险源的危险性，与有害物质数量、能量强度的大小有密切关系。

第一类危险源具有的有害物质或能量越多，一旦发生事故其后果越严重，相反，当其处于低能量状态时比较安全。

常见的第一类危险源有：

① 产生、供给能量的装置、设备，如变电所、锅炉、电炉、转炉等；

② 使人体或物体具有较高势能的装置、设备或场所，如起重机，登高作业等；

③ 有害物质和能量载体，如运动中的车辆、机械的运动部件、吊起的重物、带电的导体等；

④ 一旦失控可能产生巨大能量的装置、设备、场所，如液氧储罐、LNG 储罐等，

⑤ 一旦失控可能发生巨大能量蓄积或突然释放的装置、设备或场所，如压力容器设备、易产生静电积聚的场所等；

⑥ 危险物质，如可燃气体、液体、忌水性物质（高温物料）、混合性危险物质；

⑦ 生产、加工、储存危险物质的装置、设备或场所，如燃料罐区、制氧车间等；

⑧ 人体一旦与之接触，将导致能量向人体意外释放的物体，如锐利的毛刺、棱角等。

（2）第二类危险源（事故发生的外因）

导致约束、限制能量的措施（屏蔽）失控、失效或破坏的各种不安全因素称为第二类危险源。

第二类危险源包括：人的因素、物的因素、环境因素和管理因素。一般认为，人的不安全行为和物的不安全状态是造成有害物质或能量意外释放的直接原因。

2. 危险源辨识

危险源辨识尽可能自下而上开展，做好准备工作，并及时指导。

危险源的辨识要防止遗漏，不仅要分析正常生产、操作时的危险因素，更重要的是要充分考虑三种时态和三种状态下潜在的各种危险，分析约束失效，设备、装置破坏及操作失误可能产生严重后果的危险因素。

危险源辨识应考虑以下几个方面的内容：

· 三种时态：过去、现在、将来；

过去时态主要是评估以往残余风险的影响程度，并确定这种影响程度是否属于可接受的范围；现在时态主要是评估现有的风险控制措施是否可以使风险降低到可接受的范围；将来时态主要是评估计划实施的生产活动可能带来的风险影响程度是否在可接受的范围。

· 三种状态：正常、异常、紧急；

· 七种安全危害：机械能、电能、热能、化学能、放射性、生物因素、人机工程因素（生理、心理）；

· 七种环境因素：大气、水体、土壤、噪声、废物、资源和能源、其他。

常用的辨识方法有：询问、交谈；查阅有关记录；现场观察；获取外部信息；头脑风暴

法(BS)；作业安全分析/工作危害分析(JHA/JHA)；安全检查表(SCL)；危险与可操作性研究(HAZOP)；事件树分析(ETA)；故障(事故)树分析(FTA)；故障假设分析(WI)；失效模式与影响分析(FMEA)；预先危害分析(PHA)等。

(1) 根据 GB/T 13861—2009《生产过程危险和有害因素分类与代码》

从系统安全的观点考察，使有害物质或能量的约束、限制措施失效、破坏的原因包括人、机(物)、环境和管理缺陷四个方面的因素。

① 人的因素

人的失误可能直接破坏对第一类危险源的控制，人失误也可能造成物的故障，进而导致事故发生。

GB/T 13861—2009《生产过程危险和有害因素分类与代码》将人的因素分为心理、生理性危险和有害因素与行为性危险和有害因素。

心理、生理性危险和有害因素包括：

a. 负荷超限(体力负荷超限、听力负荷超限、视力负荷超限、其他负荷超限)。

b. 健康状况异常。

c. 从事禁忌作业。

d. 心理异常(情绪异常、冒险心理、过度紧张、其他心理异常)。

e. 辨识功能缺陷(感知延迟、辨识错误、其他辨识功能缺陷)。

f. 其他心理、生理性危险和有害因素。

行为性危险和有害因素包括：

a. 指挥错误(指挥失误、违章指挥、其他指挥错误)。

b. 操作错误(误操作、违章作业、其他操作失误)。

c. 监护失误。

d. 其他错误。

e. 其他行为性危险和危害因素。

② 物的因素

GB/T 13861 将物的因素分为物理性危险和有害因素、化学性危险和有害因素和生物性危险和有害因素。

③ 环境因素

主要指系统运行的环境因素，如温湿度、照明、通风、粉尘、噪声、振动以及厂区、车间布置等。

④ 管理缺陷

指在人、机(物)、环境的安排上出现失误。在硬件上不能使机和环境保障人的安全；在软件上没有制定人机(物)的交互规则或制定的规则被违反而不能实施，不能消除机对人的伤害。管理缺陷属于导致事故发生的间接原因，是促成人失误、机(物)故障和环境不良这些事故直接原因的原因。

a. 工程设计使用的材料有问题，未达到质量要求等，造成物的不安全状态。

b. 安全管理不科学，安全组织不健全，安全生产责任制不明确或贯彻不力。

c. 安全工作流于形式，出了事故抓一抓，上级检查抓一抓，平常无人负责。安全措施不落实，不认真贯彻安全生产的方针。

d. 对职工不进行思想教育，劳动纪律松弛。

e. 忽略安全防护措施，机器设备无防护装置，安全信号失灵，通风照明不合要求，安全工具不齐备，存在的隐患没有及时消除。

f. 分配工人工作缺乏适当程序，用人不当。

g. 安全教育和技术培训不足或流于形式，对新工人的安全教育不落实。

h. 安全操作规程执行不力，贯彻不彻底。

i. 事故应急预案不落实，对事故报告不及时，调查、处理不当，法制观念不强，执法不严等。

（2）根据 GB 6441《企业职工伤亡事故分类》

按 GB 6441—1986《企业职工伤亡事故分类》，事故类别可以分为 20 类：①物体打击；②车辆伤害；③机械伤害；④起重伤害；⑤触电；⑥高处坠落；⑦坍塌；⑧冒顶片帮；⑨淹溺；⑩透水；⑪灼烫；⑫火灾；⑬放炮；⑭火药爆炸；⑮瓦斯爆炸；⑯锅炉爆炸；⑰容器爆炸；⑱其他爆炸；⑲中毒和窒息；⑳其他伤害(表 2-6)。

表 2-6　伤亡事故类型与第一类危险源

事故类型	能量源或危险物质的产生、储存	能量载体或危险物
物体打击	产生物体落下、抛出、破裂、飞散的设备、场所、操作	落下、抛出、破裂、飞散的物体
车辆伤害	车辆、使车辆移动的前因设备、坡道	运动的车辆
机械伤害	机械和驱动装置	机械的运动部分
起重伤害	起重、提升机械	被吊起的重物
触电	电源装置	带电体、高跨步电压区城
灼烫	热源设备、加热设备、炉、灶、发热体	高温物体、高温物质、化学物质
高处坠落	高度差大的场所、用于人员升降的设备、装置	人体
坍塌	土石方工程的边坡、料堆、料仓、建筑物、构筑物	边坡土(岩)体、物料、建筑物、构筑物、载荷
冒顶片帮	矿山采掘空间的围岩体炸药	顶板、两帮围岩
火灾	可燃物	火焰、烟气
放炮、火药爆炸	炸药	
瓦斯爆炸	可燃性气体、可燃性粉尘	
锅炉爆炸	锅炉	蒸汽
容器爆炸	压力容器	内容物
中毒和窒息	产生、储存、聚集有毒有害物质的装置、容器、场所	

3.“风险点”与“危险源”

危险源存在于风险点中。比如煤气柜就是企业的风险点，煤气柜柜体本身的安全措施要求、煤气柜相关作业活动等就是该“风险点”中的各类危险源(人、物、管理、环境等)。

（1）“风险点”大，“危险源”小；

（2）“风险点”与“危险源辨识范围或对象”存在重合的可能；

（3）企业危险源辨识要求无缝隙、全覆盖。

（三）风险评价与分级

风险评价：对危险源导致的风险进行分析、评估、分级，对现有控制措施的充分性加以考虑以及对风险是否可接受予以确定的过程。

风险分级：通过采用科学、合理的方法对危险源所伴随的风险进行定性或定量评价，根据评价结果划分等级。

风险评价的方法很多，企业应根据自身的实际情况选择使用。定性评价可以采用直接判定法，风险矩阵法（*LS*）和作业条件危险性评价法（*LEC*）是简单实用的定量评价方法。

1. 风险矩阵法（*LS*）

风险矩阵法是一种半定量的风险评价方法。它在进行风险评价时，将风险事件的后果严重程度相对的定性分为若干级，将风险事件发生的可能性也相对定性分为若干级，然后以严重性为表列，以可能性为表行，制成表，在行列的交点上给出定性的加权指数。所有的加权指数构成一个矩阵，而每一个指数代表了一个风险等级。

$$R=L\times S$$

式中　*R*——风险程度；

L——发生事故的可能性，重点考虑事故发生的频次、以及人体暴露在这种危险环境中频繁程度；

S——发生事故的后果严重性，重点考虑伤害程度、持续时间。

严重性（*S*） 可能性（*L*）	1	2	3	4	5
1	1	2	3	4	5
2	2	4	6	8	10
3	3	6	9	12	15
4	4	8	12	16	20
5	6	10	15	20	25

2. 作业条件危险性评价法（*LEC*）

作业条件危险性分析法是一种半定量的风险评价方法。它采用与系统风险有关的三种因素指标值的乘积来评价操作人员伤亡风险大小。三种因素分别是：*L*（事故发生的可能性），*E*（人员暴露于危险环境中的频繁程度），*C*（一旦发生事故可能造成的后果）。

给三种因素的不同等级分别确定不同的分值，再以三个分值的乘积 *D*（危险性）来评价作业条件危险性的大小，即：$D=L\times E\times C$。*D* 值越大，说明该系统危险性大。

（1）*L*：发生事故的可能性大小

分值	事故发生的可能性
10	完全可能预料
6	相当可能
3	可能，但不经常
1	可能性小，完全意外
0.5	很不可能，但可以设想
0.2	极不可能
0.1	实际不可能

(2) E：人体暴露在这种危险环境中的频繁程度

分值	暴露于危险环境的频繁程度
10	连续暴露
6	每天工作时间内暴露
3	每周一次，或偶然暴露
2	每月一次暴露
1	每年几次暴露
0.5	非常罕见地暴露

(3) C：发生事故产生的后果

分数值	发生事故产生的后果
100	大灾难，许多人死亡
40	灾难，数人死亡
15	非常严重，一人死亡
7	严重，重伤
3	重大，致残
1	引人注目，不利于基本的安全卫生要求

(4) D：风险性分值

D 值	危险程度	风险等级
>320	极其危险，不能继续作业	1
160~320	高度危险，要立即整改	2
70~160	显著危险，需要整改	3
20~70	一般危险，需要注意	4
<20	稍有危险，可以接受	5

3. 风险程度分析法(*MES*)

风险程度分析法是一种半定量的风险评价方法，它是对作业条件危险性分析法(*LEC*)的改进。风险程度用 R 表示，$R=M\times E\times S$。

式中　M——控制措施的状态；

E——暴露的频繁程度，增加了职业病发病情况、环境影响状况两项影响因素；

S——事故的可能后果，包括伤害、职业相关病症、财产损失和环境影响；

M、E、S 分别制定了其取值标准。

4. 风险分级

不同的风险评价方法对风险的分级不完全一致，通常划分为重大风险、较大风险、一般风险和低风险四种风险级别，分别用“红、橙、黄、蓝”四种颜色表示。

有的企业将风险分为 5 级：

(1) 5 级蓝色(浅蓝)：稍有危险，需要注意(或可忽略的)。员工应引起注意。

(2) 4 级蓝色(深蓝)：轻度危险(低风险)

部门、班组应引起关注，负责 4 级危害因素的控制管理，所属班组具体落实；不需要另外的控制措施，应考虑投资效果更佳的解决方案或不增加额外成本的改进措施，需要监视来确保控制措施得以维持现状，保留记录。

（3）3级黄色：显著危险（一般风险），需要控制整改。

企业、部门应引起关注，负责3级危害因素的控制管理，所属部门具体落实；应制定管理制度、规定进行控制，努力降低风险，应仔细测定并限定预防成本，在规定期限内实施降低风险措施。在严重伤害后果相关的场合，必须进一步评价，确定伤害的可能性和是否需要改进的控制措施。

（4）2级橙色：高度危险（重大风险），必须制定措施进行控制管理。

企业对重大及以上风险危害因素应重点控制管理，具体由安全部门和各职能部门根据职责分工具体落实。当风险涉及正在进行中的工作时，应采取应急措施，并根据需求为降低风险制定目标、指标、管理方案或配给资源、限期治理，直至风险降低后才能开始工作。

（5）1级红色：不可容许的，极其危险（巨大风险），必须立即整改，不能继续作业。

只有当风险已降低时，才能开始或继续工作。如果无限的资源投入也不能降低风险，就必须禁止工作，立即采取隐患治理措施。

（四）风险分级管控

风险分级管控：按照风险不同级别、所需管控资源、管控能力、管控措施复杂及难易程度等因素而确定不同管控层级的风险管控方式。

风险分级管控的基本原则：风险越大，管控级别越高；上一级负责管控的风险，下一级必须同时负责管控，并逐级落实具体措施。

风险控制措施：为将风险降低至可接受程度，企业针对风险而采取的相应控制方法和手段。

选择风险控制措施时：

应考虑：（1）可行性；（2）安全性；（3）可靠性；（4）经济合理性。

应包括：（1）工程技术措施；（2）管理措施；（3）教育培训措施；（4）个体防护措施；（5）应急处置措施等。

风险控制措施应在实施前针对以下内容进行审核：（1）措施的可行性和有效性；（2）能否将风险降低到可容许水平；（3）是否产生新的危险源或危险有害因素；（4）是否已选定了最佳的解决方案。

风险信息是指包括危险源名称、类型、所在位置、当前状态以及伴随风险大小、等级、所需管控措施、责任单位、责任人等一系列信息的综合。

各类风险信息的集合即为安全风险分级管控清单。

（五）其他要求

1. 风险告知

风险分级工作完成后，在醒目位置和重点区域分别设置安全风险公告栏，制作岗位安全风险告知卡，标明主要安全风险、可能引发事故隐患类别、事故后果、管控措施、应急措施及报告方式等内容。对存在重大安全风险的工作场所和岗位，要设置明显警示标志，并强化危险源监测和预警。

2. 风险培训

根据风险分级管控清单将设备设施、作业活动及工艺操作过程中存在的风险及应采取的措施通过培训方式告知各岗位人员及相关方，使其掌握规避风险的措施并落实到位。

3. 风险分级管控考核

为确保该项工作有序开展及事故纵深预防效果，企业应对风险分级管控纳入安全生产考核范围。

4. 评审与更新

每年至少对风险分级管控体系进行一次系统性评审。

根据以下情况变化，适时开展危险源辨识和风险评价。

(1) 根据非常规作业活动、新增功能性区域、装置或设施等及时针对变化范围开展风险分析，及时更新风险信息；

(2) 法规、标准等增减、修订变化所引起风险程度的改变；

(3) 发生事故后，有对事故、事件或其他信息的新认识，对相关危险源的再评价；

(4) 组织机构发生重大调整；

(5) 补充新辨识出的危险源评价；

(6) 风险程度变化后，需要对风险控制措施的调整。

二、隐患排查治理体系

隐患排查是指生产经营单位组织安全生产管理人员、工程技术人员、各岗位从业人员和其他相关人员对本单位的事故隐患进行排查，并对排查出的事故隐患，按照事故隐患的等级进行登记，建立事故隐患信息档案。

隐患治理是指消除或控制隐患的活动或过程。包括对排查出的事故隐患按照职责分工明确整改责任，制定整改计划，落实整改资金，实施监控治理和复查验收的全过程。对于一般事故隐患，由于其危害和整改难度较小，发现后应当由生产经营单位(部门、班组等)负责人或者有关人员立即组织整改。对于重大事故隐患，由公司主要负责人组织制定并实施事故隐患治理方案。

隐患信息是指包括隐患名称、位置、状态描述、可能导致后果及其严重程度、职责划分、治理目标、治理措施、治理期限等信息的总称。企业对事故隐患信息应建档管理。

(一) 概念辨析

1. 重大事故隐患的界定

重大事故隐患的判断依据有《化工和危险化学品生产经营单位重大生产安全事故隐患判定标准(试行)》《烟花爆竹生产经营单位重大生产安全事故隐患判定标准(试行)》《煤矿重大事故隐患判定标准》《金属非金属矿山重大生产安全事故隐患判定标准(试行)》《工贸行业重大生产安全事故隐患判定标准》《危险货物港口作业重大事故隐患判定指南》《水上客运重大事故隐患判定指南(暂行)》《船舶行业重大生产安全事故隐患判定标准》(CB/T 4501—2019)《危险性较大的分部分项工程安全管理规定》《水利工程生产安全重大事故隐患判定标准(试行)》和《重大火灾隐患判定方法》(GB 35181—2017)等。

以下情形通常可以定为重大事故隐患：

(1) 违反法律、法规有关规定，整改时间长或可能造成较严重危害的；

(2) 危害程度和整改难度较大，一定时间得不到整改的；

(3) 具有中毒、爆炸、火灾等危险的场所，作业人员在10人以上的；

(4) 涉及重大危险源的；

(5) 因外部因素影响致使生产经营单位自身难以排除的；

(6) 设区的市级以上负有安全监管职责部门认定的。

2. 危险源、事故隐患、事故

危险源失控会演变成事故隐患，事故隐患得不到治理就会发生量变到质变的过程，质变到一定程度，就会导致事故(财产损失或人员伤亡)，见图2-7。

以龙门吊为例：

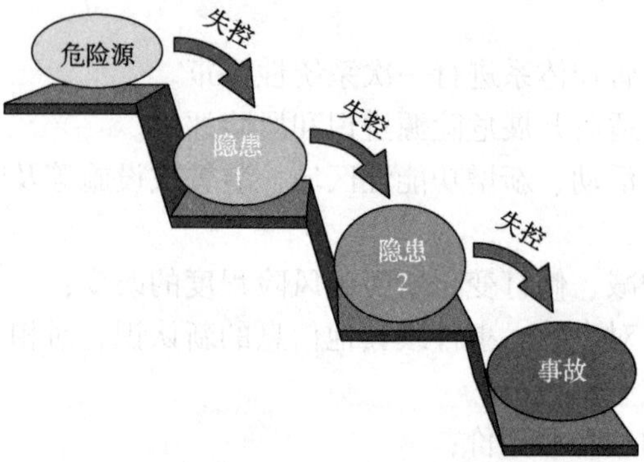

图 2-7　危险源——事故演变图

（1）龙门吊是危险源，因为它带有能量(电能)，同时它有使物体带有势能的功能。

（2）良好的设备是危险源，但没有构成隐患。

（3）但当钢丝绳出现断丝现象时，就出现了隐患，但断丝数较少时(尤其载荷小时)，虽然存在隐患，但不会发生事故。

（4）当断丝数目增加到一定的量，尤其是载荷过大时，就会产生断绳事故。

3. 风险分级管控与隐患排查治理的关系

风险分级管控体系是隐患排查治理体系的“基础”。

根据风险分级管控体系的要求，企业组织实施风险点识别、危险源辨识、风险评价和控制措施制定，确定风险点、危险源为隐患排查的对象，即“排查点”。风险点明确了排查的方向，危险源明确排查的细节。

通过隐患排查，可能发现新的风险点、危险源，进而对风险点和危险源信息进行补充和完善(图 2-8)。

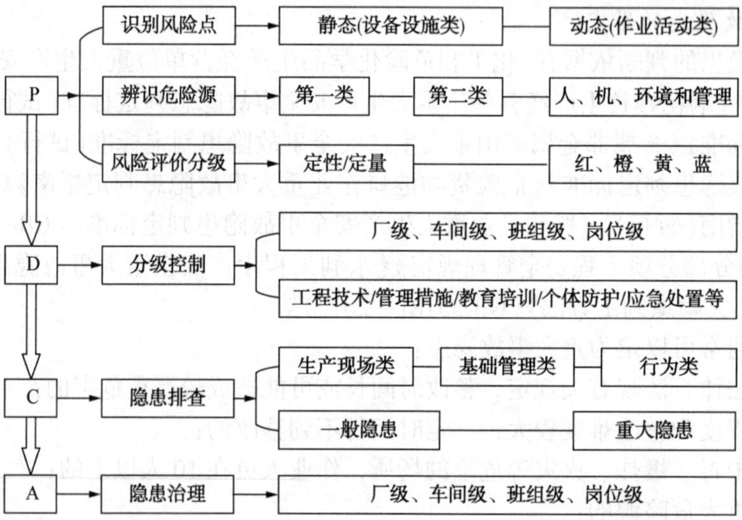

图 2-8　风险分级管控与隐患排查治理的内在联系

（二）隐患排查

1. 编制隐患排查项目清单

企业应依据确定的各类风险点的全部控制措施和基础安全管理要求，编制排查项目清单。

隐患排查项目清单包括生产现场类、基础管理类和行为类。

（1）生产现场类隐患排查项目清单

以各类风险点为基本单元，依据风险分级管控体系中各风险点的控制措施和标准、规程要求编制。

（2）基础管理类隐患排查项目清单

以各类基础管理项目为基本单元，依据有关法律、法规、技术标准、规程要求编制。

（3）行为类隐患排查项目清单

企业外部人员发现的隐患往往是事故的间接原因，更多的是发现物的不安全状态、作业环境的不安全因素。导致事故的主因是人的不安全行为，而这一点恰恰是各级监管部门监督检查过程中很难发现的。

2. 隐患排查

（1）隐患排查主体

隐患排查的主体不应该是安全生产管理人员，而应该是生产一线从业人员。企业应制定合理的政策，充分激励、调动全员的隐患排查积极性。

（2）隐患排查形式

事故隐患排查形式见本章第六节安全生产检查。

（3）隐患排查周期

根据风险点特性及危险源确定检查周期（隐患排查的实施时间间隔）。隐患排查周期可根据安全生产形势的变化、上级主管部门要求等情况增加隐患排查的频次。涉及季节性、节假日、检修、抢修、开停机等间断性出现的风险点、危险源，可针对其特点制定专项排查表。

《危险化学品企业安全风险隐患排查治理导则》对安全风险隐患排查频次要求如下：

3.2.1 开展安全风险隐患排查的频次应满足：

（1）装置操作人员现场巡检间隔不得大于2小时，涉及“两重点一重大”的生产、储存装置和部位的操作人员现场巡检间隔不得大于1小时；

（2）基层车间（装置）直接管理人员（工艺、设备技术人员）、电气、仪表人员每天至少两次对装置现场进行相关专业检查；

（3）基层车间应结合班组安全活动，至少每周组织一次安全风险隐患排查；基层单位（厂）应结合岗位责任制检查，至少每月组织一次安全风险隐患排查；

（4）企业应根据季节性特征及本单位的生产实际，每季度开展一次有针对性的季节性安全风险隐患排查；重大活动、重点时段及节假日前必须进行安全风险隐患排查；

（5）企业至少每半年组织一次，基层单位至少每季度组织一次综合性排查和专业排查，两者可结合进行；

（6）当同类企业发生安全事故时，应举一反三，及时进行事故类比安全风险隐患专项排查。

3.2.2 当发生以下情形之一时，应根据情况及时组织进行相关专业性排查：

（1）公布实施有关新法律法规、标准规范或原有适用法律法规、标准规范重新修订的；

（2）组织机构和人员发生重大调整的；

（3）装置工艺、设备、电气、仪表、公用工程或操作参数发生重大改变的；

（4）外部安全生产环境发生重大变化的；

（5）发生安全事故或对安全事故、事件有新认识的；

（6）气候条件发生大的变化或预报可能发生重大自然灾害的。

3.2.3 企业对涉及“两重点一重大”的生产、储存装置运用HAZOP方法进行安全风险辨识分析，一般每3年开展一次；对涉及“两重点一重大”和首次工业化设计的建设项目，应在基础设计阶段开展HAZOP分析工作；对其他生产、储存装置的安全风险辨识分析，针对装置不同的复杂程度，可采用本导则第2. 3所述的方法，每5年进行一次。

3. 隐患治理

隐患治理包含整改和验收两个环节。

(1)现场立即整改

有些隐患如明显的违反操作规程和劳动纪律的行为，这属于行为类隐患，排查人员一旦发现，应当要求立即整改，并如实记录，以备对此类行为统计分析，确定是否为习惯性或群体性隐患。

有些设备设施简单的不安全状态如安全装置没有启用、现场混乱等物的不安全状态等一般隐患，也可以要求现场立即整改。

(2) 限期整改

有些隐患难以做到立即整改的，但也属于一般隐患，则应限期整改。

限期整改通常由排查人员或排查主管部门对隐患所属单位(部门)发出“隐患整改通知”，内容中需要明确列出如隐患情况的排查时间和地点，隐患情况的详细描述，隐患发生原因的分析，隐患整改责任的认定，隐患整改负责人，隐患整改的方法和要求，隐患整改完毕的时间要求等。

限期整改需要全过程监督管理，除对整改结果进行“闭环”确认外，也要在整改工作实施期间进行监督，以发现和解决可能临时出现的问题，防止拖延。

(3) 重大隐患治理

重大事故隐患排查治理情况应当定期向主管的负有安全生产监督管理职责的部门报告。

针对重大隐患，需要为每个重大隐患制定专门的治理方案。由于重大隐患治理的复杂性和较长的周期性，在没有完成治理前，还要有临时性的措施和应急预案。治理完成后还有书面申请以及接受审查等工作。具体参照《安全生产事故隐患排查治理暂行规定》执行。

隐患治理的方式方法是多种多样的，需要最小代价取得最适当(不一定是最好)的结果。有时候隐患治理很难彻底消除隐患，这就必须在遵守法律法规和标准规范的前提下，将其风险降低到企业可以接受的程度。

例如，员工未正确佩戴安全帽是一个典型的低级别的隐患，其治理方式在企业中主要是排查(检查)人员对其批评，责令其马上纠正，通常是不需要制定治理方案的。但如果经过统计分析，发现这种现象普遍存在，成为一种习惯性和群体性违章，那么要将其隐患级别上升，并制定治理方案，采取多种措施和手段进行治理。

4. 事故隐患管理台账

企业应建立事故隐患排查治理制度和事故隐患管理台账。

第十三节　安全生产标准化与安全文化

一、安全生产标准化

(一) 安全生产标准化的产生背景

安全生产标准化工作自20世纪80年代首先由煤炭行业提出以来，大体可划分为行业试点、逐步规范、全面推进、全面提升四个阶段。

1. 行业试点(20 世纪 80 年代~2003 年)

20 世纪 80 年代初期，煤炭工业部于 1986 年在全国煤矿开展“质量标准化、安全创水平”活动，目的是通过质量标准化促进安全生产，认为安全与质量之间存在着相辅相成、密不可分的内在联系，讲安全必须讲质量。此后，有色、建材、电力、黄金等多个行业也相继开展了质量标准化创建活动，提高了行业安全水平。

2003 年 10 月 16 日，国家煤矿安全监察局、中国煤炭工业协会在黑龙江七台河市召开了全国煤矿安全质量标准化现场会，提出了新形势下煤矿安全质量标准化的内容，会后联合印发《关于在全国煤矿深入开展安全质量标准化活动的指导意见》(煤安监办字〔2003〕96 号)，明确提出了“煤矿安全质量标准化”这一概念，并对推进全国煤矿安全质量标准化工作作出总体部署。

2. 逐步规范(2004~2010 年)

2004 年 1 月 9 日，国务院印发了《关于进一步加强安全生产工作的决定》，提出开展安全质量标准化活动，要求“制定和颁布重点行业、领域安全生产技术规范和安全生产质量工作标准，在全国所有工矿、商贸、交通运输、建筑施工等企业普遍开展安全质量标准化活动。企业生产流程的各环节、各岗位要建立严格的安全生产质量责任制。生产经营活动和行为，必须符合安全生产有关法律法规和安全生产技术规范的要求，做到规范化和标准化。”

2004 年 5 月 11 日，原国家安监总局印发了《关于开展安全质量标准化活动的指导意见》(安监管政法字〔2004〕62 号)，对煤矿、非煤矿山、危险化学品、交通运输、建筑施工等重点行业和领域开展安全质量标准化工作提出了具体要求。

2010 年 4 月 15 日，原国家安监总局发布了《企业安全生产标准化基本规范》(AQ/T 9006—2010)。这一规范的出台，标志着我国安全生产标准化建设工作进入了一个规范发展的时期。

2010 年 7 月，国务院印发《关于进一步加强企业安全生产工作的通知》，提出要深入开展以岗位达标、专业达标和企业达标为内容的安全生产标准化建设。

3. 全面推进(2011~2016 年)

2011 年 3 月 2 日，国务院办公厅印发《关于继续深化“安全生产年”活动的通知》(国办发〔2011〕11 号)，要求有序推进企业安全标准化“达标升级”活动。

2011 年 5 月，国务院安委会印发《国务院安委会关于深入开展企业安全生产标准化建设的指导意见》(安委〔2011〕4 号)，明确要求在工矿商贸和交通运输行业(领域)深入开展安全生产标准化建设，重点突出煤矿、非煤矿山、交通运输、建筑施工、危险化学品、烟花爆竹、民用爆炸物品、冶金等行业(领域)。

2011 年 11 月，国务院印发《国务院关于坚持科学发展安全发展促进安全生产形势持续稳定好转的意见》，进一步加强了安全生产标准化工作的推进力度，明确要求推进安全生产标准化建设。

2012 年 2 月，国务院办公厅印发《国务院办公厅关于继续深入扎实开展“安全生产年”活动的通知》(国办发〔2011〕14 号)，再次对安全生产标准化工作提出要求。

2013 年 1 月，原国家安全监管总局等部门下发《关于全面推进全国工贸行业企业安全生产标准化建设的意见》(安监总管四〔2013〕8 号)，提出 2015 年底前所有工贸行业企业实现安全生产标准化达标。

2014 年 6 月，原国家安监总局印发《企业安全生产标准化评审工作管理办法(试行)》(安监总办〔2014〕49 号)，对安全生产标准化的企业自评、评审程序、监督管理等工作进行系统规范。

2014 年 8 月，《安全生产法》第四条明确要求“生产经营单位必须遵守本法和其他有关安全生产的法律、法规，加强安全生产管理，建立、健全安全生产责任制和安全生产规章制度，改善安全生产条件，推进安全生产标准化建设，提高安全生产水平，确保安全生产。”自此，安全生产标准化建设工作以法律要求形式，成为我国各行各业进行生产必须开展的一项工作。

4. 全面提升、加强阶段(2017 年~)

2017 年 4 月 1 日，新版《企业安全生产标准化基本规范》(GB/T 33000—2016)正式实施，《企业安全生产标准化基本规范》(AQ/T 9006—2010)废止。

《安全生产法》(2021 年修订)第四条关于安全生产标准化的表述变为“加强安全生产标准化、信息化建设”。

(二) GB/T 33000—2016《企业安全生产标准化基本规范》修订背景

2016 版《标准化基本规范》在总结企业安全生产标准化建设工作实践经验的基础上，突出体现三个特点：

1. 突出了企业安全管理系统化要求

新版《标准化基本规范》贯彻落实国家法律法规、标准规范的有关要求，进一步规范从业人员的作业行为，提升设备现场本质安全水平，促进风险管理和隐患排查治理工作，有效夯实企业安全基础，提升企业安全管理水平。更加注重安全管理系统的建立、有效运行并持续改进，引导企业自主进行安全管理。

2. 调整了企业安全生产标准化管理体系的核心要素

为使一级要素的逻辑结构更具系统性，新版《标准化基本规范》将原 13 个一级要素梳理为 8 个。强调了落实企业领导层责任、全员参与、构建双重预防机制等安全管理核心要素，指导企业实现安全健康管理系统化、岗位操作行为规范化、设备设施本质安全化、作业环境器具定置化，并持续改进。

3. 提出安全生产与职业健康管理并重的要求

2016 年 12 月 18 日《中共中央国务院关于推进安全生产领域改革发展的意见》中要求，企业对本单位安全生产和职业健康工作负全面责任，要严格履行安全生产法定责任，建立健全自我约束、持续改进的内生机制。建立企业全过程安全生产和职业健康管理制度，坚持管安全生产必须管职业健康。新版《标准化基本规范》将安全生产与职业健康要求一体化，强化企业职业健康主体责任的落实。同时，实行了企业安全生产标准化体系与国际通行的职业健康管理体系的对接。

(三) 企业安全生产标准化内容简介

企业安全生产标准化：企业通过落实企业安全生产主体责任，通过全员全过程参与，建立并保持安全生产管理体系，全面管控生产经营活动各环节的安全生产与职业卫生工作，实现安全健康管理系统化、岗位操作行为规范化、设备设施本质安全化、作业环境器具定置化，并持续改进。

《标准化基本规范》的一、二级要素见表 2-7。

表 2-7 《企业安全生产标准化基本规范》要素

一级要素(8 个)	二级要素(28 个)
1. 目标职责	1.1 目标
	1.2 机构和职责
	1.3 全员参与
	1.4 安全生产投入
	1.5 安全文化建设
	1.6 安全生产信息化建设
2. 制度化管理	2.1 法规标准识别
	2.2 规章制度
	2.3 操作规程
	2.4 文档管理
3. 教育培训	3.1 教育培训管理
	3.2 人员教育培训
4. 现场管理	4.1 设备设施管理
	4.2 作业安全
	4.3 职业健康
	4.4 警示标志
5. 安全风险管控及隐患排查治理	5.1 安全风险管理
	5.2 重大危险源辨识与管理
	5.3 隐患排查治理
	5.4 预测预警
6. 应急管理	6.1 应急准备
	6.2 应急处置
	6.3 应急评估
7. 事故管理	7.1 报告
	7.2 调查和处理
	7.3 管理
8. 持续改进	8.1 绩效评定
	8.2 绩效改进

二、安全文化

(一) 安全文化的起源

1986 年 4 月 26 日，切尔诺贝利核电站事故震惊全世界，采取“纵深防护”、系统本质安全程度非常高的核电站居然也会发生事故，对此国际核安全咨询组(INSAG)在 INSAG-1(后更新为 INSAG-7)报告提到“苏联核安全体制存在重大的安全文化的问题”。

随后安全文化理念的发展不再局限于核安全领域。工业安全领域在发展安全文化过程中意识到预防工业事故必须加强企业的安全文化建设。

（二）安全文化的定义

1991 年出版的(INSAG-4)报告给出了安全文化的最早定义：安全文化是存在于单位和个人中的种种素质和态度的总和。

安全文化有广义和狭义之分。广义的安全文化是指在人类生存、繁衍和发展历程中，在其从事生产、生活乃至生存实践的一切领域内，为保障人类身心安全并使其能安全、舒适、高效地从事一切活动，预防、避免、控制和消除意外事故和灾害，为建立起安全、可靠、和谐、协调的环境和匹配运行的安全体系，为使人类变得更加安全、康乐、长寿，使世界变得友爱、和平、繁荣而创造的物质财富和精神财富的总和。简单讲，安全文化是人类在生产、生活、生存活动中，为保护身心安全与健康所创造的有关物质财富和精神财富的总和。

狭义的安全文化是指企业安全文化。关于狭义的安全文化，比较全面的是英国安全健康委员会下的定义：一个单位的安全文化是个人和集体的价值观、态度、能力和行为方式的综合产物。《企业安全文化建设导则》(AQ/T 9004—2008)给出了企业安全文化的定义：被企业组织的员工群体所共享的安全价值观、态度、道德和行为规范的统一体。

企业安全文化从结构上应分为三个层面，即精神层、制度层、物质层。

精神层是指企业主要负责人和员工共同信守的安全价值观、理念和安全基本准则等，是企业安全文化的核心和灵魂，是形成企业安全文化制度层和物质层的基础。企业安全文化精神层的形成是衡量一个企业是否形成了自己的安全文化的标志。

制度层是企业安全文化的中间层，主要是指对企业组织和员工的安全行为产生规范性、约束性影响的部分，它主要规定了企业成员在共同的生产经营活动中所应遵循的安全行为准则，如全员安全生产责任制、隐患排查制度、教育培训制度和安全奖惩制度等。

物质层是企业安全文化的最表层部分，是企业创造的器物文化，是精神层(核心层)的载体，它所折射出的是企业的安全生产理念、态度、意志和作风，如安全生产设备、安全设施、仪表系统、安全警示标志和厂区环境等。

（三）安全文化的基本功能

安全文化具有规范人们行为的作用，其基本功能有：

1. 导向功能

企业安全文化提倡、崇尚什么将通过潜移默化作用，接受共同的价值观念，职工的注意力必然转向所提倡、崇尚的内容，将职工个人目标引导到企业目标上来。

2. 凝聚功能

当一种企业安全文化的价值观被该企业成员认同之后，它就会成为一种黏合剂，从各方面把其成员团结起来，形成巨大的向心力和凝聚力，这就是文化力的凝聚功能。

3. 激励功能

文化力的激励功能，指的是文化力能使企业成员从内心产生一种情绪高昂、奋发进取的效应。通过发挥人的主动性、创造性、积极性、智慧能力，使人产生激励作用。

4. 约束功能

这是指文化力对企业每个成员的思想和行为具有约束和规范作用。文化力的约束功能，与传统的管理理论单纯强调制度的硬约束不同，它虽也有成文的硬制度约束，但更强调的是不成文的软约束。安全文化主要是通过“文之教化”的作用，将人培养成具有现代社会所要求的安全情感、安全价值观和安全行为表现的人。

(四) 安全文化的作用

我国安全生产的形势始终不够稳定，突发事故不断出现，总结我国几十年安全管理的经验可以看出，传统的单纯依靠行政方法的安全管理不能适应社会主义市场经济发展的需要，营造实现生产价值与实现人的价值相统一的安全文化是企业建设现代安全管理机制的基础。

在安全生产的实践中，人们发现，对于预防事故的发生，仅有安全技术手段和安全管理手段是不够的。当前的科技手段还达不到物的本质安全化，设施设备的危险不能根本避免，因此需要用安全文化手段予以补充。安全管理虽然有一定的作用，但是安全管理的有效性依赖于对被管理者的监督和反馈。由管理者无论在何时、何事、何处都密切监督每一位职工或公民遵章守纪，就人力物力来说，几乎是一件不可能的事，这就必然带来安全管理上的疏漏。被管理者为了某些利益或好处，例如省时、省力、多挣钱等，会在缺乏管理监督的情况下，无视安全规章制度，“冒险”采取不安全行为。然而并不是每一次不安全行为都会导致事故的发生，这会进一步强化这种不安全行为，并可能“传染”给其他人。不安全行为是事故发生的重要原因，大量不安全行为的结果必然是发生事故。安全文化手段的运用，正是为了弥补安全管理手段不能彻底改变人的不安全行为的先天不足。

安全文化的作用是通过对人的观念、道德、伦理、态度、情感、品行等深层次的人文因素的强化，利用领导、教育、宣传、奖惩、创建群体氛围等手段，不断提高人的安全素质，改进其安全意识和行为，从而使人们从被动地服从安全管理制度，转变成自觉主动地按安全要求采取行动，即从“要我安全”转变成“我要安全”。

企业安全文化建设可以参考 AQ/T 9004—2008《企业安全文化建设导则》和 AQ/T 9005—2008《企业安全文化建设评价准则》。

(五) 安全生产“五要素”

安全生产“五要素”是指安全文化、安全法制、安全责任、安全科技和安全投入。

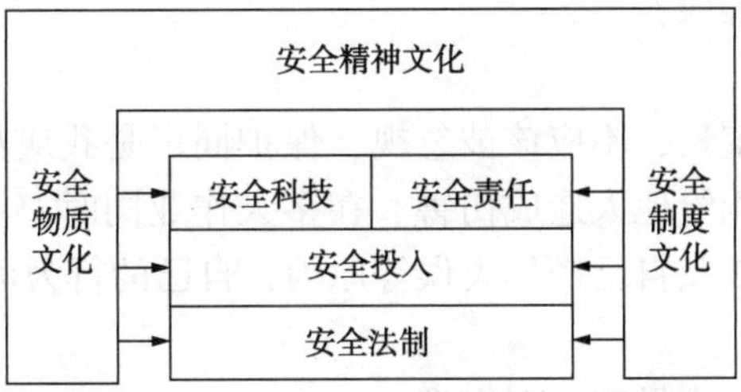

(1) 安全文化列安全生产“五要素”之首。安全意识存在于人们头脑中，支配人们行为是否安全。

(2) 安全法制，是指安全生产法律法规和安全生产执法。

(3) 安全责任，主要指搞好安全生产的责任心。主要含义有两层：企业是安全生产管理的责任主体，企业法定代表人、企业“一把手”是安全生产的第一责任人。各级政府是安全生产的监督管理主体。

(4) 安全科技，是指安全生产科学与技术。

(5) 安全投入，是指保证安全生产必需的经费。

安全生产“五要素”既相对独立，又是一个有机统一的整体，相辅相成甚至互为条件。安全文化是灵魂和统帅，是安全生产工作基础中的基础，是安全生产工作的精神指向，其他的各个要素都应该在安全文化的指导下展开。安全文化又是其他各个要素的目的和结晶，只有在其他要素健全成熟的前提下，才能培育出深入人心的“以人为本”的安全文化。安全法制是安全生产工作进入规范化和制度化的必要条件，是开展其他各项工作的保障和约束；安全责任是安全法制进一步落实的手段，是安全法律法规的具体化；安全科技是保证安全生产工作现代化的工具；安全投入为其他各个要素能够开展提供物质的保障。

（六）安全生产四不伤害

在安全生产过程中强化员工的自我保护意识，提高员工的自我保护能力是开展四不伤害活动的核心和目的，为保证个人和他人的人身安全，在生产中切实遵守四不伤害原则：不伤害自己、不伤害他人、不被他人伤害、不让他人受到伤害(或不愿他人受到伤害)。

1. 不伤害自己

就是要提高自我保护意识，不能由于自己的疏忽、失误而使自己受到伤害。它取决于自己的安全意识、安全知识、岗位技能、对工作任务的熟悉程度、工作态度、工作方法、精神状态、作业行为等多方面因素。

要做到不伤害自己，应做到以下方面：

(1) 保持正确的工作态度及良好的身体心理状态，保护自己的责任主要靠自己。

(2) 掌握所操作的设备的危险因素及控制方法，遵守安全规则，使用必要的防护用品，不违章作业。

(3) 任何活动或设备都可能存在危险性，确认无伤害威胁后再实施，三思而后行。

(4) 杜绝侥幸、自大、逞能、想当然心理，莫以患小而为之。

(5) 积极参加安全教育训练，提高识别和处理危险的能力。

(6) 虚心接受他人对自己不安全行为的纠正。

(7) 在工作前应思考下列问题：我是否了解这项工作任务，我的责任是什么？我具备完成这项工作的技能吗？这项工作有什么不安全因素，有可能出现什么差错？万一出现故障我该怎么办？我该如何防止失误？

2. 不伤害他人

他人生命与我的一样宝贵，不应该被忽视，保护同事是我应尽的义务。我不伤害他人，就是我的行为或后果，不能给他人造成伤害。在多人作业同时，由于自己不遵守操作规程，对作业现场周围观察不够以及自己操作失误等原因，自己的行为可能对现场周围的人员造成伤害。

要做到我不伤害他人，应做到以下方面：

(1) 我的活动随时会影响他人安全，尊重他人生命，不制造安全隐患。

(2) 对不熟悉的活动、设备、环境，多听、多看、多问，进行必要的沟通、协商后再做。

(3) 操作设备尤其是启动、维修、清洁、保养时，要确保他人在免受影响的区域。

(4) 我所知、所造成的危险，及时告知受影响人员，加以消除或予以标识。

(5) 对所接受到的安全规定、指令、标识，认真理解后执行。

(6) 管理者对危害行为的默许、纵容是对他人最严重的威胁，安全表率是其职责。

3. 不被他人伤害

人的生命是脆弱的，变化的环境蕴含多种可能失控的风险，我的生命安全不应该由他人来随意伤害。我不被他人伤害，即每个人都要加强自我防范意识，工作中要避免他人的错误操作或其他隐患对自己造成伤害。

要做到我不被他人伤害，应做到以下方面：

(1) 提高自我防护意识，保持警惕，及时发现并报告危险。

(2) 我的安全知识及经验与同事共享，帮助他人提高事故预防技能。

(3) 不忽视已标识的、潜在危险并远离之，除非得到充足防护及安全许可。

(4) 纠正他人可能危害自己的不安全行为，不伤害生命比不伤害情面更重要。

(5) 冷静处理所遭遇的突发事件，正确应用所学安全技能。

(6) 拒绝他人的违章指挥，即使是主管所发出的，不被伤害是我的权利。

4. 不让他人受到伤害

任何组织中的每个成员都是团队中的一分子，要担负起关心爱护他人的责任和义务，不仅自己要注意安全，还要保护团队的其他人员不受伤害，这是每个成员对集体中其他成员的承诺。

想做到不让他人受到伤害，应做到以下方面：

(1) 任何人在任何地方发现任何事故隐患都要主动告知或提示他人。

(2) 提示他人遵守各项规章制度和安全操作规程。

(3) 提出安全建议，互相交流，向他人传递有用的信息。

(4) 视安全为集体的荣誉，为团队贡献安全知识，与他人分享经验。

(5) 关注他人身体、精神状况等异常变化。

(6) 一旦发生事故，在保护自己的同时，要主动帮助身边的人摆脱困境。

思 考 题

1. 为什么安全投入也被称为安全投资？
2. 安全效益是什么？
3. 安全效益有何特点？
4. 企业主的安全投入如何体现？
5. 不重视安全的企业主有哪些表现形式？
6. 企业安全生产费用如何提取？
7. 企业安全生产费用的使用范围有哪些？
8. 工伤保险有什么作用？
9. “三同时”在安全生产中的作用是什么？
10. 简述安全设施工作的流程。
11. 简述职业病防护设施“三同时”工作的流程。
12. 安全设施如何分类？
13. 企业如何建立健全全员安全生产责任制？
14. 企业主要负责人的安全职责是什么？
15. 企业安全生产管理机构与人员有什么设置要求？
16. 企业安全生产管理应该建立哪些规章制度？
17. 如何开展企业安全生产教育培训工作？
18. 企业安全生产教育培训相关过程资料有哪些？
19. 为什么要进行四新安全教育？
20. “焊接与热切割作业”与“特种设备焊接作业”有何区别？

21. 企业安全生产检查的类型有哪些？
22. 季节性检查的安全检查内容是什么？
23. 安全生产检查的方法有哪些？
24. 高危作业安全的基本要求有哪些？
25. 辨识动火作业(有限空间作业、盲板抽堵作业、高处作业、吊装作业、动土作业、断路作业和临时用电)有哪些危险有害因素。如何预防？
26. 请列举常见的有限空间。
27. 防爆工具的防爆机理是什么？
28. 生产过程危险和有害因素如何分类？
29. 生产现场的安全警示标志和职业病危害警示标识有什么作用？
30. 简述日本5S现场管理法的内容。
31. 劳动防护用品如何分类？
32. 企业劳动防护用品管理的工作内容有哪些？
33. 简述企业劳动防护用品选用程序。
34. 企业特种设备安全管理的工作内容有哪些？
35. 如何辨识危险化学品重大危险源？
36. 如何进行重大危险源监督与管理？
37. 企业如何对相关方进行安全管理？
38. 双体系在事故预防中的作用是什么？
39. 如何开展企业安全风险分级管控？
40. 如何开展企业事故隐患排查治理？
41. 事故隐患怎样分类？
42. 企业开展双体系建设会形成哪些支撑材料？
43. 怎样才能及时、准确、深入、彻底地排查出事故隐患？你有什么好的方法、建议吗？
44.《企业安全生产标准化基本规范》规定的要素有哪些？
45. 不同规模的企业如何建立安全生产标准化体系？对此你有什么看法？
46. 怎样才能做到四不伤害？如何让他人做到四不伤害？
47. 请列出企业安全生产管理档案资料的清单。
48. 如果任命你为中国石化YT分公司总经理，会不会感到安全生产压力巨大？有没有信心和方法实现生产安全？
49. 如果任命你为某化工企业的安全总监，你将如何履职？
50. 如果任命你为某高端装备制造企业的安全科科长，你将如何履职？
51. 制约企业实现本质安全的因素有哪些？

第三章　应急管理

第一节　现代应急管理

一、应急管理的内涵

“应急管理”一词来源于英文 emergency management，是指政府、企业以及其他公共组织，为了保护公众生命财产安全，维护公共安全、环境安全和社会秩序，在突发事件事前、事中、事后所进行的预防、准备、响应、恢复等活动的总称。它有两个方面的含义：①应急管理贯穿于突发事件的事前、事中、事后的全过程。②应急管理是事前、事后的管理和事中的应急的有机统一。

突发事件，是指突然发生，造成或者可能造成严重社会危害，需要采取应急处置措施予以应对的自然灾害、事故灾难、公共卫生事件和社会安全事件。

（一）自然灾害

主要包括干旱、洪涝、台风、冰雹、沙尘暴等气象灾害，地震、山体滑坡、泥石流等地震地质灾害，风暴潮、海啸、赤潮等海洋灾害，森林草原火灾，农作物病虫害等生物灾害，共有五小类。

由于所处的自然地理环境和特有的地质构造条件，我国是世界上遭受自然灾害侵袭最为严重的国家之一。特大自然灾害经常发生，给社会生活造成了巨大的损失，对公众的生命、健康和财产安全提出了严峻的挑战。特别是在全球气候变暖的背景下，经常出现极端天气引发的自然灾害。

（二）事故灾难

主要包括铁路、公路、民航、水运等交通运输事故，工矿商贸等企业的安全生产事故，城市水、电、气、热等公共设施、设备事故，核与辐射事故，环境污染与生态破坏事故等。进入 21 世纪后，由于我国经济、社会发展所处的特定阶段，重特大生产安全事故时有发生。

（三）公共卫生事件

主要包括传染病疫情、群体性不明原因疾病、食物与职业中毒、动物疫情及其他严重影响公众健康和生命安全的事件。目前，人类消灭的传染病病毒只有天花 1 种。全球新发的 30 种传染病中有一半已经在我国发现。

（四）社会安全事件

主要包括恐怖袭击事件、经济安全事件、民族宗教事件、涉外突发事件、重大刑事案件、群体性事件等。我国正处在人民内部矛盾的凸显期、刑事犯罪的高发期和对敌斗争的复杂期。因而，绝不能对社会安全事件的防范与处置有丝毫的懈怠和麻痹，特别是要建立社会公众的利益表达机制和矛盾调处机制，标本兼治，根除社会安全事件滋生的土壤。

二、现代应急管理理论

传统的应急管理注重突发事件发生后的即时响应、指挥和控制，具有较大的被动性和局限性。从20世纪70年代后期起，更加全面、更具综合性的现代应急管理理论逐步形成，并在许多国家的实践中取得了重大成功。无论在理论上还是实践上，现代应急管理主张对突发事件实施综合性应急管理。

突发事件应急管理应强调全过程的管理。突发事件应急管理工作涵盖了突发事件发生前、中、后的各个阶段，包括为应对突发事件而采取的预先防范措施、事发时采取的应对行动、事发后采取的各种善后措施及减少损害的行为，包括预防、准备、响应和恢复等各个阶段，并充分体现“预防为主、常备不懈”的应急理念。

应急管理是一个动态的过程，包括预防、准备、响应和恢复四个阶段。尽管在实际情况中这些阶段往往是交叉的，但每一阶段都有其明确的目标，而且每一阶段又是构筑在前一阶段的基础之上，因而预防、准备、响应和恢复的相互关联，构成了突发事件应急管理的循环过程。

（一）预防

在安全生产应急管理中预防有两层含义，一是事故的预防工作，即通过安全技术和安全管理等手段，尽可能地防止事故的发生，实现本质安全；二是在假定事故必然发生的前提下，通过预先采取的预防措施，达到降低或减缓事故的影响或后果的严重程度，如工厂选址的安全规划、加大建筑物的安全距离、减少危险物品的存量、设置防护墙以及开展公众教育等。从长远看，低成本、高效率的预防措施是减少事故损失的关键。

（二）准备

应急准备是指为有效应对突发事件而事先采取的各种措施的总称，包括意识、组织、机制、预案、队伍、资源、培训、演练等各种准备。在《突发事件应对法》中专设了“预防与应急准备”一章，其中包含了应急预案体系、风险评估与防范、救援队伍、应急物资储备、应急通信保障、培训、演练、捐赠、保险、科技等内容。应急准备是应急管理工作中的一个关键环节，应急准备的目标是形成与预期风险相匹配的能力。

应急准备工作涵盖了应急管理工作的全过程。应急准备并不仅仅针对应急响应，它为预防、监测预警、应急响应和恢复等各项应急管理工作提供支撑，贯穿应急管理工作的整个过程。从应急管理的阶段看，应急准备工作体现在预防工作所需的意识准备和组织准备，监测预警工作所需的物资准备，响应工作所需的人员和装备准备，恢复工作中所需的资金准备等各阶段的准备工作；从应急准备的内容看，其组织、机制、资源等方面的准备贯穿整个应急管理过程。

（三）响应

应急响应是指在突发事件发生以后所进行的各种紧急处置和救援工作。及时响应是应急管理的又一项主要原则。

《突发事件应对法》中规定了突发事件发生以后的应急响应工作要求，第四十八条规定：“突发事件发生后，履行统一领导职责或者组织处置突发事件的人民政府应当针对其性质、特点和危害程度，立即组织有关部门，调动应急救援队伍和社会力量，依照本章的规定和有关法律、法规、规章的规定采取应急处置措施。”

《突发事件应对法》第四十九条进一步规定了事故灾难应对处置的具体要求，内容如下：

“第四十九条自然灾害、事故灾难或者公共卫生事件发生后，履行统一领导职责的人民政府可以采取下列一项或者多项应急处置措施：

（一）组织营救和救治受害人员，疏散、撤离并妥善安置受到威胁的人员以及采取其他救助措施；

（二）迅速控制危险源，标明危险区域，封锁危险场所，划定警戒区，实行交通管制以及其他控制措施；

（三）立即抢修被损坏的交通、通信、供水、排水、供电、供气、供热等公共设施，向受到危害的人员提供避难场所和生活必需品，实施医疗救护和卫生防疫以及其他保障措施；

（四）禁止或者限制使用有关设备、设施，关闭或者限制使用有关场所，中止人员密集的活动或者可能导致危害扩大的生产经营活动以及采取其他保护措施；

（五）启用本级人民政府设置的财政预备费和储备的应急救援物资，必要时调用其他急需物资、设备、设施、工具；

（六）组织公民参加应急救援和处置工作，要求具有特定专长的人员提供服务；

（七）保障食品、饮用水、燃料等基本生活必需品的供应；

（八）依法从严惩处囤积居奇、哄抬物价、制假售假等扰乱市场秩序的行为，稳定市场价格，维护市场秩序；

（九）依法从严惩处哄抢财物、干扰破坏应急处置工作等扰乱社会秩序的行为，维护社会治安；

（十）采取防止发生次生、衍生事件的必要措施。”

应急响应是应对突发事件的关键阶段、实战阶段，考验着政府和企业的应急处置能力，尤其需要解决好以下几个问题：一是要提高快速反应能力。响应速度越快，意味着越能减少损失。由于突发事件发生突然、扩散迅速，只有及时响应，控制住危险状况，防止突发事件的继续扩展，才能有效地减轻造成的各种损失。经验表明，建立统一的指挥中心或系统将有助于提高快速反应能力。二是加强协调组织能力。应对突发事件，特别是重大、特别重大突发事件，需要具有较强的组织动员能力和协调能力，使各方面的力量都参与进来，相互协作，共同应对。三是要为一线应急救援人员配备必要的防护装备，以提高危险状态下的应急处置能力，并保护好一线应急救援人员。

（四）恢复

恢复是指突发事件的威胁和危害得到控制或者消除后所采取的处置工作。恢复工作包括短期恢复和长期恢复。

从时间上看，短期恢复并非在应急响应完全结束之后才开始，恢复可能是伴随着响应活动随即展开的。很多情况下，应急响应活动开始后，短期恢复活动就立即开始了，比如一项复杂的人员营救活动中，受困人员陆续获救，从第一个受困人员获救之时起，其饮食、住宿、医疗救助等基本安全和卫生需求应当立即予以恢复，此时短期恢复工作就已经开始了，而不是等到所有受困人员全部获救之后才开始恢复工作。从以上角度看，短期恢复也可以理解为应急响应行动的延伸。

短期恢复工作包括向受灾人员提供食品、避难所、安全保障和医疗卫生等基本服务。在短期恢复工作中，应注意避免出现新的突发事件。《突发事件应对法》第五十八条规定：“突发事件的威胁和危害得到控制或者消除后，履行统一领导职责或者组织处置突发事件的人民政府应当停止执行依照本法规定采取的应急处置措施，同时采取或者继续实施必要措施，防止发生自然灾害、事故灾难、公共卫生事件的次生、衍生事件或者重新引发社会安全事件。”

长期恢复的重点是经济、社会、环境和生活的恢复，包括重建被毁的设施和房屋，重新规划和建设受影响区域等。在长期恢复工作中，应汲取突发事件应急工作的经验教训，开展进一步的突发事件预防工作和减灾行动。

恢复阶段应注意：一是要强化有关部门，如市政、民政、医疗、保险、财政等部门的介入，尽快做好灾后恢复重建；二是要进行客观的事故调查，分析总结应急处置与应急管理的经验教训，这不仅可以为今后应对类似事件奠定新的基础，而且也有助于促进制度和管理革新。

三、事故应急管理体系

根据有关应急管理体系基本框架结构理论，并针对我国目前安全生产应急管理方面存在的主要问题，通过各级政府、企业和全社会的共同努力，努力建设一个统一协调指挥、结构完整、功能齐全、反应灵敏、运转高效、资源共享、保障有力、符合国情的安全生产应急管理体系，以有效应对各类安全生产事故灾难，并为应对其他突发事件的应对提供有力的支持。按照《全国安全生产应急救援体系总体规划方案》的要求，全国安全生产应急管理体系主要由组织体系、运行机制、支持保障系统以及法律法规体系等部分构成。应急救援体系的构成如图 3-1 所示。

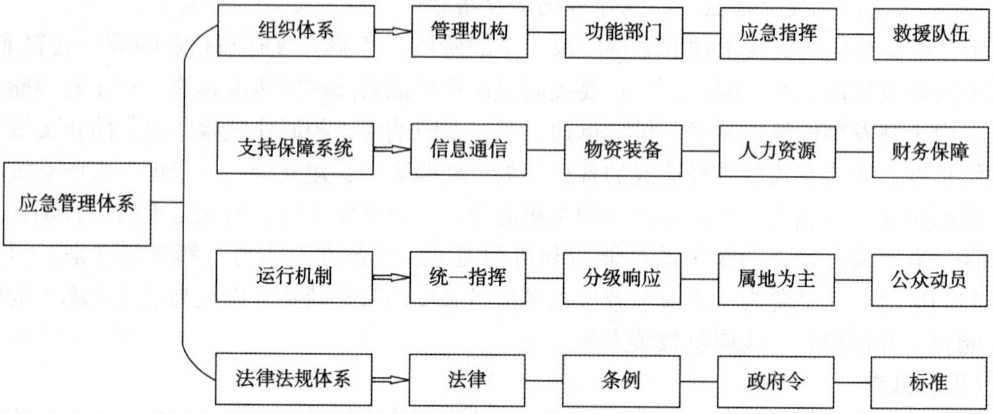

图 3-1 应急管理体系构成

（一）组织体系

组织体系是安全生产应急管理体系的基础，主要包括应急管理的领导决策层、管理与协调指挥系统以及应急救援队伍。应急管理体系组织体制建设中的管理机构是指维持应急日常管理的负责部门；功能部门包括与应急活动有关的各类组织机构，如消防、医疗机构等；应急指挥是在应急预案启动后应急救援活动的指挥系统；而救援队伍则由专业和志愿人员组成。

（二）支持保障系统

支持保障系统是安全生产应急管理体系的有机组成部分，是体系运转的物质条件和手段，主要包括通信信息系统、培训演练系统、技术支持系统、物资与装备保障系统等。

构筑集中管理的信息通信平台是应急管理体系重要的基础建设。应急信息通信系统要保证所有预警、报警、警报、报告、指挥等活动的信息交流快速、顺畅、准确，以及信息资源共享；物资与装备不但要保证有足够的资源，还要实现快速、及时供应到位；人力资源保障包括专业队伍的加强、志愿人员以及其他有关人员的培训教育；应急财务保障应建立专项应急科目，如应急基金等，以保障应急管理运行和应急反应中各项活动的开支。

同时，应急管理体系还包括与其建设相关的资金、政策支持等，以保障应急管理体系建设和体系正常运行。

（三）运行机制

运行机制是全国安全生产应急管理体系的重要保障，目标是实现统一领导、分级管理，条块结合、以块为主，分级响应、统一指挥，资源共享、协同作战，一专多能、专兼结合，防救结合、平战结合，以及动员公众参与，以切实加强安全生产应急管理体系内部的应急管理，明确和规范响应程序，保证应急管理体系运转高效、应急响应灵敏、取得良好的抢救效果。

应急救援活动一般划分为应急准备、初级反应、扩大应急和应急恢复四个阶段，应急机制与这四个阶段的应急活动密切相关。应急运行机制主要由统一指挥、分级响应、属地为主和公众动员这四个基本机制组成。

统一指挥是应急活动的基本原则之一。无论采用哪一种指挥系统，都必须实行统一指挥的模式，无论应急救援活动涉及单位的行政级别高低还是隶属关系不同，都必须在应急指挥部的统一组织协调下行动，有令则行，有禁则止，统一号令，步调一致。

分级响应是指在初级响应到扩大应急的过程中实行的分级响应的机制。扩大或提高应急级别的主要依据是事故灾难的危害程度、影响范围和控制事态能力。影响范围和控制事态能力是“升级”的最基本条件。扩大应急救援主要是提高指挥级别、扩大应急范围等。

属地为主强调“第一反应”的思想和以现场应急、现场指挥为主的原则。

公众动员机制是应急机制的基础，也是整个应急体系的基础。

（四）法律法规体系

法律法规体系是应急管理体系的法制基础和保障，也是开展各项应急活动的依据，与应急有关的法律法规主要包括由立法机关通过的法律、政府和有关部门颁布的行政法规、规章、规定以及与应急救援活动直接有关的标准或管理办法等。

四、监测预警系统

预警是指在事故发生前进行预先警告，即对将来可能发生的危险进行事先的预报，提请相关当事人注意。

（一）预警系统

预警系统主要由预警分析系统和预控对策系统两部分组成。

1. 预警分析系统

预警分析系统主要功能是预警，主要包括监测系统、预警信息系统、预警评价指标体系、预测评价系统等。监测系统是预警系统主要的硬件部分，其功能是采用各种监测手段获得有关信息和运行数据；预警信息系统负责对信息的存储、处理、识别；预警评价指标体系主要完成指标的选取、预警准则和阈值的确定；预测评价系统主要是完成评价对象的选择，根据预警准则选择预警评价方法，给出评价结果，当评价结果满足预警准则要求时，就触动报警系统，报警系统根据事先设定的报警级别发出事故报警。

2. 预控对策系统

预控对策系统根据具体警情确定控制方案，实现对事故的控制功能。

（二）预警准则与方法

预警准则是指一套判别标准或原则，用来决定在不同预警级别情况下，是否应当发出警报以及发出何种程度的警报。预警准则的设置要把握尺度，如果准则设计过松，则会出现有危险而未能发生警报，即造成漏警现象，从而削弱了预警的作用。如果预警准则设置过严，则会导致不该发警报时却发出了警报，即导致误警，会使相关人员虚惊一场，多次误警会导致相关人员对报警信号失去信任。预警准则根据不同预警方法，具有不同形式。

预警方法主要有指标预警、因素预警、综合预警三种形式，但在实际预警过程中往往出现第四种形式，即误警与漏警。

1. 指标预警

根据预警指标数值大小的变动来发出不同程度的报警。如要进行报警的指标为 X，它的安全区域为[X_a，X_b]，其初等危险区域为[X_c，X_a]和[X_b，X_d]，其高等危险区域为[X_e，X_c]和[X_d，X_f]，则预警准则如下：

当 $X_a<X<X_b$ 时，不发生报警；

当 $X_c<X\leqslant X_a$ 或 $X_b\leqslant X<X_d$ 时，发出初级报警；

当 $X_e<X\leqslant X_c$ 或 $X_d\leqslant X<X_f$ 时，发出中级报警；

当 $X<X_e$ 或 $X\geqslant X_f$ 时，发出高级报警。

以 SH/T 3007—2014《石油化工储运系统罐区设计规范》储罐液位报警为例（图 3-2）：

“5.4.1 容量大于 100m³ 的储罐应设液位连续测量远传仪表。

5.4.2 应在自动控制系统中设高、低液位报警并应符合下列规定：

a）储罐高液位报警的设定高度，不应高于储罐的设计储存高液位；

b）储罐低液位报警的设定高度，不应低于储罐的设计储存低液位。

5.4.3 储存Ⅰ级和Ⅱ级毒性液体的储罐、容量大于或等于 3000m³ 的甲 B 类和乙 A 类可燃液体储罐、容量大于或等于 10000m³ 的其他液体储罐应设高高液位报警及联锁，高高液位报警应联锁关闭储罐进口管道控制阀。

5.4.4 装置原料储罐宜设低低液位报警，低低液位报警宜联锁停泵。”

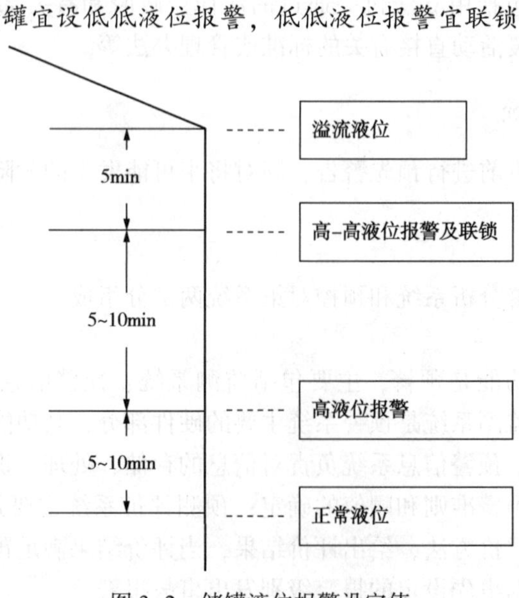

图 3-2 储罐液位报警设定值

2. 因素预警

当某些因素无法采用定量指标进行报警时，可以采用因素预警。该预警方法相对于指标预警是一种定性预警，如在安全管理中，当出现人的不安全行为、管理缺陷时，发出报警。预警准则如下：

因素 X 出现时，发出报警；因素 X 不出现时，不发出报警。这是一种非此即彼的警报方式。

当预警指标 X 属于不确定(随机)因素，则须用概率的形式进行报警。

3. 综合预警

即将上述两种结合起来，并把诸多因素综合进行考虑，得出一种综合报警模式。

4. 误警和漏警

误警有两种情况：一种是系统发出某事故警报，而该事故最终没有出现；另一种是系统发出某事故警报，该事故最终出现，其发生的级别与预报的程度相差一个等级(如发出高等级警报，而实际上为初等警报)。

误警通常指前一种情况，误警原因主要由于指标设置不当，警报准则过严(即安全区设计过窄，危险区设计过宽)，信息数据有误。

漏警是预警系统未曾发出警报而事故最终发生的现象。主要原因：一是小概率事件被排除在考虑之外，而这些小概率事件也有发生的可能；二是预警准则设计过松(即安全区设计过宽，危险区设计过窄)。

5. 预警阈值确定

预警阈值确定原则上既要防止误报又要避免漏报，若采用指标预警，一般可根据具体规程设定报警阈值，或者根据具体实际情况，确定适宜的报警阈值。

若为综合预警，一般根据经验和理论来确定预警阈值(即综合指标临界值)。如综合指标值接近或达到这个阈值时，就意味着将有事故出现，可以将此时的综合预警指标值确定为报警阈值。

6. 预警级别

对评价对象经过监测、识别、诊断、评价等活动过程后，预警系统需要对整个生产活动的安全状况做出评估，即预警级别的给出。它是预警活动的重要成果之一。预警信号一般采用国际通用的颜色表示不同的安全状况，按照事故的严重性和紧急程度，颜色依次为蓝色、黄色、橙色、红色，分别代表一般、较重、严重和特别严重四种级别(Ⅳ级、Ⅲ级、Ⅱ级、Ⅰ级)。四级预警如下：

Ⅰ级预警，表示安全状况特别严重，用红色表示；

Ⅱ级预警，表示受到事故的严重威胁，用橙色表示；

Ⅲ级预警，表示处于事故的上升阶段，用黄色表示；

Ⅳ级预警，表示生产活动由正常状态转向事故状态的初期，用蓝色表示。

五、事故应急响应

(一) 事故应急响应机制

重特大事故应急应根据事故的性质、严重程度、事态发展趋势和控制能力实行分级响应机制，对不同的响应级别，相应地明确事故的通报范围、应急中心的启动程度、应急力量的出动和设备、物资的调集规模、疏散的范围、应急总指挥的职位等。从应急处置的角度，响应级别通常可分为三级。

1. 三级响应

三级响应对应的是能被一个部门正常可利用的资源处理的紧急情况。正常可利用的资源指在该部门权力范围内通常可以利用的应急资源，包括人力和物力等。

2. 二级响应

二级响应对应的是需要两个或更多部门响应的紧急情况。该事故的救援需要有关部门的协作，并且提供人员、设备或其他资源。

3. 一级响应

一级响应对应的是必须利用所有有关部门及一切资源的紧急情况，或者需要各个部门同外部机构联合处理的各种紧急情况，通常要宣布进入紧急状态。

应急救援过程中，当事态发展超出该响应级别的应急处置能力时，应及时提高响应级别。

（二）事故应急救援的基本任务及特点

事故应急救援具有不确定性、突发性、复杂性和后果、影响易猝变、激化、放大的特点。

事故应急救援的总目标是通过有效的应急救援行动，尽可能地降低事故的后果，包括人员伤亡、财产损失和环境破坏等。事故应急救援的基本任务包括下述几个方面：

1. 抢救受害人员是应急救援的首要任务

立即组织营救受害人员，组织撤离或者采取其他措施保护危害区域内的其他人员。在应急救援行动中，快速、有序、有效地实施现场急救与安全转送伤员，是降低伤亡率、减少事故损失的关键。由于重大事故发生突然、扩散迅速、涉及范围广、危害大，应及时指导和组织群众采取各种措施进行自身防护，必要时迅速撤离出危险区或可能受到危害的区域。在撤离过程中，应积极组织群众开展自救和互救工作。

2. 及时控制住造成事故的危险源是应急救援工作的重要任务

迅速控制事态，并对事故造成的危害进行检测、监测，测定事故的危害区域、危害性质及危害程度。只有及时地控制住危险源，防止事故的继续扩展，才能及时有效地进行救援。特别对发生在城市或人口稠密地区的化学事故，应尽快组织工程抢险队与事故单位技术人员一起及时控制事故继续扩展。

3. 消除危害后果，做好现场恢复

针对事故对人体、动植物、土壤、水体、空气等造成的现实危害和可能的危害，迅速采取封闭、隔离、洗消、监测等措施，防止对人的继续危害和对环境的污染。及时清理废墟和恢复基本设施，将事故现场恢复至相对稳定的状态。

六、中国应急管理演变

我国应急管理体系的历史以2003年全民抗击非典为分界线，分为两代。

第一代应急管理体系的主要特点是分灾种管理。实际上，自1949年中华人民共和国成立至2003年非典之前，官方文献、理论研究和媒体报道都极少使用“应急管理”的概念表述。对这一时期的相关实践更准确的表述应该是“灾害管理”。从体制机制来看，分灾种管理主要有四个特征。

（1）不完整单部门负责制。例如，水利部门主要负责洪涝灾害的防范和应对，气象部门主要负责气象灾害的预报和监测，地震部门主要负责地震灾害的预报和监测，民政部门主要负责灾后的生活救助，安监部门主要负责安全生产事故的预防、救援和调查。这里所说的“不完整”，主要是指灾害管理在制度上缺乏整体设计，仅对洪水和地震的管理相对成熟。

（2）临时性指挥部机制。在国家层面，主要有三大临时性指挥部：国家防汛抗旱总指挥部、国务院抗震救灾指挥部和国家森林防火指挥部。这些指挥部的设立可以在一定程度上弥补单部门负责制的缺陷，提升防汛抗旱、抗震救灾和森林灭火中的对多部门进行协调的能力。

（3）外生性减灾机制。在联合国“国际减灾十年”活动的倡导下，中国也成立了国际减灾十年委员会，并在“国际减灾十年”活动结束之后更名为中国国际减灾委员会，2005 年更名为国家减灾委员会（简称“国家减灾委”）。可见，在 2003 年“非典”之前，中央政府已开始重视防灾减灾，然而由于地方政府缺乏内生动力，防灾减灾的效果并不理想。

（4）重大自然灾害的中央“兜底”机制。地方政府在自然灾害管理中责任模糊，相应的机构设置也不健全。一旦发生重大自然灾害，救灾主要依靠中央“兜底”，地方政府缺乏开展防灾减灾的动力。

从总体上评判，分灾种管理主要是一种事后“修补”模式，既有显著不足，也有贡献，尤其在应对 1976 年“唐山大地震”、1998 年“长江流域洪水”等重大自然灾害中发挥了作用。

第二代应急管理体系的主要特点是综合化管理。2003 年“非典”之后，中国开始建设以“一案三制”为核心的应急管理体系，统一应对包括自然灾害、事故灾难、公共卫生事件和社会安全事件在内的各类突发事件。“一案三制”具体是指应急预案、应急管理体制、应急管理机制和应急管理法制。应急预案是应急管理的重要基础，是中国应急管理体系建设的首要任务。应急管理体制是指国家建立统一领导、综合协调、分类管理、分级负责、属地管理为主的应急管理体制。应急管理机制是指突发事件全过程中各种制度化、程序化的应急管理方法与措施。应急管理法制是在深入总结群众实践经验的基础上，制订各级各类应急预案，形成应急管理体制机制，并且最终上升为一系列的法律、法规和规章，使突发事件应对工作基本上做到有章可循、有法可依。以“一案三制”为核心的应急管理体系是对第一代应急管理体系的发展，既大部分保留了分灾种管理的体制机制，又进行了适度的扩展和创新。在这一时期，“突发事件”“应急管理”等概念开始频繁见诸官方文献、理论研究和媒体报道。

综合化管理的体制机制主要有以下四个特征：

（1）相对完整的事前单部门负责制。在第一代应急管理体系的基础上，单部门负责制的适用范围扩大。除水利、气象、地震、民政、安监等部门外，卫生、公安、外交乃至人民银行等金融部门都被赋予突发事件应急管理的职责，从而形成了相对完整的分类管理体系。这里所说的“事前”，主要是指在突发事件发生之前。分类管理部门需要在突发事件发生之前做好预防和准备工作。

（2）高度统一的事后政府负责制。2007 年发布的《突发事件应对法》规定：突发事件发生之后，在中央由国务院，在地方由各级人民政府统一负责各类突发事件的应对。2008 年“汶川地震”之后，主要在市、县两级，实践中由各级党委直接统一负责各类突发事件的应急响应。因此，这里所说的“政府”是指广义的“政府”，并不仅指《突发事件应对法》作为行政法适用的各级行政部门。

（3）附属式综合协调机制。为加强突发事件应急响应中对不同职能部门的协调，通常由各级人民政府在其办公厅内设应急管理办公室（简称“应急办”）。这里所说的“附属式”主要是指应急办在行政层级上低于相关职能部门，只能依托各级人民政府办公厅的行政权威才能有效开展协调工作。因此，在实践中，应急办的主要职能是应急值守，综合协调职能发挥得并不充分。

(4) 属地化的“责任下沉”机制。突发事件按照一些主客观指标被划分为四个等级，响应主体分别对应于国务院、省(直辖市)、市(区)、县各级人民政府，国务院只需要对特别重大或需要其协调的重大突发事件做出应急响应，其他级别的突发事件则由地方政府按照“属地管理为主”的原则来进行应对。

从总体上评判，以“一案三制”为核心的应急管理体系有整体性设计，覆盖面广，虽然仍存在许多不足，但对成功应对2008年“汶川地震”、2010年“玉树地震”和“舟曲特大泥石流”、2013年“芦山地震”和2014年“鲁甸地震”等重大自然灾害功不可没。

2018年3月应急管理部成立之后，中国应急管理体系的综合化又可以细分为两个阶段：一是以“一案三制”为核心的应急管理体系；二是以应急管理部为牵头组织的应急管理体系。这两个阶段都属于综合应急管理的范畴，都是在综合性和专业性之间进行取舍和权衡。

第二节　应急预案编制

企业应当加强生产安全事故应急工作，建立、健全生产安全事故应急工作责任制，其主要负责人组织制定并实施本单位的事故应急救援预案，并对应急预案的真实性和实用性负责，主要负责人对本单位的事故应急工作全面负责，各分管负责人应当按照职责分工落实应急预案规定的职责。

一、应急预案编制要求

应急预案的编制应当遵循以人为本、依法依规、符合实际、注重实效的原则，以应急处置为核心，明确应急职责、规范应急程序、细化保障措施。

应急预案的编制应当符合下列基本要求：

(1) 有关法律、法规、规章和标准的规定；

(2) 安全生产实际情况；

(3) 危险性分析；

(4) 应急组织和人员的职责分工明确，并有具体的落实措施；

(5) 有明确、具体的应急程序和处置措施，并与其应急能力相适应；

(6) 有明确的应急保障措施，满足应急工作需要；

(7) 应急预案基本要素齐全、完整，应急预案附件提供的信息准确；

(8) 应急预案内容与相关应急预案相互衔接。

二、应急预案编制工作小组

编制应急预案应当成立编制工作小组，由本单位有关负责人任组长，吸收与应急预案有关的职能部门和单位的人员，以及有现场处置经验的人员参加。

三、事故风险辨识、评估和应急资源调查

事故风险辨识、评估，是指针对不同事故种类及特点，识别存在的危险、危害因素，分

析事故可能产生的直接后果以及次生、衍生后果，评估各种后果的危害程度和影响范围，提出防范和控制事故风险措施的过程。

应急资源调查，是指全面调查本地区、本单位第一时间可以调用的应急资源状况和合作区域内可以请求援助的应急资源状况，并结合事故风险辨识评估结论制定应急措施的过程。

四、应急预案与应急处置卡

1. 应急预案

生产经营单位应急预案分为综合应急预案、专项应急预案和现场处置方案。

(1) 综合应急预案

综合应急预案，是指生产经营单位为应对各种生产安全事故而制定的综合性工作方案，是本单位应对生产安全事故的总体工作程序、措施和应急预案体系的总纲。

生产经营单位风险种类多、可能发生多种类型事故的，应当组织编制综合应急预案。

(2) 专项应急预案

专项应急预案，是指生产经营单位为应对某一种或者多种类型生产安全事故，或者针对重要生产设施、重大危险源、重大活动防止生产安全事故而制定的专项性工作方案。

对于某一种或者多种类型的事故风险，生产经营单位可以编制相应的专项应急预案，或将专项应急预案并入综合应急预案。

(3) 现场处置方案

现场处置方案，是指生产经营单位根据不同生产安全事故类型，针对具体场所、装置或者设施所制定的应急处置措施。

对于危险性较大的场所、装置或者设施，生产经营单位应当编制现场处置方案。

事故风险单一、危险性小的生产经营单位，可以只编制现场处置方案。

2. 应急处置卡

生产经营单位应当在编制应急预案的基础上，针对工作场所、岗位的特点，编制简明、实用、有效的应急处置卡。

应急处置卡应当规定重点岗位、人员的应急处置程序和措施，以及相关联络人员和联系方式，便于从业人员携带(表 3-1)。

表 3-1　应急处置卡示例

<table>
<tr><th colspan="2">××公司电工岗位应急处置卡</th></tr>
<tr><td>事故</td><td>处置措施</td></tr>
<tr><td>触电</td><td>接触配电设备时，首先用试电笔测试设备表面是否带电，防止触电。发生触电，立即切断电源或使人体脱离带电体，进行现场急救；同时向上级汇报，送伤者就医</td></tr>
<tr><td>电灼伤</td><td>停止操作，远离带电体，断开电源，同时向上级汇报，送伤者就医</td></tr>
<tr><td>电气火灾</td><td>检查配电设备时，如果各种电器元件接触部位有氧化腐蚀现象，立即断电检查，以防烧损设备或电气火灾。发生电气火灾后，首先设法及时切断电源，然后进行扑救。如果不能及时切断电源，可用二氧化碳、干粉灭火器灭火，同时向上级汇报，拨打火警电话 119</td></tr>
<tr><td colspan="2">应急联系人：安全达人　　电话：××</td></tr>
</table>

五、应急预案的评审、公布和备案

1. 评审、论证

矿山、金属冶炼企业和易燃易爆物品、危险化学品的生产、经营(带储存设施的，下同)、储存、运输企业，以及使用危险化学品达到国家规定数量的化工企业、烟花爆竹生产、批发经营企业和中型规模以上的其他生产经营单位，应当对本单位编制的应急预案进行评审，并形成书面评审纪要。

其他生产经营单位可以根据自身需要，对本单位编制的应急预案进行论证。

[注释]

评审应结合企业实际情况，以提升应急预案的针对性、操作性为出发点，不必一一对照评审指南进行机械化打分评审。

论证无具体要求，以取得实效、提高预案质量为出发点，是否聘请专家及聘请什么专家由企业自主决定、无强制性要求(应急管理部网站对公众留言的回复)。

2. 公布

生产经营单位的应急预案经评审或者论证后，由本单位主要负责人签署，向本单位从业人员公布，并及时发放到本单位有关部门、岗位和相关应急救援队伍。

事故风险可能影响周边其他单位、人员的，生产经营单位应当将有关事故风险的性质、影响范围和应急防范措施告知周边的其他单位和人员。

3. 备案

易燃易爆物品、危险化学品等危险物品的生产、经营、储存、运输单位，矿山、金属冶炼、城市轨道交通运营、建筑施工单位，以及宾馆、商场、娱乐场所、旅游景区等人员密集场所经营单位，应当在应急预案公布之日起 20 个工作日内，按照分级属地原则，向县级以上人民政府应急管理部门和其他负有安全生产监督管理职责的部门进行备案，并依法向社会公布。

六、应急预案的实施

1. 培训

生产经营单位应当组织开展本单位的应急预案、应急知识、自救互救和避险逃生技能的培训活动，使有关人员了解应急预案内容，熟悉应急职责、应急处置程序和措施。

应急培训的时间、地点、内容、师资、参加人员和考核结果等情况应当如实记入本单位的安全生产教育和培训档案。

2. 演练与评估

生产经营单位应当制定本单位的应急预案演练计划，根据本单位的事故风险特点，每年至少组织一次综合应急预案演练或者专项应急预案演练，每半年至少组织一次现场处置方案演练。

易燃易爆物品、危险化学品等危险物品的生产、经营、储存、运输单位，矿山、金属冶炼、城市轨道交通运营、建筑施工单位，以及宾馆、商场、娱乐场所、旅游景区等人员密集场所经营单位，应当至少每半年组织一次生产安全事故应急预案演练，并将演练情况报送所在地县级以上地方人民政府负有安全生产监督管理职责的部门。

应急预案演练结束后，应急预案演练组织单位应当对应急预案演练效果进行评估，撰写应急预案演练评估报告，分析存在的问题，并对应急预案提出修订意见。

县级以上地方人民政府负有安全生产监督管理职责的部门，应当对本行政区域内前款规定的重点生产经营单位的生产安全事故应急救援预案演练进行抽查；发现演练不符合要求的，应当责令限期改正。

七、应急预案定期评估

应急预案编制单位应当建立应急预案定期评估制度，对预案内容的针对性和实用性进行分析，并对应急预案是否需要修订作出结论。

矿山、金属冶炼、建筑施工企业和易燃易爆物品、危险化学品等危险物品的生产、经营、储存、运输企业、使用危险化学品达到国家规定数量的化工企业、烟花爆竹生产、批发经营企业和中型规模以上的其他生产经营单位，应当每三年进行一次应急预案评估。

有下列情形之一的，应急预案应当及时修订并归档：

① 依据的法律、法规、规章、标准及上位预案中的有关规定发生重大变化的；

② 应急指挥机构及其职责发生调整的；

③ 安全生产面临的风险发生重大变化的；

④ 重要应急资源发生重大变化的；

⑤ 在应急演练和事故应急救援中发现需要修订预案的重大问题的；

⑥ 编制单位认为应当修订的其他情况。

应急预案修订涉及组织指挥体系与职责、应急处置程序、主要处置措施、应急响应分级等内容变更的，修订工作应当参照本办法规定的应急预案编制程序进行，并按照有关应急预案报备程序重新备案。

八、应急人员与装备保障

1. 应急值班制度

下列单位应当建立应急值班制度，配备应急值班人员：

① 县级以上人民政府及其负有安全生产监督管理职责的部门；

② 危险物品的生产、经营、储存、运输单位以及矿山、金属冶炼、城市轨道交通运营、建筑施工单位；

③ 应急救援队伍。

2. 应急救援队伍、应急处置技术组

易燃易爆物品、危险化学品等危险物品的生产、经营、储存、运输单位，矿山、金属冶炼、城市轨道交通运营、建筑施工单位，以及宾馆、商场、娱乐场所、旅游景区等人员密集场所经营单位，应当建立应急救援队伍；其中，小型企业或者微型企业等规模较小的生产经营单位，可以不建立应急救援队伍，但应当指定兼职的应急救援人员，并且可以与邻近的应急救援队伍签订应急救援协议。

工业园区、开发区等产业聚集区域内的生产经营单位，可以联合建立应急救援队伍。

应急救援队伍的应急救援人员应当具备必要的专业知识、技能、身体素质和心理素质。

应急救援队伍建立单位或者兼职应急救援人员所在单位应当按照国家有关规定对应急救援人员进行培训；应急救援人员经培训合格后，方可参加应急救援工作。

规模较大、危险性较高的易燃易爆物品、危险化学品等危险物品的生产、经营、储存、运输单位应当成立应急处置技术组，实行24h应急值班。

3. 应急物资及装备

生产经营单位应当按照应急预案的规定，落实应急物资及装备，建立应急物资、装备配备及其使用档案，并对应急物资、装备进行定期检测和维护，使其处于适用状态(表 3-2)。

表 3-2　常用应急物资及装备

设备及物资	名称
通信	对讲机、手机、专用报警电话、传真机等
交通	汽车、面包车、材料运输车等
个体防护	安全帽、安全带、安全绳、救生衣、防毒面具、呼吸器、应急灯、雨衣、雨鞋、化学防护服等
人员搜救	生命探测仪、红外夜视仪、二节(三节)拉梯、救生软梯、救援三脚架、缓降器、坑道小型空气输送机等
医疗急救	洗眼器、自动体外除颤器(AED)、血压计、体温计、听诊器、止血带、消毒棉纱、绷带、担架、创可贴、烫伤膏、酒精、碘伏、消毒液、急救药品、急救箱等
破拆工具	毁锁器、防盗门破拆工具组，手持式钢筋速断器，无齿锯、机动切割锯、岩芯切割机、耐火砖切割机、气割机等
通用设备	发电机、挖掘机、架管等
消防器材	消防战斗服，烟雾视像仪，红外线测温仪，消防斧，消防沙，灭火毯，灭火器(干粉灭火器、二氧化碳灭火器、家用灭火器、车用灭火器、森林灭火器、不锈钢灭火器、水系灭火器、悬挂灭火器、枪式灭火器、灭火器箱、灭火器挂架等)，消防车等
触电事故	1. 基本绝缘安全用具： 高压设备：绝缘棒、绝缘夹钳和高压试电笔等。 低压设备：绝缘手套、装有绝缘柄的工具和低压试电笔等。 2. 辅助绝缘安全用具： 高压设备：绝缘手套、绝缘靴、绝缘垫及绝缘站台等。 低压设备：绝缘台、绝缘垫及绝缘鞋(靴)等
起重机事故	救援服务车、汽车起重机、液压升降平台、叉车、液压扩张器、千斤顶、手拉葫芦等
化学品事故	堵漏工具，洗消剂，防爆输转泵、卸酸泵(卸碱泵)及软管，槽(罐)车等
防汛抗旱	吊车、挖掘机、装载机、推土机、货运车、独轮车等； 排水泵、柴油发电机、电缆等； 抛石机、植桩机、救生抛投器、救生圈、救生艇、驳船等； 编织袋、砂、石子、乱石、铁丝、电工钳、方木、水泥、铁锹、镐等； 送水车、车载流动泵、潜水泵、离心泵、水带、抗旱喷灌设备等

灭火器的检查和维护：

① 为了保障在建筑灭火器配置场所内持续保有一定的扑救初起火灾的安全防护能力，即在每个灭火器配置单元中，不能因为灭火器的送出维修而影响灭火器的整体灭火能力，《建筑灭火器配置验收及检查规范》规定：每次送去维修的灭火器数量不得超过该单元配置灭火器总数量的 1/4。超出时，应当选择类型规格和操作方法均相同的备用灭火器来替代，替代灭火器的灭火级别不能小于原配置灭火器的灭火级别。检查或维修后的灭火器均应按原设置点位置摆放。

② 灭火器的配置、外观等应每月检查一次。候车(机、船)室、歌舞娱乐放映游艺等人员密集的公共场所以及堆场、罐区、石油化工装置区、加油站、锅炉房、地下室等场所，所配置的灭火器应每半月检查一次。灭火器的检查记录应予保留(表 3-3)。

表 3-3　建筑灭火器检查内容、要求及记录表

序号	检查内容和要求	检查记录	检查结论
1	灭火器是否放置在配置图表规定的设置点位置		
2	灭火器的落地、托架、挂钩等设置方式是否符合配置设计要求。手提式灭火器的挂钩、托架安装后是否能承受一定的静载荷，并不出现松动、脱落、断裂和明显变形		
3	灭火器的铭牌是否朝外，并且器头宜向上		
4	灭火器的类型、规格、灭火级别和配置数量是否符合配置设计要求		
5	灭火器配置场所的使用性质，包括可燃物的种类和物态等是否发生变化		
6	灭火器是否达到送修条件和维修期限		
7	灭火器是否达到报废条件和报废期限		
8	室外灭火器是否有防雨、防晒等保护措施		
9	灭火器周围是否存在有障碍物、遮挡、栓系等影响取用的现象		
10	灭火器箱是否上锁，箱内是否干燥、清洁		
11	特殊场所中灭火器的保护措施是否完好		
12	灭火器的铭牌是否无残缺，并清晰明了		
13	灭火器铭牌上关于灭火剂、驱动气体的种类、充装压力、总质量、灭火级别、制造厂名和生产日期或维修日期等标志及操作说明是否齐全		
14	火火器的铅封、销闩等保险装置是否未损坏或遗失		
15	灭火器的筒体是否无明显的损伤(磕伤、划伤)、缺陷、锈蚀(特别是筒底和焊缝)、泄漏		
16	灭火器喷射软管是否完好、无明显龟裂、喷嘴不堵塞		
17	灭火器的驱动气体压力是否在工作压力范围内(储存式灭火器查看压力指示器是否指示在绿色范围内，二氧化碳灭火器和储气瓶式灭火器可用称重法检查)		
18	灭火器的零部件是否齐全，并且无松动、脱落或损伤现象		
19	灭火器是否未开启、喷射过		

③ 灭火器维修、报废期限

<table>
<tr><th colspan="2">灭火器类型</th><th>维修期限</th><th>报废年限</th></tr>
<tr><td rowspan="2">水基型灭火器</td><td>手提式水基型灭火器</td><td rowspan="2">出厂期满 3 年；
首次维修以后每满 1 年</td><td rowspan="2">6 年</td></tr>
<tr><td>推车式水基型灭火器</td></tr>
<tr><td rowspan="4">干粉灭火器</td><td>手提式(储压式)干粉灭火器</td><td rowspan="8">出厂期满 5 年；
首次维修以后每满 2 年</td><td rowspan="6">10 年</td></tr>
<tr><td>手提式(储气瓶式)干粉灭火器</td></tr>
<tr><td>推车式(储压式)干粉灭火器</td></tr>
<tr><td>推车式(储气瓶式)干粉灭火器</td></tr>
<tr><td rowspan="2">洁净气体灭火器</td><td>手提式洁净气体灭火器</td></tr>
<tr><td>推车式洁净气体灭火器</td></tr>
<tr><td rowspan="2">二氧化碳灭火器</td><td>手提式二氧化碳灭火器</td><td rowspan="2">12 年</td></tr>
<tr><td>推车式二氧化碳灭火器</td></tr>
</table>

九、应急预案启动

1. 应急预案启动

发生生产安全事故后，生产经营单位应当立即启动生产安全事故应急救援预案，采取下列一项或者多项应急救援措施，并按照国家有关规定报告事故情况：

① 迅速控制危险源，组织抢救遇险人员；

② 根据事故危害程度，组织现场人员撤离或者采取可能的应急措施后撤离；

③ 及时通知可能受到事故影响的单位和人员；

④ 采取必要措施，防止事故危害扩大和次生、衍生灾害发生；

⑤ 根据需要请求邻近的应急救援队伍参加救援，并向参加救援的应急救援队伍提供相关技术资料、信息和处置方法；

⑥ 维护事故现场秩序，保护事故现场和相关证据；

⑦ 法律、法规规定的其他应急救援措施。

2. 应急救援现场指挥部

发生生产安全事故后，有关人民政府认为有必要的，可以设立由本级人民政府及其有关部门负责人、应急救援专家、应急救援队伍负责人、事故发生单位负责人等人员组成的应急救援现场指挥部，并指定现场指挥部总指挥。

现场指挥部实行总指挥负责制，按照本级人民政府的授权组织制定并实施生产安全事故现场应急救援方案，协调、指挥有关单位和个人参加现场应急救援。

参加生产安全事故现场应急救援的单位和个人应当服从现场指挥部的统一指挥。

现场指挥部或者统一指挥生产安全事故应急救援的人民政府及其有关部门应当完整、准确地记录应急救援的重要事项，妥善保存相关原始资料和证据。

3. 应急救援费用

应急救援队伍接到有关人民政府及其部门的救援命令或者签有应急救援协议的生产经营单位的救援请求后，应当立即参加生产安全事故应急救援。

应急救援队伍根据救援命令参加生产安全事故应急救援所耗费用，由事故责任单位承担；事故责任单位无力承担的，由有关人民政府协调解决。

4. 应急救援工作评估

生产安全事故调查组应当对应急救援工作进行评估，并在事故调查报告中作出评估结论。

十、生产安全事故应急相关法规标准

(1)《生产安全事故应急条例》(2019)

(2)《生产安全事故应急预案管理办法》(2019 修订)

(3)《生产经营单位生产安全事故应急预案编制导则》(GB/T 29639—2020)

(4)《生产经营单位生产安全事故应急预案评估指南》(AQ/T 9011—2019)

(5)《生产安全事故应急演练基本规范》(AQ/T 9007—2019)

(6)《生产安全事故应急演练评估规范》(AQ/T 9009—2015)

(7)《安全生产应急管理人员培训及考核规范》(AQ/T 9008—2012)

(8)《生产安全事故应急处置评估暂行办法》(2014)

(9)《危险化学品事故应急救援指挥导则》(AQ/T 3052—2015)

(10)《危险化学品单位应急救援物资配备要求》(GB 30077—2013)

(11)《危险化学品企业生产安全事故应急准备指南(2019版)》

第三节　应急预案

生产经营单位应急预案应当包括向上级应急管理机构报告的内容、应急组织机构和人员的联系方式、应急物资储备清单等附件信息。附件信息发生变化时，应当及时更新，确保准确有效。

一、综合应急预案主要内容

(一) 总则

适用范围：说明应急预案适用的范围。

响应分级：依据事故危害程度、影响范围和生产经营单位控制事态的能力，对事故应急响应进行分级，明确分级响应的基本原则。响应分级不可照搬事故分级。

(二) 应急组织机构及职责

明确应急组织形式(可用图示)及构成单位(部门)的应急处置职责。应急组织机构可设置相应的工作小组。各小组具体构成、职责分工及行动任务以工作方案的形式作为附件。

(三) 应急响应

1. 信息报告

(1) 信息接报：

明确应急值守电话、事故信息接收、内部通报程序、方式和责任人，向五级主管部门、上级单位报告事故信息的流程、内容、时限和责任人，以及向本单位以外的有关部门或单位通报事故信息的方法、程序和责任人。

(2) 信息处置与研判：

明确响应启动的程序和方式。根据事故性质、严重程度、影响范围和可控性，结合响应分级明确的条件，可由应急领导小组作出响应启动的决策并宣布，或者依据事故信息是否达到响应启动的条件自动启动。

若未达到响应启动条件，应急领导小组可做出预警启动的决策，做好响应准备，实时跟踪事态发展。

响应启动后，应注意跟踪事态发展，科学分析处置需求，及时调整响应级别，避免响应不足或过度响应。

2. 预警

(1) 预警启动：明确预警信息发布渠道、方式和内容。

(2) 响应准备：明确做出预警启动后应开展的响应准备工作，包括队伍、物资、装备、后勤及通信。

(3) 预警解除：明确预警解除的基本条件、要求及责任人。

3. 响应启动

确定响应级别，明确响应启动后的程序性工作，包括应急会议召开、信息上报、资源协调、信息公开、后勤及财力保障工作。

4. 应急处置

明确事故现场的警戒疏散、人员搜救、医疗救治、现场监测、技术支持、工程抢险及环境保护方面的应急处置措施，并明确人员防护的要求。

5. 应急支援

明确当事态无法控制情况下，向外部(救援)力量请求支援的程序及要求、联动程序及要求，以及外部(救援)力量到达后的指挥关系。

6. 响应终止

明确响应终止的基本条件、要求和责任人。

(四) 后期处置

明确污染物处理、生产秩序恢复、人员安置方面的内容。

(五) 应急保障

1. 通信与信息保障

明确应急保障的相关单位及人员通信联系方式和方法，以及备用方案和保障责任人。

2. 应急队伍保障

明确相关的应急人力资源，包括专家、专兼职应急救援队伍及协议应急救援队伍。

3. 物资装备保障

明确本单位的应急物资和装备的类型、数量，性能、存放位置、运输及使用条件、更新及补充时限、管理责任人及其联系方式，并建立台账。

4. 其他保障

根据应急工作需求而确定的其他相关保障措施(如：能源保障、经费保障、交通运输保障、治安保障、技术保障、医疗保障及后勤保障)。

应急保障的相关内容，尽可能在应急预案的附件中体现。

二、专项应急预案主要内容

(一) 适用范围

说明专项应急预案适用的范围，以及与综合应急预案的关系。

(二) 应急组织机构及职责

明确应急组织形式(可用图示)及构成单位(部门)的应急处置职责。应急组织机构以及各成员单位或人员的具体职责。应急组织机构可以设置相应的应急工作小组，各小组具体构成、职责分工及行动任务建议以工作方案的形式作为附件。

(三) 响应启动

明确响应启动后的程序性工作，包括应急会议召开、信息上报、资源协调、信息公开、后勤及财力保障工作。

(四) 处置措施

针对可能发生的事故风险、危害程度和影响范围，明确应急处置指导原则，制定相应的应急处置措施。

(五) 应急保障

根据应急工作需求明确保障的内容。

三、现场处置方案主要内容

（一）事故风险描述

简述事故风险评估的结果（可用列表的形式附在附件中）。

（二）应急工作职责

明确应急组织分工和职责。

（三）应急处置

主要包括以下内容：

（1）应急处置程序。根据可能发生的事故及现场情况，明确事故报警、各项应急措施启动、应急救护人员的引导、事故扩大及同生产经营单位应急预案的衔接程序。

（2）现场应急处置措施。针对可能发生的事故从人员救护、工艺操作、事故控制、消防、现场恢复等方面制定明确的应急处置措施

（3）明确报警负责人以及报警电话及上级管理部门、相关应急救援单位联络方式和联系人员，事故报告基本要求和内容。

（四）注意事项

包括人员防护和自救互救、装备使用、现场安全方面的内容。

（五）现场处置方案的编制方法

公众留言：现场处置方案，是指生产经营单位根据不同生产安全事故类型，针对具体场所、装置或者设施所制定的应急处置措施。那么我在编写现场处置方案时，是以事故类型编制，还是以场所、装置或者设施编制？例如某机加工岗位存在触电、机械伤害等事故类型，在编写现场处置方案的时候，是分别编写触电事故现场处置方案、机械伤害事故现场处置方案；还是直接编写机加工岗位现场处置方案，在方案中明确触电、机械伤害的处置措施？

应急管理部：都可以，以有用、管用、好用为出发点，怎样做实用怎么做，不必机械僵化，结合企业实际灵活制订针对性、操作性强的现场处置方案。

四、应急预案附件内容

（一）生产经营单位概况

简要描述本单位地址、从业人数、隶属关系、主要原材料、主要产品、产量，以及重点岗位、重点区域、周边重大危险源、重要设施、目标、场所和周边布局情况。

（二）风险评估的结果

简述本单位风险评估的结果。

（三）预案体系与衔接

简述本单位应急预案体系构成和分级情况，明确与地方政府及其有关部门、其他相关单位应急预案的衔接关系（可用图示）。

（四）应急物资装备的名录或清单

列出应急预案涉及的主要物资和装备名称、型号、性能、数量、存放地点、运输和使用条件、管理责任人和联系电话等。

（五）有关应急部门、机构或人员的联系方式

列出应急工作中需要联系的部门、机构或人员及其多种联系方式。

（六）格式化文本

列出信息接报、预案启动、信息发布等格式化文本。

（七）关键的路线、标识和图纸

包括但不限于：

（1）警报系统分布及覆盖范围；

（2）重要防护目标、风险清单及分布图；

（3）应急指挥部（现场指挥部）位置及救援队伍行动路线；

（4）疏散路线、集结点、警戒范围、重要地点的标识；

（5）相关平面布置、应急资源分布的图纸；

（6）生产经营单位的地理位置图、周边关系图、附近交通图；

（7）事故风险可能导致的影响范围图；

（8）附近医院地理位置图及路线图。

（八）有关协议或者备忘录

列出与相关应急救援部门签订的应急救援协议或备忘录。

五、应急预案附录内容

（一）生产安全事故风险评估报告

1. 危险有害因素辨识

描述生产经营单位危险有害因素辨识的情况（可用列表形式表述）。

2. 事故风险分析

描述生产经营单位事故风险的类型事故发生的可能性、危害后果和影响范围（可用列表形式表述）。

3. 事故风险评价

描述生产经营单位事故风险的类别及风险等级（可用列表形式表述）。

4. 结论建议

得出生产经营单位应急预案体系建设的计划建议。

（二）生产安全事故应急资源调查报告

1. 单位内部应急资源

按照应急资源的分类，分别描述相关应急资源的基本现状、功能完善程度、受可能发生的事故的影响程度（可用列表形式表述）。

2. 单位外部应急资源

描述本单位能够调查或掌握可用于参与事故处置的外部应急资源情况（可用列表形式表述）。

3. 应急资源差距分析

依据风险评估结果得出本单位的应急资源需求，与本单位现有内外部应急资源对比，提出本单位内外部应急资源补充建议。

第四节　应急预案演练

应急演练是指针对可能发生的事故情景，依据应急预案而模拟开展的应急活动。

一、应急演练分类

应急演练按照演练内容分为综合演练和单项演练，按照演练形式分为实战演练和桌面演练，按目的与作用分为检验性演练、示范性演练和研究性演练，不同类型的演练可相互组合。

1. 综合演练

针对应急预案中多项或全部应急响应功能开展的演练活动。

2. 单项演练

针对应急预案中某一项应急响应功能开展的演练活动。

3. 桌面演练

针对事故情景，利用图纸、沙盘、流程图、计算机模拟、视频会议等辅助手段，进行交互式讨论和推演的应急演练活动。

4. 实战演练

针对事故情景，选择(或模拟)生产经营活动中的设备、设施、装置或场所，利用各类应急器材、装备、物资，通过决策行动、实际操作，完成真实应急响应的过程。

5. 检验性演练

为检验应急预案的可行性、应急准备的充分性、应急机制的协调性及相关人员的应急处置能力而组织的演练。

6. 示范性演练

为检验和展示综合应急救援能力，按照应急预案开展的具有较强指导宣教意义的规范性演练。

7. 研究性演练

为探讨和解决事故应急处置的重点、难点问题，试验新方案、新技术、新装备而组织的演练。

二、目的、原则与流程

(一) 应急演练目的

1. 检验预案

发现应急预案中存在的问题，提高应急预案的针对性、实用性和可操作性；

2. 完善准备

完善应急管理标准制度改进应急处置技术，补充应急装备和物资，提高应急能力；

3. 磨合机制

完善应急管理部门、相关单位和人员的工作职责，提高协调配合能力；

4. 宣传教育

普及应急管理知识提高参演和观摩人员风险防范意识和自救互救能力；

5. 锻炼队伍

熟悉应急预案，提高应急人员在紧急情况下妥善处置事故的能力。

(二) 应急演练工作原则

(1) 符合相关规定：按照国家相关法律法规、标准及有关规定组织开展演练；

(2)依据预案演练：结合生产面临的风险及事故特点，依据应急预案组织开展演练；

(3) 注重能力提高：突出以提高指挥协调能力、应急处置能力和应急准备能力组织开展演练；

（4）确保安全有序：在保证参演人员、设备设施及演练场所安全的条件下组织开展演练。

（三）应急演练基本流程

应急演练实施基本流程包括计划、准备、实施、评估总结、持续改进五个阶段。

三、应急演练计划

1. 需求分析

全面分析和评估应急预案、应急职责、应急处置工作流程和指挥调度程序、应急技能和应急装备、物资的实际情况，提出需通过应急演练解决的内容，有针对性地确定应急演练目标，提出应急演练的初步内容和主要科目。

2. 明确任务

确定应急演练的事故情景类型、等级、发生地域，演练方式，参演单位，应急演练各阶段主要任务，应急演练实施的拟定日期。

3. 制订计划

根据需求分析及任务安排，组织人员编制演练计划文本。

四、应急演练准备

（一）成立演练组织机构

综合演练通常应成立演练领导小组，负责演练活动筹备和实施过程中的组织领导工作，审定演练工作方案、演练工作经费、演练评估总结以及其他需要决定的重要事项。演练领导小组下设策划与导调组、宣传组、保障组、评估组。根据演练规模大小，其组织机构可进行调整。

（1）策划与导调组：负责编制演练工作方案、演练脚本、演练安全保障方案，负责演练活动筹备、事故场景布置、演练进程控制和参演人员调度以及与相关单位、工作组的联络和协调；

（2）宣传组：负责编制演练宣传方案，整理演练信息、组织新闻媒体和开展新闻发布；

（3）保障组：负责演练的物资装备、场地、经费、安全保卫及后勤保障；

（4）评估组：负责对演练准备、组织与实施进行全过程、全方位的跟踪评估；演练结束后及时向演练单位或演练领导小组及其他相关专业组提出评估意见、建议，并撰写演练评估报告。

（二）编制文件

1. 工作方案

演练工作方案内容包括：目的及要求；事故情景；参与人员及范围；时间与地点；主要任务及职责；筹备工作内容；主要工作步骤；技术支撑及保障条件；评估与总结。

2. 脚本

演练一般按照应急预案进行，按照应急预案进行时，根据工作方案中设定的事故情景和应急预案中规定的程序开展演练工作。演练单位根据需要确定是否编制脚本。

如需要编制脚本，一般采用表格形式。脚本主要内容为：模拟事故情景；处置行动与执行人员；指令与对白、步骤及时间安排；视频背景与字幕；演练解说词；其他。

3. 保障方案

演练保障方案应包括应急演练可能发生的意外情况、应急处置措施及责任部门、应急演练意外情况中止条件与程序。

4. 评估方案

演练评估方案内容：

（1）演练信息：目的和目标情景描述，应急行动与应对措施简介；

（2）评估内容：各种准备、组织与实施、效果；

（3）评估标准：各环节应达到的目标评判标准；

（4）评估程序：主要步骤及任务分工；

（5）附件：所需要用到的相关表格。

5. 观摩手册

根据演练规模和观摩需要，可编制演练观摩手册。演练观摩手册通常包括应急演练时间、地点、情景描述、主要环节及演练内容、安全注意事项。

6. 宣传方案

编制演练宣传方案，明确宣传目标、宣传方式、传播途径、主要任务及分工、技术支持。

（三）工作保障

根据演练工作需要，做好演练的组织与实施需要相关保障条件。保障条件主要内容：

1. 人员保障

按照演练方案和有关要求，确定演练总指挥、策划导调、宣传、保障、评估、参演人员参加演练活动，必要时设置替补人员。

2. 经费保障

明确演练工作经费及承担单位。

3. 物资和器材保障

明确各参演单位所准备的演练物资和器材。

4. 场地保障

根据演练方式和内容，选择合适的演练场地；演练场地应满足演练活动需要，应尽量避免影响企业和公众正常生产、生活。

5. 安全保障

采取必要安全防护措施，确保参演、观摩人员以及生产运行系统安全。

6. 通信保障

采用多种公用或专用通信系统，保证演练通信信息通畅。

7. 其他保障

提供其他保障措施。

五、应急演练实施

1. 现场检查

确认演练所需的工具、设备、设施、技术资料以及参演人员到位。对应急演练安全设备、设施进行检查确认，确保安全保障方案可行，所有设备、设施完好，电力、通信系统正常。

2. 演练简介

应急演练正式开始前，应对参演人员进行情况说明，使其了解应急演练规则、场景及主要内容、岗位职责和注意事项。

对事故情景信息的介绍与演练的目的有关，检验性演练不宜告知过于详细，以贴近实战状况。

3. 启动

应急演练总指挥宣布开始应急演练，参演单位及人员按照设定的事故情景，参与应急响应行动，直至完成全部演练工作。演练总指挥可根据演练现场情况，决定是否继续或中止演练活动。

4. 执行

(1) 桌面演练执行

在桌面演练过程中，演练执行人员按照应急预案或应急演练方案发出信息指令后，参演单位和人员依据接收到的信息，回答问题或模拟推演的形式，完成应急处置活动。通常按照四个环节循环往复进行：

① 注入信息

执行人员通过多媒体文件、沙盘、消息单等多种形式向参演单位和人员展示应急演练场景，展现生产安全事故发生发展情况；

② 提出问题

在每个演练场景中，由执行人员在场景展现完毕后根据应急演练方案提出一个或多个问题，或者在场景展现过程中自动呈现应急处置任务，供应急演练参与人员根据各自角色和职责分工展开讨论；

③ 分析决策

根据执行人员提出的问题或所展现的应急决策处置任务及场景信息，参演单位和人员分组开展思考讨论，形成处置决策意见；

④ 表达结果

在组内讨论结束后，各组代表按要求提交或口头阐述本组的分析决策结果，或者通过模拟操作与动作展示应急处置活动。

各组决策结果表达结束后，导调人员可对演练情况进行简要讲解，接着注入新的信息。

(2) 实战演练执行

按照应急演练工作方案，开始应急演练，有序推进各个场景，开展现场点评，完成各项应急演练活动，妥善处理各类突发情况，宣布结束与意外终止应急演练。实战演练执行主要按照以下步骤进行：

① 演练策划与导调组对应急演练实施全过程的指挥控制；

② 演练策划与导调组按照应急演练工作方案(脚本)向参演单位和人员发出信息指令，传递相关信息，控制演练进程；信息指令可由人工传递，也可以用对讲机、电话、手机、传真机、网络方式传送，或者通过特定声音、标志与视频呈现；

③ 演练策划与导调组按照应急演练工作方案规定程序，熟练发布控制信息，调度参演单位和人员完成各项应急演练任务；应急演练过程中，执行人员应随时掌握应急演练进展情况，并向领导小组组长报告应急演练中出现的各种问题；

④ 各参演单位和人员，根据导调信息和指令，依据应急演练工作方案规定流程，按照发生真实事件时的应急处置程序，采取相应的应急处置行动；

⑤ 参演人员按照应急演练方案要求，作出信息反馈；

⑥ 演练评估组跟踪参演单位和人员的响应情况，进行成绩评定并作好记录。

5. 演练记录

演练实施过程中，安排专门人员采用文字、照片和音像手段记录演练过程。

6. 中断

在应急演练实施过程中，出现特殊或意外情况，短时间内不能妥善处理或解决时，应急演练总指挥按照事先规定的程序和指令中断应急演练。

7. 结束

完成各项演练内容后，参演人员进行人数清点和讲评，演练总指挥宣布演练结束。

六、应急演练评估总结

1. 评估

(1) 演练点评

演练结束后，可选派有关代表(演练组织人员、参演人员、评估人员或相关方人员)对演练中发现的问题及取得的成效进行现场点评。

(2) 参演人员自评

演练结束后，演练单位应组织各参演小组或参演人员进行自评，总结演练中的优点和不足，介绍演练收获及体会。演练评估人员应参加参演人员自评会并做好记录。

(3) 评估组评估

参演人员自评结束后，演练评估组负责人应组织召开专题评估工作会议，综合评估意见。评估人员应根据演练情况和演练评估记录发表建议并交换意见，分析相关信息资料，明确存在问题并提出整改要求和措施等。

(4) 编制演练评估报告

演练现场评估工作结束后，评估组针对收集的各种信息资料，依据评估标准和相关文件资料对演练活动全过程进行科学分析和客观评价，并撰写演练评估报告，评估报告应向所有参演人员公示。

报告主要内容通常包括：

① 演练基本情况

演练的组织及承办单位、演练形式、演练模拟的事故名称、发生的时间和地点、事故过程的情景描述、主要应急行动等；

② 演练评估过程

演练评估工作的组织实施过程和主要工作安排；

③ 演练情况分析

依据演练评估表格的评估结果，从演练的准备及组织实施情况、参演人员表现等方面具体分析好的做法和存在的问题以及演练目标的实现、演练成本效益分析等；

④ 改进的意见和建议

对演练评估中发现的问题提出整改的意见和建议；

⑤ 评估结论

对演练组织实施情况的综合评价，并给出优(无差错地完成了所有应急演练内容)、良(达到了预期的演练目标，差错较少)、中(存在明显缺陷，但没有影响实现预期的演练目标)、差(出现了重大错误，演练预期目标受到严重影响，演练被迫中止，造成应急行动延误或资源浪费)等评估结论。

2. 总结

(1) 撰写演练总结报告

应急演练结束后，演练组织单位应根据演练记录、演练评估报告、应急预案、现场总结材料，对演练进行全面总结，并形成演练书面总结报告。报告可对应急演练准备、策划工作进行简要总结分析。参与单位也可对本单位的演练情况进行总结。演练总结报告的主要内容：

① 演练基本概要；

② 演练发现的问题，取得的经验和教训；

③ 应急管理工作建议。

(2) 演练资料归档

应急演练活动结束后，演练组织单位应将应急演练工作方案、应急演练书面评估报告、应急演练总结报告文字资料，以及记录演练实施过程的相关图片、视频、音频资料归档保存。

七、应急演练持续改进

1. 应急预案修订完善

根据演练评估报告中对应急预案的改进建议，按程序对预案进行修订完善。

2. 应急管理工作改进

(1) 应急演练结束后，演练组织单位应根据应急演练评估报告、总结报告提出的问题和建议，对应急管理工作(包括应急演练工作)进行持续改进。

(2) 演练组织单位应督促相关部门和人员，制订整改计划，明确整改目标，制定整改措施，落实整改资金，并跟踪督查整改情况。

思 考 题

1. 现代应急管理与传统应急管理有何异同?
2. 事故应急救援的基本任务及特点是什么?
3. 简述我国应急管理体系的历史演变。
4. 企业事故应急工作的内容有哪些?
5. 灭火器的维修期限是如何要求的?
6. 生产安全事故应急救援所产生的费用应由谁承担?
7. 如何编制企业生产安全事故应急预案?
8. 企业综合应急预案包含的要素有哪些?
9. 企业专项应急预案包含的要素有哪些?
10. 企业现场处置方案包含的要素有哪些?
11. 企业综合应急预案附件内容是什么?
12. 企业应急培训的工作内容有哪些?
13. 如何开展企业应急演练?
14. 应急演练评估总结的主要内容有哪些?
15. 企业应急管理体系建设包含哪些档案资料?

第四章　事故管理

第一节　事故分类

一、特殊事故

在事故研究中，有三类事故因其特殊性十分值得关注，这就是未遂事故、二次事故和非工作事故。这三类事故往往被人们所忽视，但是对我们搞好安全管理又是非常重要的。

（一）未遂事故与海因里希法则、海恩法则

1. 未遂事故

未遂事故是指有可能造成严重后果，但由于偶然因素的存在，实际上没有造成严重后果的事件。也就是说，未遂事故的发生原因及其发生、发展过程与某个特定的会造成严重后果的事故是完全相同的，只是由于偶然因素的影响，没有造成严重后果。正是因为如此，我们只要在发生未遂事故后通过对其调查分析、找到该事故的发生机理，就可以达到事故预防的目的。未遂事故的发生给了我们一个亡羊就补牢的机会。虽然没有达到风险管理追求的未雨绸缪的境界，但相对于付出代价才能吸取教训的传统安全管理模式，当然更值得我们关注与追求。

例如，某市一化工企业的一辆装有24t丙烯液化气的槽车在倒液时胶管爆裂，近3t爆炸当量相当于1万多千克TNT炸药的丙烯泄漏。更危险的是，泄漏的槽车附近，除了另外两辆装着9t丙烯的槽车外，其45m外还有14个各装有500m^{3}丙烯的球罐。一旦爆炸，该城市的西部将受到毁灭性打击，后果不堪设想。尽管该企业及当地消防部门采取应急处置措施控制了险情，但其与重大损失之后果可谓毫厘之间。因而当地安全生产监督管理部门与企业针对这一典型的未遂事故，通过全面深入的调查过程充分了解了事故发生的原因与过程，找到了隐患所在，并采取了相应措施，对预防该类事故起到了至关重要的作用。

2. 海因里希法则与海恩法则

海因里希法则(Heinrich’s Law)又称“海因里希安全法则”“海因里希事故法则”或“海因法则”。1931年，美国著名安全工程专家赫伯特·威廉·海因里希统计了55万件机械事故，其中死亡、重伤事故1666件，轻伤48334件，其余则为无伤害事故。他从中得出一个重要结论，即在机械事故中，死亡(重伤)、轻伤和无伤害事故的比例为1∶29∶300。

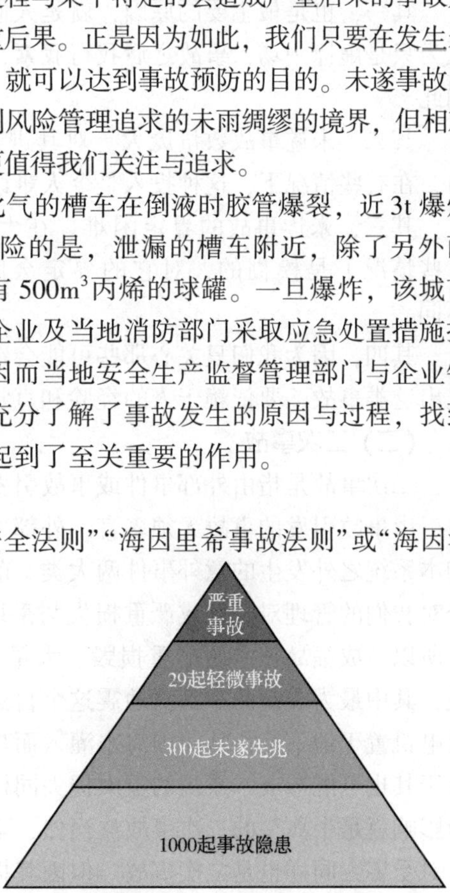

图4-1　海恩法则

海恩法则是德国飞机涡轮机的发明者帕布斯·海恩1947年赴美之后提出的一个在航空界关于飞行安全的法则。海恩法则指出：“每一起严重事故的背后，必然有29次轻微事故和300起未遂先兆

以及 1000 起事故隐患(图 4-1)。”

许多企业在对事故的认识和态度上普遍存在一个“误区”：只重视对事故本身进行总结，甚至会按照总结得出的结论“有针对性”地开展安全大检查，却往往忽视了对事故征兆和事故苗头进行排查；而那些未被发现的征兆与苗头，就成为下一次事故的隐患，长此以往，生产事故的发生就呈现出“连锁反应”。

某机械师企图用手把皮带挂到正在旋转的皮带轮上，因未使用拨皮带的杆，且站在摇晃的梯板上，又穿了一件宽大长袖的工作服，结果被皮带轮绞入碾死。事故调查结果表明，他这种上皮带的方法已使用数年之久。查阅四年就诊病历(急救上药记录)，发现他有 33 次手臂擦伤后治疗处理记录，他手下工人均佩服他手段高明，结果还是死亡。

法则启示：

对于不同的生产过程，不同类型的事故，上述比例关系不一定完全相同，但这个统计规律说明了在进行同一项活动中，无数次意外事件必然导致重大伤亡事故的发生。当一件重大事故发生后，我们在处理事故本身的同时，还要及时对同类问题的“事故征兆”和“事故苗头”进行排查处理，以此防止类似问题的重复发生，及时解决再次发生重大事故的隐患，把问题解决在萌芽状态。

研究未遂事故也有很多困难：

其一，也是最主要的原因，就是人们对其不重视。只要事故没有造成严重后果，许多人认为只是虚惊一场，事故之后我行我素，依然如故。员工如此，管理层如此，政府部门也是如此。

其二，未遂事故数量庞大。对其进行调查、统计、分析研究需要投入大量的人力、物力，在有些情况下，这种投入是令人难以承受的。

其三，未遂事故的界定困难。在大量的各类突发性事件中，哪些属于未遂事故，在有些情况下是模糊的，对它的界定会因人们理解的程度，观察事物的角度不同而有所不同。

其四，因为我们只关心那些可能会造成严重事故的未遂事故，但在大量的未遂事故中筛选出这类事故，要依赖于人的经验和直觉。

（二）二次事故

二次事故是指由外部事件或事故引发的事故。

由事故引发的事故无须多言。外部事件是指与本系统无直接关联的事件，包括自然灾害和本系统之外发生的意外事件两大类。前者是人类依赖的自然界中所发生的异常现象，其是否对我们的管理对象造成严重损失与采取的措施直接相关。例如，2011 年 3 月日本大地震之所以造成福岛核电站严重损毁、大量核物质泄漏的后果，与核电站的设计与管理直接相关，其中最为关键的是其对地震这个自然灾害引发的次生灾害海啸防范不力，将关键的应急发电机置于地下室，从而因海水灌入而功能尽失。后者的发生虽非本系统安全管理问题，但由于其也可能造成本系统的重大损失同样值得关注。如相邻企业发生事故对本企业造成损失与影响就是个典型的二次事故。当然，本企业发生事故造成相邻企业或公共区域的损失或伤害对受害方同样也是二次事故。但因其损失会由肇事方承担，企业也必须在应急措施中考虑这一点。

二次事故可以说是造成重大损失的根源，绝大多数重特大事故主要是由于事故或外部事件引发了二次事故所致。2000 年 12 月 25 日晚 9 时左右，王××等四名无证上岗的电焊工在洛阳某商厦焊接分隔铁板时，电焊火渣点燃可燃物引发火灾，王××等人扑救无效后未报警即逃离现场。火势迅猛，虽未烧及二楼以上房间，但浓烟涌进四楼的歌舞厅，正在二、三楼施工的部分民工以及四楼歌舞厅内的数百人被困在大火中，火灾导致 309 人死亡，数十人受伤，造成极其严重的后果。1994 年 6 月 16 日，广东某企业厂房发生火灾后，数百名职工清理火灾现场时因厂房经火后强度大大降低而发生坍塌事故，93 人丧生。

（三）非工作事故

非工作事故即员工在非工作环境中，如体育运动、休闲娱乐、家庭生活等诸方面活动中发生的以人身伤害为主的各类事故。

虽然这类事故不在工伤事故范围之内，但由于其引起的员工离岗，对于企业的劳动生产率具有较大影响，因失去关键岗位的员工进而所需的招聘和再培训对于企业的损失将会更大，因而也值得关注。其中一个最值得关注的因素就是员工在企业的安全管理制度约束下有着较好的安全意识，但在非工作环境中会产生某种“放纵”，加上对某些环境不熟悉、操作不熟练，都成了意外事故滋生的土壤。其实在安全管理实践中提出的从“要我安全”到“我要安全”的口号可以看出，出现非工作事故与企业尚处于“要我安全”阶段有直接关系。例如，一个维修工人在工作中使用梯子时，他或他的同事会进行相应的安全检查，因为这是操作规程要求。而在家中使用梯子没有制度束缚，对安全的考虑往往达不到工作的要求。美国各类职业俱乐部在球员签约时，就十分关注球员的个人业余运动爱好，如喜欢进行危险性较大的运动，如登山、赛车等，则要在合同中注明在合同期内不得从事该项活动，或者不予签约，因为这样才能保证球员有更大的可能性为球会服务。国外安全文化建设比较好的企业非常重视工作外安全。

二、事故分类

（一）按事故原因分类

GB 6441—1986《企业职工伤亡事故分类》综合考虑起因物、引起事故的诱导性原因、致害物、伤害方式等将工伤事故分为 20 类。为方便学习、记忆，将事故类型配五行、四大，见表 4-1。

表 4-1　事故类型

事故类型	五行	四大	事故类型	五行	四大
①物体打击	金	地	⑪灼烫	火	火
②车辆伤害			⑫火灾		
③机械伤害			⑬放炮		
④起重伤害			⑭火药爆炸		
⑤触电			⑮瓦斯爆炸		
⑥高处坠落	土		⑯锅炉爆炸		
⑦坍塌			⑰容器爆炸		
⑧冒顶片帮			⑱其他爆炸		
⑨淹溺	水	水	⑲中毒和窒息	木	风
⑩透水			⑳其他伤害		

事故类别应该按照事故原因进行划分。当一起事故同时存在几个原因时，应以先发的、诱导性原因作为分类的依据。分类时强调突出事故的专业特性，这样有助于类别划分的统一。以起因物作为事故类别划分的依据；当几个主要原因同时存在时，以先发的、诱导性原因作为分类的依据；突出事故类别的专业特征。

(1) 物体打击，是指物体在重力或其他外力的作用下产生运动，打击人体造成人身伤亡事故，不包括因机械设备、车辆、起重机械、坍塌等引发的物体打击。

物体打击一般指物体在重力作用下，倾斜、断裂、倒塌时的下落物、飞溅物造成的伤害；自由落体造成的伤害；失控物体惯性力造成的伤害；物体在弹性力作用下造成的伤害；非失控物体造成的伤害；喷射物造成打击的伤害。

不属于物体打击应列入其他类别的有：

① 机械设备有缺陷或操作不当造成物体失控飞出伤人的事故，应列入机械伤害；

② 起重机械有缺陷或超负荷运行等原因造成折臂、倒架、落物等而伤及人体的应属起重伤害；

③ 因粉尘、压力管道等爆炸伤人事故，应属于其他爆炸事故；

④ 车辆、起重机械或其他运动机械撞击物体或车轮碾压物体造成物体坍塌、滚动和飞溅而伤人的事故，应分别属于车辆伤害、起重伤害和机械伤害。

(2) 车辆伤害，是指企业机动车辆在行驶中引起的人体坠落和物体倒塌、下落、挤压伤亡事故，不包括起重设备提升，牵引车辆和车辆停驶时发生的事故。

企业机动车辆包括汽车类、电瓶车类、拖拉机类、有轨车类和施工设备等。

① 上述车辆在行驶中引起的挤压、坠落、撞车或倾覆等造成的人身伤害；

② 行驶中上下车、扒车、搭乘非乘人车、放飞车等造成的人身伤害；

③ 车辆运输中的摘挂钩和机动车辆牵引、安装、就位等造成的人身伤害；

④ 车辆运行中碰撞建筑物、构筑物、堆积物引起建筑物倒塌、物体飞溅下落和车辆挤压地面而产生物体飞溅等造成的人身伤害。

⑤ 人力车辆、畜力车辆引起的伤害不属于车辆伤害。

⑥ 车辆停驶状态时发生的伤亡事故，如上、下车及装卸作业过程中的伤亡事故不属于车辆伤害事故。用卷扬机和钢丝绳提升或牵引的车辆应属于起重伤害。

(3) 机械伤害，是指机械设备运动(静止)部件、工具、加工件直接与人体接触引起的夹击、碰撞、剪切、卷入、绞、碾、割、刺等伤害，不包括车辆、起重机械引起的机械伤害。

机械设备一般包括金属切削车床、轧钢、铸造、冶金及化工机械设备、木工设备、建筑机械及炊事机械。

机械设备人体伤害主要可分为运动部件造成的伤害和静止部件造成的伤害。

① 容易造成伤害的运动部件有：

a. 旋转的部件，如轴、凸块、孔、连接器、芯轴、卡盘、花盘、刀具、夹具、风扇、飞轮及工件等；

b. 旋转部件和成切线运动部件间咬合处、皮带、链轮、链条、齿轮、齿条等；

c. 旋转部件的咬合处，如齿轮、轧钢机、混合处等；

d. 旋转和固定部分之间的咬合处，如搅拌机与外壳；

e. 往复或滑动部分，如锻锤锤体、压力机床滑块、剪切刀刃、带锯锯齿等；

f. 旋转与滑动部分之间，如纺织机械、木工刨、压刨刀刃等；

g. 由于机械运转而飞出的刀具、夹具、部件、切屑、工件及未取下的工具，以及运转着的工件打击。

② 可能造成伤害的静止部件有：

a. 静止的切削刀具与刃具，突出的机械部分，毛坯、设备边缘和粗糙表面以及引起滑跌坠落的工作台等。

b. 车辆、起重设备虽然也属机械设备，但因其具有特殊性，在事故统计时车辆伤害和起重伤害单独列出，不能列入机械伤害。

c. 机械伤害一般多为轻伤，也有重伤和死亡，但死亡较少。

(4) 起重伤害，是指各种起重作业(包括起重机安装、检修、试验)中发生的挤压、坠落、(吊具、吊重)物体打击和触电。

适用于统计各种起重作业引起的伤害。起重作业包括：桥式起重机、龙门起重机、门座起重机、塔式起重机、悬臂起重机、桅杆起重机、铁路起重机、汽车吊、电动葫芦、千斤顶等作业。如：起重作业时，脱钩砸人，钢丝绳断裂抽人，移动吊物撞人，钢丝绳刮人，滑车碰人等伤害；包括起重设备在使用和安装过程中的倾翻事故及提升设备过卷、蹲罐等事故。

起重伤害事故形式：

① 重物坠落。

吊具或吊装容器损坏、物件捆绑不牢、挂钩不当、电磁吸盘突然失电、起升机构的零件故障(特别是制动器失灵，钢丝绳断裂)等都会引发重物坠落。处于高位置的物体具有势能，当坠落时，势能迅速转化为动能，上吨重的吊载意外坠落，或起重机的金属结构件破坏、坠落，都可能造成严重后果。

② 起重机失稳倾翻。

起重机失稳有两种类型：一是由于操作不当(例如超载、臂架变幅或旋转过快等)、支腿未找平或地基沉陷等原因使倾翻力矩增大，导致起重机倾翻；二是由于坡度或风载荷作用，使起重机沿路面或轨道滑动，导致脱轨翻倒。

③ 挤压。

起重机轨道两侧缺乏良好的安全通道或与建筑结构之间缺少足够的安全距离，使运行或回转的金属结构机体对人员造成夹挤伤害；运行机构的操作失误或制动器失灵引起溜车，造成碾压伤害等。

④ 高处跌落。

人员在离地面大于 2m 的高度进行起重机的安装、拆卸、检查、维修或操作等作业时，从高处跌落造成的伤害。

⑤ 触电。

起重机在输电线附近作业时，其任何组成部分或吊物与高压带电体距离过近，感应带电或触碰带电物体，都可以引发触电伤害。

⑥ 其他伤害。

其他伤害是指人体与运动零部件接触引起的绞、碾、戳等伤害；液压起重机的液压元件破坏造成高压液体的喷射伤害；飞出物件的打击伤害；装卸高温液体金属、易燃易爆、有毒、腐蚀等危险品，由于坠落或包装捆绑不牢破损引起的伤害等。

(5) 触电，包括雷击伤亡事故。

触电伤害可分为电击和电伤两类。电击是电流流经人体，由于电流的热效应、化学效应、生理效应对人体造成的伤害。电伤是指由于电流的热效应造成人体局部创伤，有电灼伤、电烙伤和皮肤金属化等。

触电伤害方式有单相触电、两相触电、跨步电压触电、接触触电及非接触触电以及雷电造成的人体伤害。

(6) 淹溺，包括高处坠落淹溺，不包括矿山、井下透水淹溺。

淹溺指大量的水，经口、鼻进入肺部，使呼吸道阻塞，引起人体急性缺氧窒息而导致的伤亡事故。适用于船舶、排筏、设施在航行、停泊、作业时发生的落水事故。

设施是指水上、水下各种浮动或固定的建筑、装置、管道、电缆和固定平台。

作业是指在水域及其岸线进行装卸、勘探、开采、测量、建筑、打捞、救助、潜水和其他水上水下作业。

(7) 灼烫，是指火焰烧伤、高温物体烫伤、化学灼伤(酸、碱、盐、有机物引起的体内外灼伤)、物理灼伤(光、放射性物质引起的体内外灼伤)，不包括电灼伤和火灾引起的烧伤。

(8) 火灾。

(9) 高处坠落，是指在高处作业中发生坠落造成的伤亡事故，不包括触电坠落事故。

(10) 坍塌，是指物体在外力或重力作用下，超过自身的强度极限或因结构稳定性破坏而造成的事故，如挖沟时的土石塌方、脚手架坍塌堆置物倒塌等，不适用于矿山冒顶片帮和车辆、起重机械、爆破引起的坍塌。

(11) 冒顶片帮。

(12) 透水。

(13) 放炮，是指爆破作业中发生的伤亡事故。

(14) 火药爆炸，是指火药、炸药及其制品在生产、加工、运输、储存中发生的爆炸事故。

(15) 瓦斯爆炸。

(16) 锅炉爆炸。

(17) 容器爆炸。

(18) 其他爆炸，主要包括：

① 传热引起的水蒸气爆炸；

② 低温液化气的蒸气爆炸；

③ 爆炸混合物爆炸：混合气体爆炸、气体的分解爆炸、粉尘爆炸、喷雾爆炸；

④ 炉膛、钢水包、充气轮胎爆炸等。

(19) 中毒和窒息。

① 中毒：员工在生产劳动过程中，工业毒物经呼吸道、皮肤、口腔进入人体而导致某些生理功能或组织器官受到损坏(包括误食有毒食物)，也称职业中毒。

② 窒息性中毒：由于毒物对人体呼吸系统器官组织作用造成窒息伤亡事故。如硫化氢、一氧化碳、氰化物等。

③ 缺氧窒息：空气中氧气的体积浓度低于19.50%的环境，称为缺氧环境，见表4-2。(摘自GB 8958—2006《缺氧危险作业安全规程》)

表4-2　氧气浓度对人体影响

环境	空气中氧气浓度	影响
事故状态；医疗使用	100%	在0.05~0.1MPa的纯氧环境中，对所有的细胞都有毒害作用，吸入时间过长，就可能发生“氧中毒”。肺部毛细管屏障被破坏，导致肺水肿、肺淤血和出血，严重影响呼吸功能，进而使各脏器缺氧而发生损害。在0.1MPa的纯氧环境中，人只能存活24h，会发生肺炎，最终导致呼吸衰竭、窒息而死。 高压氧舱治疗的范围主要是神经系统的疾病所带来的后遗症，如减压病、一氧化碳中毒、脑血管意外等
富氧环境	>23.5%	医疗使用 运动后消除疲劳效果好(短时间) 有氧中毒可能(长时间) 过量吸氧会加速人体衰老 物质更易于燃烧、爆炸
森林入口、草原	23.50%	最高“安全水平”
室外平均	20.954%	大气标准氧浓度
城市公寓内	20.5%	按基建法的通风量的基准值
城市公寓(就寝后)	20.2%	
有限空间入口处	19.5%	最低“安全水平”
缺氧环境：桑拿房、密闭设备等有限空间	18.5%	长时间会头疼
	18%	老人有危险
	17%	开始影响判断力
	16%~14%	初期缺氧症状开始出现，呼吸频率、心跳增加，肌肉协调能力轻微受损，人很难专心地工作和清楚地思考
	15%~13%	油灯熄灭
	14%~12%	呼吸急促、脉搏加快，协调能力和感知判断力降低，思维变得混乱，并感觉每干一件事都很累。 即使受了重伤，也感觉不到疼痛，人变得很敏感或情绪很坏，或心情异常欣快
	12%~10%	呼吸减弱，嘴唇青紫
	10%~8%	神志不清，面色土灰，恶心和呕吐
	8%~6%	≥8min，100%死亡；6min，50%可能死亡；4~5min，可能恢复。 人体不能站立、行走，甚至不能挪动躯体，可能会有一点恶心，但感觉很好，明白自己将要死了，但并不为此担心
	6%~4%	40s后，昏迷、抽搐、呼吸停止，死亡

（20）其他伤害，常见的有扭伤、跌伤、挫伤、擦伤、冻伤、中暑、动物咬伤、非机动车辆碰撞等。

（二）按事故伤害程度分类

依照事故的后果不同，将事故分为伤亡事故和非伤亡事故。

1. 非伤亡事故

企业在生产经营过程中发生的没有人员伤亡，仅造成生产中断、工程或物资损失的事件称为非伤亡事故。

2. 伤亡事故

在安全管理工作中，从事故统计的角度把造成损失工作日达到或超过 1 天的人身伤害或急性中毒事故称作伤亡事故。

根据人员受伤的严重程度和伤害后的恢复情况，伤害可分为四类：暂时性失能伤害、永久性部分失能伤害、永久性全失能伤害和死亡。损失工作日是指被伤害者失能的工作时间。

其中，在生产区域中发生的和生产有关的伤亡事故称作工伤事故。工伤事故包括工作以外事故和职业病所致的伤残及死亡。这里所说的“伤”是指劳动者在工作中因发生意外事故导致身体器官或生理功能受到伤害，分为器官损伤和职业病损伤两种情况，通常表现为暂时性的、部分的劳动能力丧失。“残”是指劳动者因公负伤或者患职业病后，虽经治疗、休养，但仍未痊愈，致使身体功能或智力不全，包括肢体缺损和智力丧失两种情况，通常表现为永久性的部分劳动能力丧失或永久性的全部劳动能力丧失。

伤亡事故又分为：

（1）轻伤事故：只有轻伤的事故。

轻伤：损失工作日$<$105 日的失能伤害。

（2）重伤事故：有重伤无死亡的事故。

重伤：损失工作日$\geqslant$105 日的失能伤害。重伤的损失工作日最多不超过 6000 工作日。

（3）死亡事故：有死亡的事故。

死亡的损失工作日为 6000 日。

（三）按事故责任分类

依照造成事故的责任不同，分为责任事故和非责任事故两大类。

（1）责任事故，指由于人们违背自然规律、违反法律、法规、规章制度、规范规程等不良行为造成的事故。

（2）非责任事故，指不可抗拒自然因素或目前科学无法预测的原因造成的事故。

（四）按事故损失分级

根据《生产安全事故报告和调查处理条例》，生产安全事故一般分为四个等级，见表 4-3。

根据《生产安全事故统计管理办法》（安监总厅统计〔2016〕80 号），我国对没有造成人员伤亡且直接经济损失小于 100 万元（不含）的生产安全事故，暂不纳入统计。

表 4-3　事故等级分类

事故等级	死亡人数	重伤(包括急性工业中毒)	直接经济损失 c
一般	1~2	1~9	100 万 $\leqslant c<$ 1000 万
较大	3~9	10~49	100 万 $\leqslant c<$ 5000 万
重大	10~29	50~99	5000 万 $\leqslant c<$ 1 亿
特别重大	$m\geqslant 30$	$n\geqslant 100$	$c\geqslant$ 1 亿

第二节　事故统计

事故统计就是用科学的统计分析方法，对大量的事故资料和数据进行加工、整理、分析，从而揭示事故产生的规律，掌握与直接生产过程有关的、发生人身伤亡事故的次数、人数、原因和规模等情况所作的专门统计。

事故统计是事故管理的一个重要组成部分，是安全管理的基础和重要的业务工作。及时、准确地提供事故统计资料，如实反映本单位的安全生产状况和伤亡事故情况，可以为各级领导和有关部门决定工作计划、指导生产、制定政策提供依据；便于比较各单位安全生产管理水平，考核各单位的安全管理工作；把事故当作资源来管理，为安全教育、培训、教学、科研指明方向。

一、事故统计基本要求

事故统计应坚持实事求是的原则，严格执行国家法规和企业规章制度，提高统计人员业务水平，采用先进的计算方法和通信工具，应用科学的统计方法。

(一) 事故统计原则

事故统计的三个原则：

(1) 准确性：如实地反映客观实际；

(2) 及时性：在统计调查规定的时间内，尽快提供所需的统计资料；

(3) 全面性：按调查计划的规定，对被调查项目进行全面的搜集，以全面反映调查对象的全貌。

(二) 事故统计主要内容

(1) 统计一定时期内事故发生的情况，从量的方面反映事故状况；

(2) 计算事故的各种统计指标，从质的方面提供便于比较的数量；

(3) 对事故数字进行综合分析，提出减少或消除事故的措施；

(4) 编制事故统计报告、报表和绘制图表。

二、事故统计方法

事故的统计方法，如图 4-2 所示。

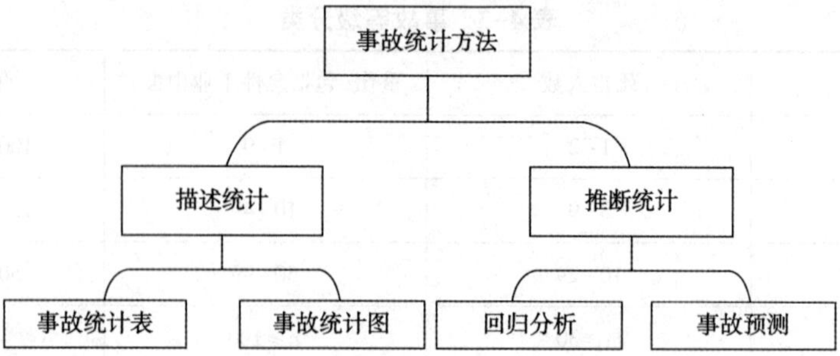

图 4-2 事故统计方法

(一) 描述统计

描述统计是统计分析的最基本内容，是推断统计的前提。描述统计是指应用统计指标、统计表、统计图等方法，对资料的数量特征及其分布规律进行测定和描述。

常用的描述统计有事故统计表和事故统计图。

事故统计表是企业、国家建立伤亡事故管理使用的原始记录，是进行事故统计分析的依据，见表 4-4、表 4-5。

表 4-4 某省各行业(领域)生产安全事故情况统计表

行业领域		9 月						1~9 月			
		合计		同比		环比		总计		同比	
		起数	人数	起数	人数	起数	人数	起数	人数	起数	人数
序号	合计	90	64	−89	−71	−85	−22	1443	822	−114	−218
	矿山	4	5	−2	−1	3	4	20	22	−7	−5
1	煤矿	1	2	−1	0	1	2	4	6	−2	0
	非煤矿山	3	3	−1	−1	2	2	16	16	−5	−5
	危险物品	0	0	−5	−10	−1	−1	15	14	−5	−15
2	烟花爆竹	0	0	−3	−3	0	0	9	8	3	−7
	化工	0	0	−2	−7	−1	−1	6	6	−8	−8
	工业制造	7	7	−1	−2	−1	0	62	60	7	3
	冶金	0	0	−2	−3	0	0	4	4	−5	−6
	有色	1	1	1	1	0	0	6	6	1	1
	机械	0	0	0	0	−2	−2	12	13	4	5
3	轻工	1	1	−2	−2	−1	0	9	6	−8	−11
	建材	1	1	−2	−2	−1	−1	20	20	5	4
	纺织	1	1	1	1	0	0	5	5	4	4
	烟草	0	0	0	0	0	0	0	0	0	0
	其他	3	3	3	3	3	3	6	6	6	6

续表

行业领域		9月						1~9月			
		合计		同比		环比		总计		同比	
		起数	人数	起数	人数	起数	人数	起数	人数	起数	人数
4	建筑施工	8	11	-1	2	1	3	86	93	15	9
	房屋建筑	3	3	-1	-1	2	2	31	32	10	11
	交通建设工程	3	3	1	2	2	1	13	14	8	10
	工矿工程	0	0	0	0	0	0	5	6	1	2
	建筑安装工程	0	0	0	0	-2	-2	18	18	5	5
	其他建筑工程	2	5	-1	1	-1	2	19	23	-9	-19
5	交通运输	65	35	-79	-59	-89	-30	1217	586	-102	-189
	道路运输	62	33	-79	-58	-86	-29	1178	559	-112	-194
	水上运输	0	0	0	0	0	0	1	0	0	0
	铁路运输	3	2	0	-1	-3	-1	38	27	10	5
	航空运输	0	0	0	0	0	0	0	0	0	0
6	*生产经营性火灾	(138)	(0)	(-49)	(0)	(-25)	(0)	(1906)	(2)	(121)	(-12)
7	城市运行	3	3	2	2	2	2	23	24	1	1
8	*特种设备	(0)	(0)	(0)	(0)	(0)	(0)	(0)	(0)	(0)	(0)
9	旅游	0	0	0	0	-1	-1	1	1	0	1
10	商贸	3	3	-3	-3	1	1	17	18	-23	-27
11	校园	0	0	0	0	0	0	0	0	0	0
12	农林牧渔	0	0	0	0	0	0	1	0	-1	0
13	其他	0	0	0	0	0	0	1	4	1	4

备注：消防和特种设备领域事故已纳入事故发生所在行业领域统计，不再重复计入合计数。

表 4-5 ××公司月度工伤统计表

序号	队组	时间	工伤发生地点	事故类型	伤者	年龄	参工时间	籍贯	工别	工种	伤者程度	受伤情况	考核情况	受伤情况(原因)	备注
2014 年××公司工伤统计表															
1 月份															
1	综掘五队	2014. 1. 8	3303 回风巷	顶板事故	田×文	48	2008. 11	山西省榆社县讲堂乡	劳务工	支护工	轻伤	左小腿骨折	20000 元		已挂工伤、未报局
备注：	1 月份共发生工伤事故 1 起，轻伤、已挂工伤、未报局；顶板事故 1 起														
2 月份															
2	技措一队	2014. 2. 12	9#煤北西回风	顶板事故	范×生	37	2011. 4	山西省平定县东回镇	区农工	支护工	轻伤	右锁骨和右侧五根肋骨骨折	20000 元	2014 年 2 月 12 日八点班，技措一队副工长李×芳在 9#煤北西回风煤头挑顶处处理活矸。当员工范×生在巷道坡下给涨拉油泵加油时，从坡上滚下一块矸将其砸伤，造成右锁骨和右侧第四至第八根肋骨骨折	已挂工伤、未报局
3	综掘六队	2014. 2. 21	西八副巷	其他事故	周×光	35	2010. 6	山西省寿阳县亲艾镇栾生村	农合工	支护工	轻伤	右小腿胫骨膝关节部位骨折	20000 元	2014 年 2 月 21 日早六点班，综掘六队员工周×光在西八副巷从约 500m 往 800m 处倒移系统时，卸开关的过程中被开关撞伤右腿，右小腿胫骨膝关节部位骨折	已挂工伤、未报局
4	综采二队	2014. 2. 23	3106 工作面	其他事故	冀×强	33	2009. 8	寿阳县南燕竹镇南燕竹村 4 区 5 号	农合工	支护工	轻伤	左脚第一、第二趾骨骨折	20000 元	2014 年 2 月 23 日早六点班，综采二队员工冀×强在进风顺槽转载机机头回撤套棚时，回 π 型梁的过程中，被 π 型梁砸伤左脚。造成左脚第一、第二趾骨骨折	已挂工伤、未报局
备注：	2 月份共发生工伤事故 3 起，轻伤、已挂工伤、未报局；顶板事故 1 起、其他事故 2 起														

常用的伤亡事故统计图主要有柱状图、趋势图、管理图、饼图、扇形图、玫瑰图和分布图等。

1. 柱状图

柱状图以柱状图形来表示各统计指标的数值大小。

在进行伤亡事故统计分析时，有时需要把各种因素的重要程度直观地表现出来。这时可以利用排列图(或称主次因素排列图)来实现，如图 4-3 所示。

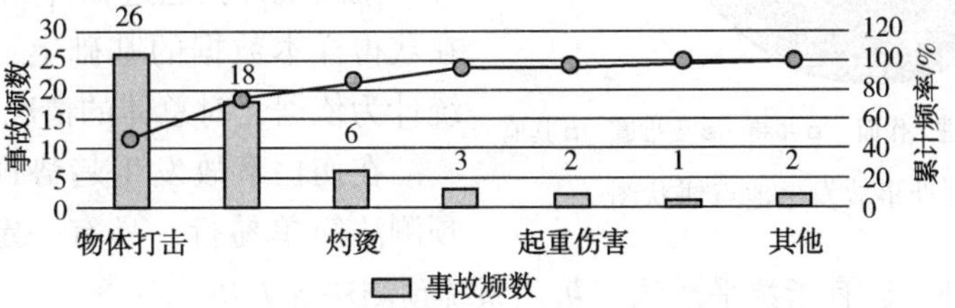

图 4-3 伤亡事故发生次数的排列图

2. 事故发生趋势图(图 4-4)

伤亡事故发生趋势图是一种折线图。它用不间断的折线来表示各统计指标的数值大小和变化，最适合于表现事故发生与时间的关系。

某企业自 2010~2019 年伤亡事故发生趋势图如图 4-4 所示。由图可以看出，2014 年以前千人负伤率下降幅度较大，之后呈稳定下降趋势。

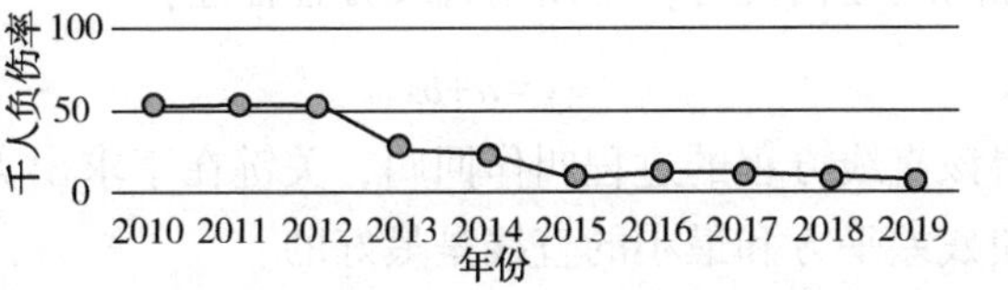

图 4-4 伤亡事故发生趋势图

3. 伤亡事故管理图(图 4-5)

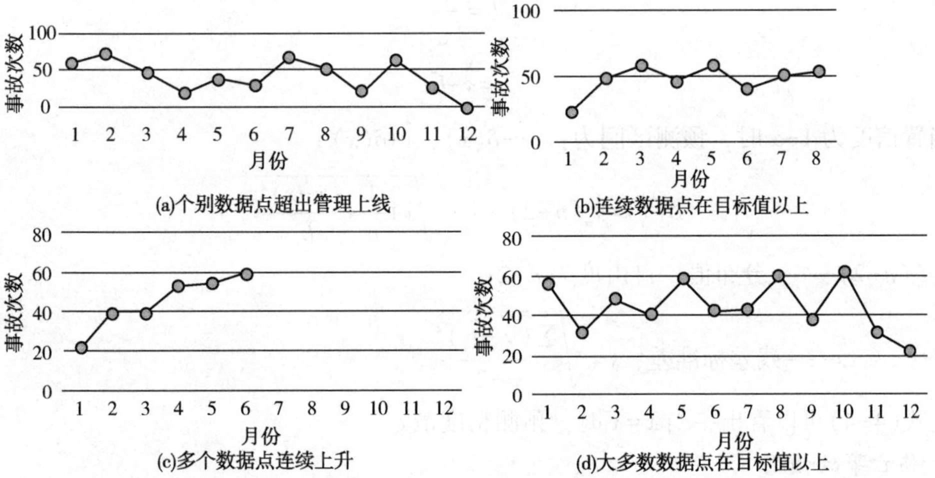

图 4-5 伤亡事故管理图

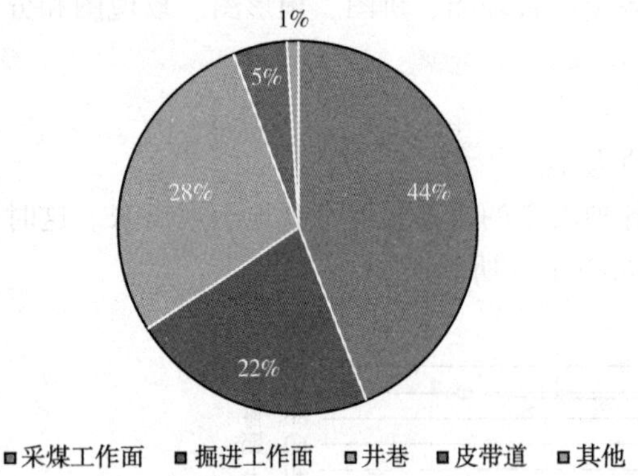

图 4-6　瓦斯事故发生地点饼状图

4. 饼状图

事故饼状图可以形象地反映事故发生的原因、种类、地点等在所发生的事故中所占的百分比。图 4-6 是某省 20 年来瓦斯事故发生地点的饼状图。

（二）推断统计

推断统计指通过抽样调查等非全面调查，在获得样本数据的基础上，以概率论和数理统计为依据，对总体的情况进行科学推断。

在伤亡事故发生趋势预测方法中，回归预测法简单易行，具有一定准确度，因而应用较为广泛。此外，还有指数平滑法、灰色系统预测法等方法。

1. 回归分析原理

回归分析是研究一个随机变量与另一个变量之间相关关系的数学方法。

当变量间既存在着密切关系，又不能由一个变量的值精确地求出另一变量值时，这种变量间的关系为相关关系。具有相关关系的两变量 x 和 y 之间的相关程度用相关系数 γ 描述：

$$\gamma=\frac{L_{xy}}{\sqrt{L_{xx}\cdot L_{yy}}} \tag{4-1}$$

当两变量 x 和 y 之间线性相关时，可以用直线方程描述：

$$\hat{y}=a+bx \tag{4-2}$$

根据观测值来求得该直线方程的过程叫作回归，关键在于求出方程中的参数 a 和 b。应用最小二乘法原理，使残差平方和最小的直线是最好的。

$$\sum(y_i-\hat{y}_i)^2=\sum(y_i-a-bx_i)^2 \tag{4-3}$$

把该式对 a、b 求偏导数并令其为零，整理得：

$$\hat{b}=\frac{L_{xy}}{L_{xx}}$$

$$\hat{a}=\hat{y}-\hat{b}\bar{x}$$

当置信度为 $1-\alpha$ 时，预测区间为：$[\hat{y}-\delta(x),\ \hat{y}+\delta(x)]$

$$\delta(x)=t_a(n-2)\cdot s\cdot\sqrt{1+\frac{1}{n}+\frac{(x-\bar{x})^2}{L_{xx}}} \tag{4-4}$$

式中　$t_a(n-2)$——t 分布值，自由度为 $n-2$；

s——残差标准差，$s=\sqrt{\frac{\sum(y_i-\hat{y}_i)^2}{n-2}}$。

由式(4-4)可以看出，当 $x=\bar{x}$ 时，预测精度最好。

2. 伤亡事故预测

伤亡事故发生状况随时间推移的变化呈现出一定的规律性。大量统计资料表明，伤亡事故发生率随时间变化的规律可表达为：

$$\hat{y}=ae^{bx} \tag{4-5}$$

式中　$\hat{y}$——伤亡事故发生率；

x——时间。

把式(4-5)两端取对数，并令 $\hat{y}=\ln\hat{y}$，$a_0=\ln a$，则 $\hat{y}=a_0+bx$，这样就变成了线性回归问题。在线性回归中，置信度为 $1-a$ 时的预测区间为，则实际预测区间为 $[e^{\hat{y}_0-\delta(x)}, e^{\hat{y}_0+\delta(x)}]$。

三、事故统计指标

(一) 伤亡事故统计指标

目前，我国安全生产涉及工矿企业(包括商贸流通企业)、道路交通、水上交通、铁路交通、民航飞行、农业机械、渔业船舶、火灾事故等行业。各有关行业主管部门针对本行业特点，制定并实施了各自的事故统计报表制度和统计指标体系来反映本行业的事故情况。

指标通常分为绝对指标和相对指标。绝对指标是指反映伤亡事故全面情况的绝对数值，如事故起数、死亡人数、重伤人数、轻伤人数、直接经济损失、损失工作日等。相对指标是伤亡事故的两个相联系的绝对指标之比，表示事故的比例关系，如千人死亡率、千人重伤率、百万吨死亡率等。生产安全事故死亡人数、亿元国内生产总值生产安全事故死亡人数、工矿商贸企业就业人员十万人生产安全事故死亡人数、煤矿百万吨死亡人数、道路交通万车死亡人数已成为每年国家统计局国民经济和社会发展统计公报的重要统计指标之一。事故统计指标体系如图 4-7 所示。

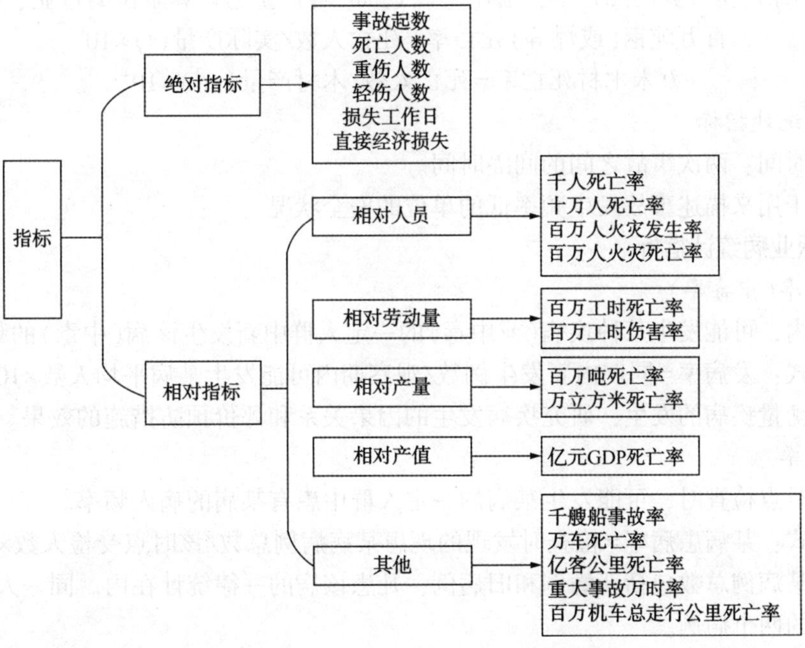

图 4-7　事故统计指标体系

1. 伤亡事故频率

在一定的时间内参加生产的职工人数不变的场合，伤亡事故发生次数主要取决于企业的安全状况。于是，可以用伤亡事故频率作为表征企业安全状况的指标。

$$\alpha=\frac{A}{N\cdot T} \tag{4-6}$$

式中 α——伤亡事故频率；

A——伤亡事故发生次数，次；

N——参加生产的职工人数，人；

T——统计时间。

《企业职工伤亡事故分类标准》(GB 6441—1986)对伤亡事故统计指标的规定如下：

(1) 千人死亡率：表示某时期，平均每千名职工中，因伤亡事故造成死亡的人数。

千人死亡率=死亡职工人数/某一时期职工人数×1000‰

(2) 千人重伤率：表示某时期内，平均每千名职工因工伤事故造成的重伤人数。

千人重伤率=重伤职工人数/某一时期职工人数×1000‰

(3) 伤害频率：表示某时期内，每百万工时的事故造成伤害的人数。伤害人数指轻伤、重伤、死亡人数之和。

百万工时伤害率=伤害人数/实际总工时$\times 10^6$

2. 事故严重率

根据《企业职工伤亡事故分类标准》(GB 6441—1986)，事故严重率计算如下：

(1) 伤害严重率：表示某时期内，每百万工时，事故造成的损失工作日数。

伤害严重率=总损失工作日数/实际总工时$\times 10^6$

(2) 伤害平均严重率：表示每人次受伤害的平均损失工作日。

伤害平均严重率=总损失工作日/伤害人数

(3)按产品产量计算的死亡率：适用于以 t、m^3 等产量为计算单位的行业、企业使用。

百万吨钢(或煤等)死亡率=死亡人数/实际产量(t)$\times 10^6$

万米木材死亡率=死亡人数/木材产量(m^3)$\times 10^4$

3. 其他统计指标

无事故时间：两次事故之间的间隔时间。

它适合于用来描述事故发生频率低的单位的安全状况。

(二) 职业病统计指标

1. 发病率(中毒率)

观察期内，可能发生某种疾病(或中毒)的一定人群中新发生该病(中毒)的频率。

计算公式：发病率=同期内新发生例数/观察期内可能发生某病平均人数×100%

常用于衡量疾病的发生，研究疾病发生的因果关系和评价预防措施的效果。

2. 患病率

表示某时点检查时，可能发生某病的一定人群中患有某病的病人频率。

计算公式：某病患病率=检查时发现的现患某病病例总数/该时点受检人数×100%

其中，某病例总数包括新病例和旧病例，凡患该病的一律统计在内。同一人不应同时成为同一疾病的两个病例。

这一指标最适用于病程较长的疾病的统计研究，用于衡量疾病的存在，反映某病在一定人群中的流行规模或水平。

3. 病死率

在规定的观察期内，某病患者中因该病而死亡的频率。

计算公式：某病病死率=某病因该病死亡人数/观察期间内某病患者数×100%

上式分母中患病情况不同，指标的概念也不同。如住院病人的病死率，分母为该病住院病人总数。而某一地区某病病死率的分母则包括该地区所有患该病的病人。故医院的病死率不能代表地区的病死率。

4. 粗死亡率

也称普通死亡率，某年平均每千名人口中的死亡数。

计算公式：粗死亡率=同年死亡总数/某年平均人口数×1000‰

粗死亡率和粗出生率一样，具有资料易获得、计算简便的优点，但其高低受人口年龄构成的影响，故只能粗略地反映人口的死亡水平，不能用来衡量和评价一个国家的卫生文化水平。

【例1】某钢厂2020年平均在籍职工60000人，年产钢250万吨。该年度内因工伤事故死亡2人、重伤3人、轻伤120人。根据GB 6441—1986，因重伤损失工作日累计8000日，轻伤损失工作日累计为9600日。试计算千人死亡率、千人重伤率、伤害频率、伤害严重率、伤害平均严重率、百万吨钢死亡率。(每人每年工作250天，每天工作8h)

解：

（1）千人死亡率 $=\frac{2}{60000}\times 1000‰=0.033‰$

（2）千人重伤率 $=\frac{3}{60000}\times 1000‰-0.05‰$

（3）伤害频率：

$$百万工时伤害率=\frac{2+3+120}{60000\times 250\times 8}\times 10^{6}=1.042$$

（4）伤害严重率 $=\frac{2\times 6000+8000+9600}{60000\times 250\times 8}\times 10^{6}=247$

（5）伤害平均严重率 $=\frac{2\times 6000+8000+9600}{2+3+120}=236.8$

（6）百万吨钢死亡率 $=\frac{2}{250\times 10^{4}}\times 10^{6}=0.8$

【例2】某市统计2020年生产安全事故死亡人数15人，职业病发病死亡人数30人，该市年均人口为100万，其他人口死亡人数为2955人，该市2020年的粗死亡率为千分之(　)。

解：

$$粗死亡率=\frac{15+30+2955}{100\times 10^{4}}\times 1000‰=3‰$$

【例3】2019年某市从事接触粉尘工作的劳动者为1.5万人，经职业健康检查有300人患有尘肺病，2020年接触粉尘工作的劳动者人数未发生改变，经职业健康检查发现新增尘肺病例100人，2020年该市劳动者尘肺病患病率是(　)。

解：

$$患病率=\frac{300+100}{15000}\times 100\%=2.67\%$$

【例4】某单位共有员工500人，由于作业场所期内可能发生尘肺病的平均人数为50人，同期新发病人数 1 人。2020 年 9 月对 120 名员工进行尘肺病检查时，共有 4 人患尘肺病，则该单位尘肺病的发病率和患病率分别是(　　)(　　)。

解：

$$发病率=\frac{1}{50}\times100\%=2\%$$

$$患病率=\frac{4}{120}\times100\%=3.3\%$$

四、事故经济损失

一起伤亡事故会给企业带来多方面的经济损失。一般地，伤亡事故的经济损失包括直接经济损失和间接经济损失两部分。其中，直接经济损失很容易直接统计出来，而间接经济损失比较隐蔽，不容易直接由财务账面上查到。国内外对伤亡事故的直接经济损失和间接经济损失做了不同规定。

(一) 国外对伤亡事故直接经济损失和间接经济损失的划分

在国外，特别在西方国家，事故的赔偿主要由保险公司承担。于是，把由保险公司支付的费用定义为直接经济损失，而把其他由企业承担的经济损失定义为间接经济损失。一些知名学者也提出了不同的观点。

1. 海因里希的观点

美国的海因里希认为伤亡事故的间接经济损失包括以下内容：①受伤害者的时间损失；②其他人员由于好奇、同情、救助等引起的时间损失；③工长、监督人员和其他管理人员的时间损失；④医疗救护人员等不由保险公司支付酬金人员的时间损失；⑤机械设备、工具、材料及其他财产损失；⑥生产受到事故的影响而不能按期交货的罚金等损失；⑦按职工福利制度所支付的经费；⑧负伤者返回岗位后，由于工作能力降低而造成的工作损失，以及照付原工资的损失；⑨由于事故引起人员心理紧张，或情绪低落而诱发其他事故造成的损失；⑩即使负伤者停工也要支付的照明、取暖费等每人平均费用的损失。

2. 西蒙兹的观点

美国的西蒙兹(R. H Simons)提出，伤亡事故间接经济损失包含的项目如下：①非负伤者由于中止作业而引起的工作损失；②修理、拆除被损坏的设备、材料的费用；③受伤害者停止工作造成的生产损失；④加班劳动的费用；⑤监督人员的工资；⑥受伤害者返回工作岗位后，生产减少造成的损失；⑦补充新工人的教育、训练费用；⑧企业负担的医疗费用；⑨为进行事故调查，付给监督人员和有关工人的费用；⑩其他损失。

3. 伤亡事故直接经济损失与间接经济损失的比例

如前面所述，伤亡事故间接经济损失很难被直接统计出来，于是人们就尝试如何由伤亡事故直接经济损失推算出间接经济损失，进而估计伤亡事故的总经济损失。

海因里希最早进行了这方面的研究工作。他通过对 5000 余起伤亡事故经济损失的统计分析，得出直接经济损失与间接经济损失的比例为 1 ∶ 4 的结论。即伤亡事故的总经济损失为直接经济损失的 5 倍。这一结论至今仍被国际劳工组织(ILO)所采用，作为估算各国伤亡事故经济损失的依据。

如果把伤亡事故经济损失看作一座浮在海面上的冰山，则直接经济损失相当于冰山露出水面的部分，占总经济损失 4/5 的间接经济损失相当于冰山的水下部分，不容易被人们发现。

(二) 我国对伤亡事故直接经济损失和间接经济损失的划分

《企业职工伤亡事故经济损失统计标准》(GB 6721—1986)中规定了企业职工伤亡事故经济损失的统计范围、计算方法和评价指标。

伤亡事故经济损失，指企业职工在劳动生产过程中发生伤亡事故所引起一切经济损失，包括直接经济损失和间接经济损失。直接经济损失指因事故造成人身伤亡及善后处理支出的费用和毁坏财产的价值。间接经济损失指因事故导致产值减少、资源破坏和受事故影响而造成其他损失的价值。

1. 直接经济损失

(1) 人身伤亡后所支出的费用

① 医疗费用(含护理费用);

② 丧葬及抚恤费用;

③ 补助及救助费用;

④ 歇工费用。

(2) 善后处理费用

① 处理事故的事务性费用;

② 现场抢救费用;

③ 清理现场费用;

④ 事故罚款和赔偿费用。

(3) 财产损失价值

① 固定资产损失价值;

② 流动资产损失价值。

2. 间接经济损失

(1) 停产、减产损失价值。

按事故发生之日起到恢复正常生产水平时止，计算其损失的价值。

(2) 工作损失价值。

$$L=D\,\frac{M}{S\times D_0}$$

式中 L——工作损失价值，万元；

D——损失工作日数，事故伤害损失工作日的计算，在国家标准《事故伤害损失工作日标准》(GB/T 15499—1995)中给出了比较详细的说明；

M——企业上年的利税，万元；

S——企业上年平均职工人数，人；

D_0——企业上年法定工作日数，日。

(3) 资源损失价值。

资源损失主要是指由于发生工伤事故而造成的物质资源损失价值。例如，煤矿井下发生火灾事故，造成一部分煤炭资源被烧掉，另一部分煤炭资源被永久性冻结。物质资源涉及的因素较多，且较复杂，其损失价值有时很难计算，所以常采用估算法来确定。

(4) 处理环境污染的费用。

(5) 补充新职工的培训费用。

（6）其他损失费用。

【例5】某钢铁公司棒材厂的加热炉使用煤气为燃料。2019年4月9日8时，棒材厂1号加热炉停产检修，更换煤气阀组后面的补偿器。11时更换完补偿器后，由工长甲负责组织引煤气。按照引气操作程序，先用氮气对加热炉进行置换吹扫，经检测合格后才能引煤气点火。

工长甲让维修工乙、丙两人去开阀组后面的截止阀，两人合力未能打开。乙取来一个铁制扳手。11时35分，乙在松动截止阀的紧固螺栓时，扳手与螺栓撞击产生了火花，遇到泄漏的煤气着火。工长甲在现场立即拿灭火器灭火，但由于火势太大无法扑灭，现场火势迅速蔓延并发生爆炸，乙当场死亡，丙被烧伤。事故后调查发现，由于阀组前球阀密封不严，煤气从密封处泄漏，扩散到截止阀处。

事故造成的经济损失包括设备损失500万元，处理事故和现场抢救费用30万元，停产损失300万元，丙住院治疗费80万元，支付乙家属抚恤金25万元，丙歇工工资3万元，事故罚款15万元，补充新员工培训费1万元。

根据以上场景，计算此次事故的直接经济损失和间接经济损失。

解：

此次事故的直接经济损失是：

设备损失500万元+处理事故和现场抢救费用30万元+丙住院治疗费80万元+支付乙家属抚恤金25万元+丙歇工工资3万元+事故罚款15万元=153万元。

此次事故的间接经济损失是：

停产损失300万元+补充新员工培训费1万元=301万元。

第三节　事故报告与应急处置

一、事故报告基本要求

事故报告应当及时、准确、完整，任何单位和个人对事故不得迟报、漏报、谎报或者瞒报。

生产安全事故报告是安全生产工作的重要组成部分。事故报告是事故救援的重要前提，只有通过及时、准确、完整地报告生产安全事故，才能在第一时间掌握事故情况、实施事故救援、控制事态发展，将事故损失和影响降到最低限度。

实践中，总有一些单位和个人，出于不同原因迟报、漏报、谎报和瞒报事故。根据《生产安全事故罚款处罚规定（试行）》规定，报告事故的时间超过规定时限的，属于迟报；因过失对应当上报的事故或者事故发生的时间、地点、类别、伤亡人数、直接经济损失等内容遗漏未报的，属于漏报；故意不如实报告事故发生的时间、地点、类别、伤亡人数、直接经济损失等有关内容的，属于谎报；故意隐瞒已经发生的事故，并经有关部门查证属实的，属于瞒报。

谎报或者瞒报是相关人员故意做出的非法行为，而迟报和漏报是相关人员的过失导致的，因此谎报或瞒报比迟报、漏报事故性质更恶劣，后果更严重，直接导致相关部门得到错误的事故信息或者根本不知道发生事故，也就谈不上有效组织事故抢救和开展事故调查。

二、事故报告主体与时限

（一）事故现场有关人员

(1) 事故发生后，事故现场有关人员应当立即向本单位负责人报告。

(2)情况紧急时，事故现场有关人员可以直接向事故发生地县级以上人民政府应急管理部门和对有关行业、领域的安全生产工作实施监督管理的部门(以下统称负有安全生产监督管理职责的部门)报告。

（二）单位负责人

单位负责人接到报告后，应当于1h内向事故发生地县级以上人民政府负有安全生产监督管理职责的部门报告。

（三）负有安全生产监督管理职责的部门

(1) 负有安全生产监督管理职责的部门接到事故报告后，应当依照下列规定上报事故情况，并通知公安机关、劳动保障行政部门、工会和人民检察院：

① 一般事故：

上报至设区的市级人民政府负有安全生产监督管理职责的部门。

② 较大事故：

逐级上报至省、自治区、直辖市人民政府负有安全生产监督管理职责的部门。

③ 特别重大事故、重大事故

逐级上报至国务院负有安全生产监督管理职责的部门。

(2) 地方各级负有安全生产监督管理职责的部门依照规定上报事故情况，应当同时报告本级人民政府。

(3) 国务院负有安全生产监督管理职责的部门以及省级人民政府接到发生特别重大事故、重大事故的报告后，应当立即报告国务院。

(4) 必要时，负有安全生产监督管理职责的部门可以越级上报事故情况。

(5) 负有安全生产监督管理职责的部门逐级上报事故情况，每级上报的时间不得超过2小时。

三、事故报告内容

报告事故应当包括下列内容：

(1) 事故发生单位概况；

(2) 事故发生的时间、地点以及事故现场情况；

(3) 事故的简要经过；

(4) 事故已经造成或者可能造成的伤亡人数(包括下落不明的人数)和初步估计的直接经济损失；

(5) 已经采取的措施；

(6) 其他应当报告的情况。

四、事故补报

事故报告后出现新情况的，应当及时补报。

自事故发生之日起30日内，事故造成的伤亡人数发生变化的，应当及时补报。

道路交通事故、火灾事故自发生之日起 7 日内，事故造成的伤亡人数发生变化的，应当及时补报。

五、应急处置

(一) 事故发生单位

事故发生单位负责人接到事故报告后，应当立即启动事故相应应急预案，或者采取有效措施，组织抢救，防止事故扩大，减少人员伤亡和财产损失。

(二) 政府工作人员

事故发生地有关地方人民政府、负有安全生产监督管理职责的部门接到事故报告后，其负责人应当立即赶赴事故现场，组织事故救援。

(三) 现场保护

事故发生后，有关单位和人员应当妥善保护事故现场以及相关证据，任何单位和个人不得破坏事故现场、毁灭相关证据。

因抢救人员、防止事故扩大以及疏通交通等原因，需要移动事故现场物件的，应当做出标志，绘制现场简图并做出书面记录，妥善保存现场重要痕迹、物证。

(四) 涉嫌犯罪

事故发生地公安机关根据事故的情况，对涉嫌犯罪的，应当依法立案侦查，采取强制措施和侦查措施。犯罪嫌疑人逃匿的，公安机关应当迅速追捕归案。

第四节　事故调查与处理

一、事故调查处理原则

《安全生产法》第八十六条规定："事故调查处理应当按照科学严谨、依法依规、实事求是、注重实效的原则，及时、准确地查清事故原因，查明事故性质和责任，评估应急处置工作，总结事故教训，提出整改措施，并对事故责任单位和人员提出处理建议。事故调查报告应当依法及时向社会公布。"

事故调查处理"四不放过"原则：事故原因未查清不放过、责任人员未处理不放过、整改措施未落实不放过、有关人员未受到教育不放过。

欧美发达国家目前事故调查所普遍具有的理念是：事故调查的根本目的不是为了归咎责任，而是要找出事故的真正原因，从中吸取教训和总结经验，及时修正行业标准和管理措施，从而预防类似行业发生类似事故。

二、事故调查权

(1) 特别重大事故由国务院或者国务院授权有关部门组织事故调查组进行调查。

(2) 重大事故、较大事故、一般事故分别由事故发生地省级人民政府、设区的市级人民政府、县级人民政府负责调查。

省级人民政府、设区的市级人民政府、县级人民政府可以直接组织事故调查组进行调查，也可以授权或者委托有关部门组织事故调查组进行调查。

(3) 未造成人员伤亡的一般事故，县级人民政府也可以委托事故发生单位组织事故调查组进行调查。

(4) 提级调查和变更调查权

上级人民政府认为必要时，可以调查由下级人民政府负责调查的事故。

自事故发生之日起30日内(道路交通事故、火灾事故自发生之日起7日内)，因事故伤亡人数变化导致事故等级发生变化，依照《生产安全事故报告和调查处理条例》规定应当由上级人民政府负责调查的，上级人民政府可以另行组织事故调查组进行调查。

(5) 跨区事故

特别重大事故以下等级事故，事故发生地与事故发生单位不在同一个县级以上行政区域的，由事故发生地人民政府负责调查，事故发生单位所在地人民政府应当派人参加。

三、事故调查组

事故调查组的组成应当遵循精简、效能的原则。

(一) 事故调查组组成

事故调查组由县级以上人民政府按照国务院的规定成立。事故调查由事故调查组组长负责。事故调查组组长由负责事故调查的人民政府指定。事故调查组组长主持事故调查工作，有权对事故原因、事故性质和事故责任提出结论性意见。

根据事故的具体情况，事故调查组由有关人民政府、负有安全生产监督管理职责的部门、监察机关、公安机关以及工会派人组成，并应当邀请人民检察院派人参加。事故调查组可以聘请有关专家参与调查。

事故调查组成员应当具有事故调查所需要的知识和专长，并与所调查的事故没有直接利害关系。

天津港"8·12"瑞海公司危险品仓库特别重大火灾爆炸事故的调查组由应急管理部部长任组长，公安部、安全监管总局、国家监察委员会、交通运输部、生态环境部、全国总工会和天津市人民政府为成员单位，同时邀请最高人民检察院派员参加，并聘请爆炸、消防、刑侦、化工、环保等方面的专家参与事故调查工作。

(二) 事故调查组职权

1. 事故调查组职责

(1) 查明事故发生的原因、经过、人员伤亡情况及直接经济损失；

(2) 查明事故性质和事故责任；

(3) 评估应急处置工作；

(4) 总结事故教训，提出整改措施；

(5) 对事故责任者提出处理意见(监察机关对公职人员提出责任追究意见)；

(6) 提交事故调查报告。

2. 事故调查组权利

事故调查组有权向有关单位和个人了解与事故有关的情况，并要求其提供相关文件、资料，有关单位和个人不得拒绝。

事故发生单位的负责人和有关人员在事故调查期间不得擅离职守，并应当随时接受事故调查组的询问，如实提供有关情况。

事故调查中发现涉嫌犯罪的，事故调查组应当及时将有关材料或者其复印件移交司法机关处理。

事故调查中需要进行技术鉴定的，事故调查组应当委托具有国家规定资质的单位进行技术鉴定。必要时，事故调查组可以直接组织专家进行技术鉴定。技术鉴定所需时间不计入事故调查期限。

事故调查组成员在事故调查工作中应当诚信公正、恪尽职守，遵守事故调查组的纪律，保守事故调查的秘密。未经事故调查组组长允许，事故调查组成员不得擅自发布有关事故的信息。

四、事故调查程序

事故发生后，在进行事故调查的过程中，事故调查取证是完成事故调查过程中非常重要的一个环节。事故调查取证主要有以下几个方面：

（一）现场处理

（1）事故发生后，应救护受伤害者，采取措施制止事故蔓延扩大。

（2）认真保护事故现场。凡与事故有关的物体、痕迹、状态，不得破坏。

（3）为抢救受伤害者需要移动现场某些物体时，必须做好现场标志。

（二）物证搜集

（1）现场物证包括破损部件、碎片、残留物、致害物的位置等。

（2）在现场搜集到的所有物件均应贴上标签，注明地点、时间、管理者。

（3）所有物件应保持原样，不准冲洗擦拭。

（4）对健康有危害的物品，应采取不损坏原始证据的安全防护措施。

（三）事故事实材料的搜集

1. 与事故鉴别、记录有关的材料

（1）发生事故的单位、地点、时间；

（2）受害人和肇事者的姓名、性别、年龄、文化程度、职业、技术等级、工龄、本工种工龄、支付工资的形式；

（3）受害人和肇事者的技术状况，接受安全教育情况；

（4）出事当天，受害人和肇事者什么时间开始工作、工作内容、工作量、作业程序、操作时的动作(或位置)；

（5）受害人和肇事者过去的事故记录。

2. 事故发生的有关事实

（1）事故发生前设备、设施等的性能和质量状况；

（2）使用的材料必要时进行物理性能或化学性能实验与分析；

（3）有关设计和工艺方面的技术文件、工作指令和规章制度方面的资料及执行情况；

（4）关于工作环境方面的状况：包括照明、湿度、温度、通风、声响、色彩度、道路、工作面状况及工作环境中的有毒、有害物质取样分析记录；

（5）个人防护措施状况：应注意它的有效性、质量、使用范围；

（6）出事前受害人或肇事者的健康状况；

（7）其他可能与事故致因有关的细节或因素。

（四）证人材料搜集

要尽快找被调查者搜集材料。对证人的口述材料，应认真考证其真实程度。

（五）现场摄影

（1）显示残骸和受害者原始存息地的所有照片。

（2）可能被清除或被践踏的痕迹，如刹车痕迹、地面和建筑物的伤痕、火灾引起损害的照片、冒顶下落物的空间等。

（3）事故现场全貌。

（4）利用摄影或录像，以提供较完善的信息内容。

（六）事故图

报告中的事故图应包括了解事故情况所必需的信息。如事故现场示意图、流程图、受害者位置图等。

五、事故分析

事故分析包括事故原因分析、事故性质认定和责任划分。

（一）事故原因分析

事故致因理论为我们提供了事故发生原因和针对这些原因如何进行事故控制的研究思路。

1. 事故原因分析步骤

（1）整理和阅读调查材料。

（2）按以下7项内容进行分析：

①受伤部位；②受伤性质；③起因物；④致害物；⑤伤害方式；⑥不安全状态；⑦不安全行为。

（3）确定事故的直接原因。

（4）确定事故的间接原因。

（5）确定事故责任。

在事故原因分析时通常要明确以下内容：

① 事故发生前存在什么样的不正常；②不正常的状态是在哪儿发生的；③在什么时候最先注意到不正常状态；④不正常状态是如何发生的；⑤事故为什么会发生；⑥事件发生的可能顺序以及可能的原因(排除不可能的原因)；⑦分析可选择的事件发生顺序。

2. 事故直接原因分析

直接原因是指直接导致事故发生和人员伤害的原因，与事故发生和人员伤害有直接因果关系，包括机械、物质或环境的不安全状态和人的不安全行为两个方面。

（1）机械、物质或环境的不安全状态

① 设备、设施、工具、附件有缺陷

a. 设计不当，结构不合安全要求。包括：通道门遮挡视线；制动装置有缺欠；安全间距不够；拦车网有缺欠；工件有锋利毛刺、毛边；设施上有锋利倒棱；其他。

b. 强度不够。包括：机械强度不够；绝缘强度不够；起吊重物的绳索不合安全要求；其他。

c. 设备在非正常状态下运行。包括：设备带“病”运转；超负荷运转；其他。

d. 维修、调整不良。包括：设备失修；地面不平；保养不当、设备失灵；其他。

② 防护、保险、信号等装置缺乏或有缺陷

a. 无防护。包括：无防护罩；无安全保险装置；无报警装置；无安全标志；无护栏或护栏损坏；(电气)未接地；绝缘不良；局部通风机无消音系统、噪声大；危房内作业；未安装防止“跑车”的挡车器或挡车栏；其他。

b. 防护不当。包括：防护罩未在适当位置；防护装置调整不当；坑道掘进、隧道开凿支撑不当；防爆装置不当；采伐、集材作业安全距离不够；放炮作业隐蔽所有缺陷；电气装置带电部分裸露；其他。

③ 个人防护用品用具——防护服、手套、护目镜及面罩、呼吸器官护、听力护具、安全带、安全帽、安全鞋等缺少或有缺陷。

a. 无个人防护用品、用具。

b. 所用的防护用品、用具不符合安全要求。

④ 生产(施工)场地环境不良

a. 照明光线不良。包括：照度不足；作业场的烟雾尘弥漫视物不清；光线过强。

b. 通风不良。包括：无通风；通风系统效率低；风流短路；停电停风时爆破作业；瓦斯排放未达到安全浓度爆破作业；瓦斯超限；其他。

c. 作业场所狭窄。

d. 作业场地杂乱。包括：工具、制品、材料堆放不安全；采伐时，未开“安全道”；迎门树、坐殿树、搭挂树未做处理；其他。

e. 交通线路的配置不安全。

f. 操作工序设计或配置不安全。

g. 地面滑。包括：地面有油或其他液体；冰雪覆盖；地面有其他易滑物。

h. 储存方法不安全。

i. 环境温度、湿度不当。

(2) 人的不安全行为

① 操作错误，忽视安全，忽视警告。

a. 未经许可开动、关停、移动机器；

b. 开动、关停机器时未给信号；

c. 开关未锁紧，造成意外转动、通电或泄漏等；

d. 忘记关闭设备；

e. 忽视警告标志、警告信号；

f. 操作错误(指按钮、阀门、扳手、把柄等的操作)；

g. 奔跑作业；

h. 供料或送料速度过快；

i. 机械超速运转；

j. 违章驾驶机动车；

k. 酒后作业；

l. 客货混载；

m. 冲压机作业时，手伸进冲压模；

n. 工件紧固不牢；
o. 用压缩空气吹铁屑；
p. 其他。
② 造成安全装置失效。
a. 拆除了安全装置；
b. 安全装置堵塞，失掉了作用；
c. 调整的错误造成安全装置失效；
d. 其他。
③ 使用不安全设备。
a. 临时使用不牢固的设施；
b. 使用无安全装置的设备；
c. 其他。
④ 手代替工具操作。
a. 用手代替手动工具；
b. 用手清除切屑；
c. 不用夹具固定、用手拿工件进行机加工。
⑤ 物体（指成品、半成品、材料、工具、切屑和生产用品等）存放不当。
⑥ 冒险进入危险场所。
a. 冒险进入涵洞；
b. 接近漏料处（无安全设施）；
c. 采伐、集材、运材、装车时，未离危险区；
d. 未经安全监察人员允许进入油罐或井中；
e. 未"敲帮问顶"便开始作业；
f. 冒进信号；
g. 调车场超速上下车；
h. 易燃易爆场所明火；
i. 私自搭乘矿车；
j. 在绞车道行走；
k. 未及时瞭望；
⑦ 攀、坐不安全位置（如平台护栏、汽车挡板、吊车吊钩）。
⑧ 在起吊物下作业、停留。
⑨ 机器运转时加油、修理、检查、调整、焊接、清扫等工作。
⑩ 有分散注意力行为。
⑪在必须使用个人防护用品用具的作业或场合中，忽视其使用。
a. 未戴护目镜或面罩；
b. 未戴防护手套；
c. 未穿安全鞋；
d. 未戴安全帽；
e. 未佩戴呼吸护具；
f. 未佩戴安全带；

g. 未戴工作帽；

h. 其他。

⑫不安全装束。

a. 在有旋转军部件的设备旁作业穿过肥大服装；

b. 操纵带有旋转零部件的设备时戴手套；

c. 其他。

⑬对易燃、易爆等危险物品处理错误。

3. 事故间接原因分析

间接原因是导致事故直接原因产生的原因以及促成事故发生的非直接方面的原因。间接原因一般与事故直接原因为因果关系。间接原因可追踪于管理措施及决策的缺陷，或者环境的因素。

（1）技术和设计上有缺陷；

（2）教育培训不够、未经培训、缺乏或不懂安全操作技术知识；

（3）劳动组织不合理；

（4）对现场工作缺乏检查或指导；

（5）没有安全操作规程或不健全；

（6）没有认真实施事故防范措施，对事故隐患整改不力；

（7）其他。

（二）事故性质分析

事故性质的认定是指在对事故调查所确认的事实、事故发生原因和责任属性进行科学分析的基础上，对是否属于责任事故或非责任事故作出认定。

（三）事故责任分析

事故责任分析是在事故原因分析的基础上进行的，进行责任分析的目的是使责任者吸取教训，改进工作。

事故责任分为：

（1）直接责任者：指其行为与事故的发生有直接关系的人员。

（2）主要责任者：指对事故的发生起主要作用的人员。

下列情况负直接责任或主要责任：

① 违章指挥或违章作业、冒险作业造成事故的；

② 违反安全生产责任制和操作规程造成事故的；

③ 违反劳动纪律、擅自开动机械设备、擅自更改拆除、毁坏、挪用安全装置和设备造成事故的。

（3）领导责任者：指对事故的发生负有领导责任的人员。

下列情况负领导责任：

① 由于安全生产责任制、安全生产规章制度和操作规程不健全造成事故的；

② 未按规定对员工进行安全教育和技术培训，或未经考试合格上岗造成事故的；

③ 机械设备超过检修期或超负荷运行或设备有缺陷不采取措施造成事故的；

④ 作业环境不安全，未采取措施造成事故的；

⑤ 新建、改建、扩建工程项目的安全设施未与主体工程同时设计、同时施工、同时投入生产和使用造成事故的。

⑥ 挪用安全生产费用造成事故的。

(4)《中国共产党纪律处分条例》(2018 年)第三十七条违纪行为有关责任人员的区分：

(一) 直接责任者，是指在其职责范围内，不履行或者不正确履行自己的职责，对造成的损失或者后果起决定性作用的党员或者党员领导干部。

(二) 主要领导责任者，是指在其职责范围内，对直接主管的工作不履行或者不正确履行职责，对造成的损失或者后果负直接领导责任的党员领导干部。

(三) 重要领导责任者，是指在其职责范围内，对应管的工作或者参与决定的工作不履行或者不正确履行职责，对造成的损失或者后果负次要领导责任的党员领导干部。本条例所称领导责任者，包括主要领导责任者和重要领导责任者。

六、事故责任追究

事故责任追究包括行政责任、刑事责任、民事责任和党纪政纪四个方面。

(一) 行政责任

行政责任是指行为人因违反行政法或因行政法规定而应承担的法律责任。行政责任一般分为职务过错责任和行政过错责任。前者是指行政机关工作人员在执行公务中因滥用职权或违法失职行为而应承担的法律责任；后者是指行政管理相对人因违反行政管理法规而应承担的法律责任。

行政责任分为行政处分和行政处罚。

(1) 行政处分

安全生产责任的行政处分主要是对职务性过错的制裁，它包括不作为失职处分和作为失职处分。《国务院关于特大安全事故行政责任追究的规定》(国务院 302 号令)对各种不作为失职行为和作为违法、违纪行为的处分都作了明确规定。《安全生产法》第六章对安全生产监督管理人员的行政法律责任有明确的规定，

主要有：①防范性工作失职处分；②确保中小学生社会实践活动安全的失职处分；③安全审批失职处分；④监督管理失职处分；⑤事故调查处理失职处分。

根据《行政监察法》《公务员法》，对国家工作人员的行政处分分为：警告、记过、记大过、降级、撤职、开除。

(2) 行政处罚

行政处罚，是指行政机关为达到对违法者予以惩戒，促使其以后不再犯，有效实施行政管理，维护公共利益和社会秩序，为保护公民、法人或其他组织的合法权益，依法对行政相对人违反行政法律规范尚未构成犯罪的行为(违反行政管理秩序的行为)，给予人身的、财产的、名誉的及其他形式的法律制裁的行政行为。行政处罚的对象可以是自然人，也可以是法人或者其他组织。

行政处罚包括以下种类：

① 申诫罚：批评、训诫、警告、通报等；

② 财产罚：罚款、没收违法所得、没收非法财物；

③ 行为罚：责令停产停业、暂扣或者吊销许可证、暂停或者取消从业资格等，属于剥夺某种行为能力的处罚；

④ 人身罚：主要包括行政拘留。

当事人对行政处分或行政处罚不服的，可以依法提起行政复议或者提起行政诉讼。

行政处罚中容易出现的问题包括：

① 以财产罚代替行为罚，没有依法并处。

② 只对单位进行行政处罚，没有对事故责任人员进行行政处罚。

③ 随意降低行政处罚标准。

（二）刑事责任

1. 刑事责任概述

刑事责任是国家刑事法律规定的犯罪行为所应承担的法律后果。也就是说，任何公民法人实施了违反刑事法律的行为，都要承担因其行为所造成的法律后果。犯罪与刑事责任是紧密联系的，认定犯罪的目的，就是为了追究行为的刑事责任。凡是犯罪行为都是应当负刑事责任的。

犯罪的概念：

我国《刑法》规定，犯罪是指一切危害国家主权、领土完整和安全，分裂国家、颠覆人民民主专政的政权和推翻社会主义制度，破坏社会秩序和经济秩序，侵犯国有财产或者劳动群众集体所有的财产，侵犯公民私人所有的财产，侵犯公民的人身权利、民主权利和其他权利，以及其他危害社会的行为，依照法律应当受刑罚处罚的行为。但是情节显著轻微、危害不大的，不认为是犯罪。犯罪行为具有以下的特征：

① 具有很大的社会危害性。行为对社会的危害性是犯罪的最本质特征。所谓社会危害性，是指行为侵害了法律所保护的社会关系和社会秩序，即对国家和人民利益的危害性。如果行为虽有危害性，但情节显著轻微、危害不大的，也不认为是犯罪。

② 具有刑事违法性。犯罪是对社会有危害的行为，但并非任何对社会有危害的行为都是犯罪，只有那些违反了《刑法》现定的危害社会的行为，即严重危害社会的行为，才是犯罪行为。

③ 具有可罚性。只有对社会造成了危害，又违反了《刑法》规定，而且是应当受到刑罚处罚的行为，才是犯罪。如果某人的行为虽然损害了《刑法》所保护的社会关系，而且对社会造成了一定的危害，具有犯罪的前两个特征，但是刑事法律没有规定应受到刑罚处罚，则不认为是犯罪。

由此可见，任何一种犯罪必须同时具备危害性、违法性和可罚性。这三个基本特征紧密相连，缺一不可，缺少其中任何一个都不是犯罪行为。

2. 安全生产类罪名

（1）《安全生产法》

第九十四条　生产经营单位的主要负责人未履行本法规定的安全生产管理职责的，责令限期改正，处二万元以上五万元以下的罚款；逾期未改正的，处五万元以上十万元以下的罚款，责令生产经营单位停产停业整顿。

生产经营单位的主要负责人有前款违法行为，导致发生生产安全事故的，给予撤职处分；构成犯罪的，依照刑法有关规定追究刑事责任。

生产经营单位的主要负责人依照前款规定受刑事处罚或者撤职处分的，自刑罚执行完毕或者受处分之日起，五年内不得担任任何生产经营单位的主要负责人；对重大、特别重大生产安全事故负有责任的，终身不得担任本行业生产经营单位的主要负责人。

第九十五条 生产经营单位的主要负责人未履行本法规定的安全生产管理职责，导致发生生产安全事故的，由应急管理部门依照下列规定处以罚款：

① 发生一般事故的，处上一年年收入百分之四十的罚款；

② 发生较大事故的，处上一年年收入百分之六十的罚款；

③ 发生重大事故的，处上一年年收入百分之八十的罚款；

④ 发生特别重大事故的，处上一年年收入百分之一百的罚款。

第九十六条　生产经营单位的其他负责人和安全生产管理人员未履行本法规定的安全生产管理职责的，责令限期改正，处一万元以上三万元以下的罚款；导致发生生产安全事故的，暂停或者吊销其与安全生产有关的资格，并处上一年年收入百分之二十以上百分之五十以下的罚款；构成犯罪的，依照刑法有关规定追究刑事责任。

(2)《刑法》

根据《刑法》中的规定，与安全生产有关的犯罪主要有危害公共安全罪，扰乱市场秩序罪，破坏环境资源保护罪，妨害对公司、企业的管理秩序罪、渎职罪和贪污贿赂罪等。其中危害公共安全罪是一类社会危害性非常严重的犯罪，是《刑法》分则规定的犯罪中除危害国家安全罪外，客观危险性最大的一类犯罪。

① 重大责任事故罪

在生产、作业中违反有关安全管理的规定，因而发生重大伤亡事故或者造成其他严重后果的，处三年以下有期徒刑或者拘役；情节特别恶劣的，处三年以上七年以下有期徒刑。(《刑法》第一百三十四条)

【释义】“违反有关安全管理规定”是指违反有关生产安全的法律、法规、规章制度。具体包括以下三种情形：

a. 国家颁布的各种有关安全生产的法律、法规等规范性文件。

b. 企业、事业单位及其上级管理机关制定的反映安全生产客观规律的各种规章制度，包括工艺技术、生产操作、技术监督、劳动保护、安全管理等方面的规程、规则、章程、条例、办法和制度。

c. 虽无明文规定，但反映生产、科研、设计、施工的安全操作客观规律和要求，在实践中为职工所公认的行之有效的操作习惯和惯例等。

本款对应的犯罪主体，包括对生产、作业负有组织、指挥或者管理职责的负责人、管理人员、实际控制人、投资人等人员，以及直接从事生产、作业的人员。

重大责任事故罪案例

2014年10月26日22时许，被告人万某在某工地驾驶叉车作业过程中，将行走在工地上的工人王某轧伤，后经抢救无效死亡。经法医部门鉴定，死者王某符合钝性外力作用致创伤性失血性休克而死亡。

事后，被告人受雇的公司赔偿王某家属各项费用共计86万元，被害人家属对被告人予以谅解。

法院审理认为，被告人万某在生产、作业中违反有关安全管理的规定，造成一人死亡的重大责任事故，其行为已构成重大责任事故罪，判处被告人万某有期徒刑一年零六个月，缓刑二年。

② 强令、组织他人违章冒险作业罪

强令他人违章冒险作业，或者明知存在重大事故隐患而不排除，仍冒险组织作业，因而发生重大伤亡事故或者造成其他严重后果的，处五年以下有期徒刑或者拘役；情节特别恶劣的，处五年以上有期徒刑。(《刑法》第一百三十四条)

【释义】《最高人民法院 最高人民检察院 关于办理危害生产安全刑事案件适用法律若干问题的解释》(2015年)第五条 明知存在事故隐患，继续作业存在危险，仍然违反有关安全管理的规定，实施下列行为之一的，应当认定为《刑法》第一百三十四条第二款规定的“强令他人违章冒险作业”：

a. 利用组织、指挥、管理职权，强制他人违章作业的；

b. 采取威逼、胁迫、恐吓等手段，强制他人违章作业的；

c. 故意掩盖事故隐患，组织他人违章作业的；

d. 其他强令他人违章作业的行为。

生产经营单位的领导者、指挥者、调度者等在明知确实存在危险或者已经违章，工人的人身安全和国家、企业的财产安全没有保证，继续生产会发生严重后果的情况下，仍然不顾相关法律规定，以解雇、减薪以及其他威胁，强行命令或者胁迫下属进行作业，造成重大伤亡事故或者严重财产损失。

本款对应的犯罪主体，包括对生产、作业负有组织、指挥或者管理职责的负责人、管理人员、实际控制人、投资人等人员。

编者按：工人有权拒绝违章指挥和强令冒险作业，这是安全生产法赋予从业人员的权利。

《安全生产法》第五十四条：从业人员有权对本单位安全生产工作中存在的问题提出批评、检举、控告；有权拒绝违章指挥和强令冒险作业。

生产经营单位不得因从业人员对本单位安全生产工作提出批评、检举、控告或者拒绝违章指挥、强令冒险作业而降低其工资、福利等待遇或者解除与其订立的劳动合同。

第五十五条：从业人员发现直接危及人身安全的紧急情况时，有权停止作业或者在采取可能的应急措施后撤离作业场所。

生产经营单位不得因从业人员在前款紧急情况下停止作业或者采取紧急撤离措施而降低其工资、福利等待遇或者解除与其订立的劳动合同。

强令违章冒险作业罪案例

2015 年 9 月 26 日下午，河北省某小区建筑工地施工现场，指挥员张某往塔吊所吊灰罐内装好灰后，将灰罐挂好，然后通知塔吊司机魏某吊起向 11 号楼运送。当塔吊由南向北转动至地下车库施工现场上方时，灰罐突然坠落，砸在正在给地下车库拧钢筋的刘某身上，刘某当场死亡。

工地安全员康某被以重大劳动安全事故罪判处有期徒刑六个月，缓刑一年。塔吊司机魏某、指挥员张某被以重大责任事故罪判处有期徒刑六个月，缓刑一年。

据了解，该起事故是由于事发塔吊的吊钩防脱钩装置被损坏，未能及时更换，以至于起吊时晃动脱钩发生事故，如图 4-8 所示。

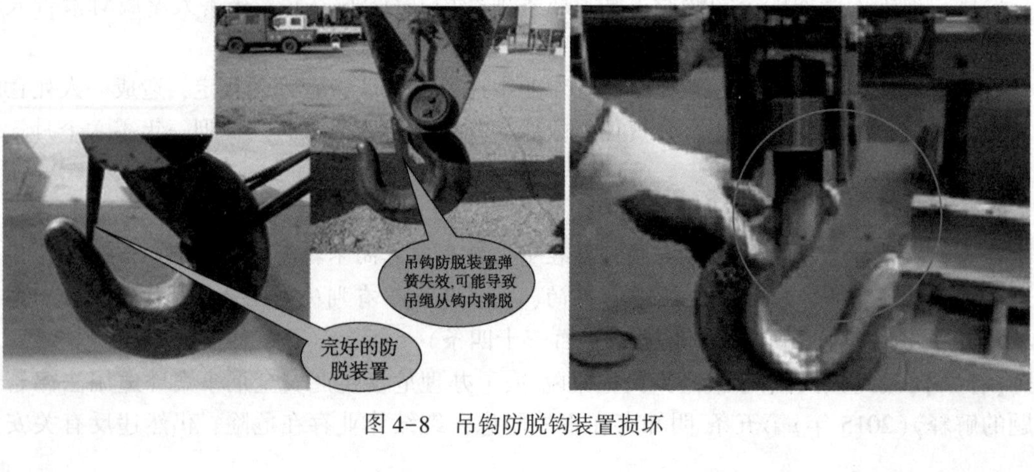

图 4-8　吊钩防脱钩装置损坏

实际上，日常生产过程中，吊钩防脱钩装置损坏的情况比比皆是。更为可怕的是，这些防脱钩装置的损坏有不少是人为的。通常，一些一线操作工认为把防脱钩装置拆除后，挂起重物时更为方便，于是就把防脱钩装置拆掉，殊不知，很多人正是丧命于此！

工地安全员康某、塔吊司机魏某、指挥员张某等三人均被判刑。但实际上，三人被判刑的原因是不相同的。

《安全生产法》(2014 年修订)第二十二条规定：安全员有检查本单位的安全生产状况，及时排查生产安全事故隐患的职责。具体到本案中，安全员康某之所以被判刑，是因为他未能履行法定职责，没有及时消除吊钩防脱钩装置损坏这一隐患导致事故发生。

而塔吊司机魏某、指挥员张某之所以被判刑，则是因为二人违反操作规程进行起吊作业。“起吊作业十不吊”中有一条便是“安全装置失灵或带病不准吊”，具体到该案例中安全装置指的就是吊钩的防脱钩装置。

编者按：安全员工作时间、精力和经验是有限的，事故隐患涉及方方面面并且在动态变化中，仅依靠安全员穷尽事故隐患是不现实的，也是注定行不通的。

③ 危险作业罪

在生产、作业中违反有关安全管理的规定，有下列情形之一，具有发生重大伤亡事故或者其他严重后果的现实危险的，处一年以下有期徒刑、拘役或者管制：

a. 关闭、破坏直接关系生产安全的监控、报警、防护、救生设备、设施，或者篡改、隐瞒、销毁其相关数据、信息的；

b. 因存在重大事故隐患被依法责令停产停业、停止施工、停止使用有关设备、设施、场所或者立即采取排除危险的整改措施，而拒不执行的；

c. 涉及安全生产的事项未经依法批准或者许可，擅自从事矿山开采、金属冶炼、建筑施工，以及危险物品生产、经营、储存等高度危险的生产作业活动的。[《刑法》修正案(十一)第一百三十四条]

危险作业罪案例

2021 年 3 月 8 日上午，浙江省杭州市萧山区应急管理局执法人员对某公司进行执法检查。期间，执法人员发现厂区内一简易钢棚搭设的仓库，玻璃窗均被物体人为遮挡，检查发现仓库内堆放了大量危化品，包括满瓶二氧化碳、氧气、乙炔、混合气体、氮气等 176 个气瓶。同时，该仓库紧邻公司员工宿舍楼搭设，宿舍楼里还住着数十个工人，一旦发生爆炸，后果不堪设想(图 4-9)。

图 4-9　违规储存气瓶且不满足安全距离

经核查，该公司未取得危化品经营许可证，该仓库也不具备存放危化品的安全条件。执法人员当即依法开具了现场处理措施决定书，责令该公司立即停止储存危险化学品，并对现场气瓶进行异地扣押。随后，杭州市萧山区应急管理部门同公安机关积极对接，萧山区公安分局于3月9日对犯罪嫌疑人余某以涉嫌危险作业罪依法刑事拘留。

④ 重大劳动安全事故罪

安全生产设施或者安全生产条件不符合国家规定，因而发生重大伤亡事故或者造成其他严重后果的，对直接负责的主管人员和其他直接责任人员，处三年以下有期徒刑或者拘役；情节特别恶劣的，处三年以上七年以下有期徒刑。[《刑法》第一百三十五条第1款]

【释义】“安全生产设施或者安全生产条件不符合国家规定”是指工厂、矿山、林场、建筑企业或者其他企业、事业单位的劳动安全设施不符合国家规定。

“直接负责的主管人员和其他直接责任人员”，是指对安全生产设施或者安全生产条件不符合国家规定负有直接责任的生产经营单位负责人、管理人员、实际控制人、投资人，以及其他对安全生产设施或者安全生产条件负有管理、维护职责的人员。

⑤ 大型群众性活动重大安全事故罪

举办大型群众性活动违反安全管理规定，因而发生重大伤亡事故或者造成其他严重后果的，对直接负责的主管人员和其他直接责任人员，处三年以下有期徒刑或者拘役；情节特别恶劣的，处三年以上七年以下有期徒刑。[《刑法》第一百三十五条第2款]

【释义】本罪的犯罪主体是直接负责的主管人员和其他直接责任人员。构成本罪要求在举办大型的群体性活动中，违反在公共场所的群体性活动中相关的安全管理规定，没有履行相关的注意、管理等义务，发生了重大伤亡事故或者造成其他严重后果。

⑥ 危险物品肇事罪

违反爆炸性、易燃性、放射性、毒害性、腐蚀性物品的管理规定，在生产、储存、运输、使用中发生重大事故，造成严重后果的，处三年以下有期徒刑或者拘役；后果特别严重的，处三年以上七年以下有期徒刑。[《刑法》第一百三十六条]

【释义】构成本罪要求能够引起重大事故的发生，致人重伤、死亡或使公私财产遭受重大损失的危险物品。如果行为人在生产、储存、运输、使用危险物品过程中，违反危险物品管理规定，未造成任何后果，或者造成的后果不严重的，则不构成本罪。

⑦ 工程重大安全事故罪

建设单位、设计单位、施工单位、工程监理单位违反国家规定，降低工程质量标准，造成重大安全事故的，对直接责任人员，处五年以下有期徒刑或者拘役，并处罚金；后果特别严重的，处五年以上十年以下有期徒刑，并处罚金。[《刑法》第一百三十七条]

【释义】《最高人民检察院、公安部关于公安机关管辖的刑事案件立案追诉标准的规定(一)》第十三条工程重大安全事故案(《刑法》第一百三十七条)建设单位、设计单位、施工单位、工程监理单位违反国家规定，降低工程质量标准，涉嫌下列情形之一的，应予立案追诉：

a. 造成死亡一人以上，或者重伤三人以上；

b. 造成直接经济损失五十万元以上的；

c. 其他造成严重后果的情形。

⑧ 消防责任事故罪

违反消防管理法规，经消防监督机构通知采取改正措施而拒绝执行，造成严重后果的，对直接责任人员，处三年以下有期徒刑或者拘役；后果特别严重的，处三年以上七年以下有期徒刑。(《刑法》第一百三十九条第1款)

【释义】《最高人民检察院、公安部关于公安机关管辖的刑事案件立案追诉标准的规定(一)》第十五条消防责任事故案(《刑法》第一百三十九条)违反消防管理法规，经消防监督机构通知采取改正措施而拒绝执行，涉嫌下列情形之一的，应予立案追诉：(一)造成死亡一人以上，或者重伤三人以上；(二)造成直接经济损失五十万元以上的；(三)造成森林火灾，过火有林地面积二公顷以上，或者过火疏林地、灌木林地、未成林地、苗圃地面积四公顷以上的；(四)其他造成严重后果的情形。

⑨ 不报、谎报安全事故罪

在安全事故发生后，负有报告职责的人员不报或者谎报事故情况，贻误事故抢救，情节严重的，处三年以下有期徒刑或者拘役；情节特别严重的，处三年以上七年以下有期徒刑。(《刑法》第一百三十九条第2款)

⑩ 污染环境罪

违反国家规定，排放、倾倒或者处置有放射性的废物、含传染病病原体的废物、有毒物质或者其他有害物质，严重污染环境的，处三年以下有期徒刑或者拘役，并处或者单处罚金；情节严重的，处三年以上七年以下有期徒刑，并处罚金；有下列情形之一的，处七年以上有期徒刑，并处罚金：

a. 在饮用水水源保护区、自然保护地、核心保护区等依法确定的重点保护区域排放、倾倒、处置有放射性的废物、含传染病病原体的废物、有毒物质，情节特别严重的；

b. 向国家确定的重要江河、湖泊水域排放、倾倒、处置有放射性的废物、含传染病病原体的废物、有毒物质，情节特别严重的；

c. 致使大量永久基本农田基本功能丧失或者遭受永久性破坏的；

d. 致使多人重伤、严重疾病，或者致人严重残疾、死亡的。

有前款行为，同时构成其他犯罪的，依照处罚较重的规定定罪处罚。(《刑法》第三百三十八条)

⑪ 非法采矿罪；破坏性采矿罪

违反矿产资源法的规定，未取得采矿许可证擅自采矿，擅自进入国家规划矿区、对国民经济具有重要价值的矿区和他人矿区范围采矿，或者擅自开采国家规定实行保护性开采的特定矿种，情节严重的，处三年以下有期徒刑、拘役或者管制，并处或者单处罚金；情节特别严重的，处三年以上七年以下有期徒刑，并处罚金。

违反矿产资源法的规定，采取破坏性的开采方法开采矿产资源，造成矿产资源严重破坏的，处五年以下有期徒刑或者拘役，并处罚金。(《刑法》第三百四十三条)

⑫ 重大飞行事故罪

航空人员违反规章制度，致使发生重大飞行事故，造成严重后果的，处三年以下有期徒刑或者拘役；造成飞机坠毁或者人员死亡的，处三年以上七年以下有期徒刑。(《刑法》第一百三十一条)

⑬ 铁路运营安全事故罪

铁路职工违反规章制度，致使发生铁路运营安全事故，造成严重后果的，处三年以下有期徒刑或者拘役；造成特别严重后果的，处三年以上七年以下有期徒刑。(《刑法》第一百三十二条)

⑭ 交通肇事罪

在道路上驾驶机动车，有下列情形之一的，处拘役，并处罚金：

a. 追逐竞驶，情节恶劣的；

b. 醉酒驾驶机动车的；

c. 从事校车业务或者旅客运输，严重超过额定乘员载客，或者严重超过规定时速行驶的；

d. 违反危险化学品安全管理规定运输危险化学品，危及公共安全的。

机动车所有人、管理人对前款第三项、第四项行为负有直接责任的，依照前款的规定处罚。

有前两款行为，同时构成其他犯罪的，依照处罚较重的规定定罪处罚。(《刑法》第一百三十三条)

⑮ 提供虚假证明文件罪；出具证明文件重大失实罪

承担资产评估、验资、验证、会计、审计、法律服务、保荐、安全评价、环境影响评价、环境监测等职责的中介组织的人员故意提供虚假证明文件，情节严重的，处五年以下有期徒刑或者拘役，并处罚金；有下列情形之一的，处五年以上十年以下有期徒刑，并处罚金：

a. 提供与证券发行相关的虚假的资产评估、会计、审计、法律服务、保荐等证明文件，情节特别严重的；

b. 提供与重大资产交易相关的虚假的资产评估、会计、审计等证明文件，情节特别严重的；

c. 在涉及公共安全的重大工程、项目中提供虚假的安全评价、环境影响评价等证明文件，致使公共财产、国家和人民利益遭受特别重大损失的。

有前款行为，同时索取他人财物或者非法收受他人财物构成犯罪的，依照处罚较重的规定定罪处罚

第一款规定的人员，严重不负责任，出具的证明文件有重大失实，造成严重后果的，处三年以下有期徒刑或者拘役，并处或者单处罚金。(《刑法》第二百二十九条)

3. 定罪量刑标准

《最高人民法院 最高人民检察院 关于办理危害生产安全刑事案件适用法律若干问题的解释》(法释〔2015〕22号)，明确了危害生产安全相关犯罪的定罪量刑标准，提出了相关罪名的司法认定标准，统一了疑难案件的法律适用意见，及时解决了现阶段打击生产安全犯罪行为有法难依的难题，对于进一步落实“党政同责、一岗双责、齐抓共管、失职追责”要求，指导规范有关刑事案件司法审判实践，加大生产安全犯罪行为惩治力度，补齐安全生产依法治理的短板，强化安全发展的意识，具有十分重大的意义。

(1) 事故后果严重的含义

《刑法》第一百三十二条【铁路运营安全事故罪】、第一百三十四条第一款【重大责任事故罪】、第一百三十五条之一【重大劳动安全事故罪】、第一百三十六条【危险物品肇事罪】、第一百三十九条【不报、谎报安全事故罪】规定的行为，因而发生安全事故，具有下列情形之一的，应当认定为“造成严重后果”或者“发生重大伤亡事故或者造成其他严重后果”，对相关责任人员处三年以下有期徒刑或者拘役：

① 造成死亡三人以上或者重伤十人以上，负事故主要责任的；

② 造成直接经济损失五百万元以上，负事故主要责任的；

③ 其他造成特别严重后果、情节特别恶劣或者后果特别严重的情形。

实施《刑法》第一百三十四条第二款【强令违章冒险作业罪】规定的行为，因而发生安全事故，具有本条第一款规定情形的，对相关责任人员，处五年以上有期徒刑。

实施《刑法》第一百三十七条【工程重大安全事故罪】规定的行为，因而发生安全事故，具有本条第一款规定情形的，对直接责任人员，处五年以上十年以下有期徒刑，并处罚金。

(2) 情节特别恶劣的含义

实施《刑法》第一百三十二条、第一百三十四条第一款、第一百三十五条、第一百三十五条之一、第一百三十六条、第一百三十九条规定的行为，因而发生安全事故，具有下列情形之一的，对相关责任人员，处三年以上七年以下有期徒刑：

① 造成死亡三人以上或者重伤十人以上，负事故主要责任的；

② 造成直接经济损失五百万元以上，负事故主要责任的；

③ 其他造成特别严重后果、情节特别恶劣或者后果特别严重的情形。

实施《刑法》第一百三十四条第二款【强令违章冒险作业罪】规定的行为，因而发生安全事故，具有本条第一款规定情形的，对相关责任人员，处五年以上有期徒刑。

实施《刑法》第一百三十七条【工程重大安全事故罪】规定的行为，因而发生安全事故，具有本条第一款规定情形的，对直接责任人员，处五年以上十年以下有期徒刑，并处罚金。

(3) 事故报告情节严重、特别严重的含义

在安全事故发生后，负有报告职责的人员不报或者谎报事故情况，贻误事故抢救，具有下列情形之一的，应当认定为《刑法》第一百三十九条之一【不报、谎报安全事故罪】规定的“情节严重”：

① 导致事故后果扩大，增加死亡一人以上，或者增加重伤三人以上，或者增加直接经济损失一百万元以上的；

② 实施下列行为之一，致使不能及时有效开展事故抢救的：

a. 决定不报、迟报、谎报事故情况或者指使、串通有关人员不报、迟报、谎报事故情况的；

b. 在事故抢救期间擅离职守或者逃匿的；

c. 伪造、破坏事故现场，或者转移、藏匿、毁灭遇难人员尸体，或者转移、藏匿受伤人员的；

d. 毁灭、伪造、隐匿与事故有关的图纸、记录、计算机数据等资料以及其他证据的；

③ 其他情节严重的情形。

具有下列情形之一的，应当认定为《刑法》第一百三十九条之一【不报、谎报安全事故罪】规定的“情节特别严重”：

a. 导致事故后果扩大，增加死亡三人以上，或者增加重伤十人以上，或者增加直接经济损失五百万元以上的；

b. 采用暴力、胁迫、命令等方式阻止他人报告事故情况，导致事故后果扩大的；

c. 其他情节特别严重的情形。

在安全事故发生后，与负有报告职责的人员串通，不报或者谎报事故情况，贻误事故抢救，情节严重的，依照《刑法》第一百三十九条之一的规定，以共犯论处。

（4）阻挠应急救援

在安全事故发生后，直接负责的主管人员和其他直接责任人员故意阻挠开展抢救，导致人员死亡或者重伤，或者为了逃避法律追究，对被害人进行隐藏、遗弃，致使被害人因无法得到救助而死亡或者重度残疾的，分别依照《刑法》第二百三十二条、第二百三十四条的规定，以故意杀人罪或者故意伤害罪定罪处罚。

（5）生产、销售不合格安全设备

生产不符合保障人身、财产安全的国家标准、行业标准的安全设备，或者明知安全设备不符合保障人身、财产安全的国家标准、行业标准而进行销售，致使发生安全事故，造成严重后果的，依照《刑法》第一百四十六条的规定，以生产、销售不符合安全标准的产品罪定罪处罚。

（6）从重处罚的情形

实施《刑法》第一百三十二条、第一百三十四条至第一百三十九条之一规定的犯罪行为，具有下列情形之一的，从重处罚：

① 未依法取得安全许可证件或者安全许可证件过期、被暂扣、吊销、注销后从事生产经营活动的；

② 关闭、破坏必要的安全监控和报警设备的；

③ 已经发现事故隐患，经有关部门或者个人提出后，仍不采取措施的；

④ 一年内曾因危害生产安全违法犯罪活动受过行政处罚或者刑事处罚的；

⑤ 采取弄虚作假、行贿等手段，故意逃避、阻挠负有安全监督管理职责的部门实施监督检查的；

⑥ 安全事故发生后转移财产意图逃避承担责任的；

⑦ 其他从重处罚的情形。

实施前款第五项规定的行为，同时构成《刑法》第三百八十九条规定的犯罪的，依照数罪并罚的规定处罚。

（7）从轻处罚的情形

实施《刑法》第一百三十二条、第一百三十四条至第一百三十九条之一规定的犯罪行为，在安全事故发生后积极组织、参与事故抢救，或者积极配合调查、主动赔偿损失的，可以酌情从轻处罚。

（8）国家工作人员违法行为

国家工作人员违反规定投资入股生产经营，构成本解释规定的有关犯罪的，或者国家工作人员的贪污、受贿犯罪行为与安全事故发生存在关联性的，从重处罚；同时构成贪污、受贿犯罪和危害生产安全犯罪的，依照数罪并罚的规定处罚。

国家机关工作人员在履行安全监督管理职责时滥用职权、玩忽职守，致使公共财产、国家和人民利益遭受重大损失的，或者徇私舞弊，对发现的刑事案件依法应当移交司法机关追究刑事责任而不移交，情节严重的，分别依照《刑法》第三百九十七条、第四百零二条的规定，以滥用职权罪、玩忽职守罪或者徇私舞弊不移交刑事案件罪定罪处罚。

公司、企业、事业单位的工作人员在依法或者受委托行使安全监督管理职责时滥用职权或者玩忽职守，构成犯罪的，应当依照《全国人民代表大会常务委员会关于〈中华人民共和国刑法〉第九章渎职罪主体适用问题的解释》的规定，适用渎职罪的规定追究刑事责任。

（三）民事责任

1. 民事责任

民事责任是对民事法律责任的简称，是指民事主体在民事活动中，因实施了民事违法行为，根据民法所承担的对其不利的民事法律后果或者基于法律特别规定而应承担的民事法律责任。

民事责任属于法律责任的一种，是保障民事权利和民事义务实现的重要措施。是民事主体因违反民事义务所应承担的民事法律后果，它主要是一种民事救济手段，旨在使受害人，被侵犯的权益得以恢复。

2. 民事责任的形式

承担民事责任的形式，是指违法行为人承担民事责任的方式。违法行为人不履行自己的义务或侵害他人的权利，权利人可以请求违法行为人承担相应的责任，以保护自己的权利。因此，权利人要求违法行为人承担民事责任的方式，就是对其侵害的权利的补救方法，是法院保护民事权利的具体方法和制裁不法行为的具体措施。

按照《民法典》第 179 条的规定，民事责任的形式主要有如下 11 种：(1)停止侵害；(2)排除妨碍；(3)消除危险；(4)返还财产；(5)恢复原状；(6) 修理、重作、更换；(7)继续履行；(8)赔偿损失；(9)支付违约金；(10)消除影响，恢复名誉；(11)赔礼道歉。

以上民事责任形式，可以单独适用，也可以合并适用。应当指出，民事责任与行政责任同样是独立的法律责任。违反民事法规的行为，可能同时违反其他部门法的法规，如刑事和行政法规等。在这种情况下，不能把民事责任与其他法律责任相混淆，相替代。对承担民事责任的主体，需要追究在其他部门法上的责任的，应当同时追究其有关的非民事法律责任。

生产经营单位发生生产安全事故造成人员伤亡、他人财产损失的，应当依法承担赔偿责任；拒不承担或者其负责人逃匿的，由人民法院依法强制执行。

（四）党纪政纪

1. 党纪处分

党纪处分主要依据是《中国共产党纪律处分条例》和《安全生产领域违纪行为适用〈中国共产党纪律处分条例〉若干问题的解释》，对事故负有责任的中共党员给予党纪处分。

对中共党员的纪律处分种类：警告、严重警告、撤销党内职务、留党察看、开除党籍。

党纪政纪处分配套一般要求：中共党员的处分配套一般为，行政记大过或降级配党内警告；行政撤职或党内严重警告或撤销党内职务或留党察看；刑事责任配开除党籍。

2. 政纪处分

处分主要依据：依据或比照《安全生产领域违法违纪行为政纪处分暂行规定》(11 号令)，对相关责任者给予政纪处分。

处分种类：警告、记过、记大过、降级、撤职、开除。

3. 党纪政纪处分应注意的问题

属于国家机关工作人员的，不得以党纪处分代替政纪处分；司法机关已采取措施的责任人员中属中共党员和行政监察对象的，暂不提出党纪政纪处分档次，待司法机关作出处理决定后，由纪检监察机关按照党员、干部管理权限及时给予相应的党纪政纪处分。

除上述事故责任追究方式外，还有如下责任追究的处理方式。

(1) 属于民主党派或人大、政协代表的，应移送并建议其有权管辖单位给予相应处理。

(2) 对非国有企业的责任人员，可采取依法暂停或者撤销其与安全生产有关的执业资格、岗位证书，用岗位禁入、辞退或经济处罚等处理代替政纪处分。如撤销职务，辞退，罚款，多少年内不得担任某职务、从事某工作等。

(3) 对国家工作人员可采取责令写书面检查、公开道歉、停职检查、引咎辞职、责令辞职、免职等形式问责。

(4) 对事故负有责任的政府或有关部门，可责令其写出检查。

七、事故调查报告

(一) 时限

事故调查组应当自事故发生之日起60日内提交事故调查报告；特殊情况下，经负责事故调查的人民政府批准，提交事故调查报告的期限可以适当延长，但延长的期限最长不超过60日。

(二) 报告内容

事故调查报告应当包括下列内容：

(1) 事故发生单位概况；

(2) 事故发生经过和事故救援情况；

(3) 事故造成的人员伤亡和直接经济损失；

(4) 事故发生的原因和事故性质；

(5) 事故责任的认定以及对事故责任者的处理建议；

(6) 事故防范和整改措施。

事故调查报告应当附具有关证据材料。事故调查组成员应当在事故调查报告上签名。

事故调查报告报送负责事故调查的人民政府后，事故调查工作即告结束。事故调查的有关资料应当归档保存。

(三) 批复

重大事故、较大事故、一般事故，负责事故调查的人民政府应当自收到事故调查报告之日起15日内做出批复。特别重大事故，30日内做出批复。特殊情况下，批复时间可以适当延长，但延长的时间最长不超过30日。

八、事故防范和整改措施落实情况评估

负责事故调查处理的国务院有关部门和地方人民政府应当在批复事故调查报告后一年内，组织有关部门对事故整改和防范措施落实情况进行评估，并及时向社会公开评估结果；对不履行职责导致事故整改和防范措施没有落实的有关单位和人员，应当按照有关规定追究责任。

(一) 评估时限

事故结案后10个月至1年内，负责事故调查的地方政府和国务院有关部门要组织开展生产安全事故防范和整改措施落实情况的评估工作。

(二) 评估工作组

评估工作组原则上由参加事故调查的部门组成，可以邀请相应纪检监察机关按照职责同步开展工作。根据工作需要，可以聘请相关专业技术服务机构或专家参加。

(三) 评估内容

评估工作组依据生产安全事故调查报告，逐项对照防范和整改措施建议，重点评估以下内容：

(1) 事故发生单位、相关企业和有关政府、部门落实事故防范和整改措施采取的具体举

措以及工作成效；树牢安全发展理念，健全安全生产责任制，吸取事故教训，举一反三加强安全生产工作情况；

（2）对事故责任单位和责任人员行政处罚建议等落实情况。

纪检监察机关参加评估工作的，对有关部门处理意见和有关公职人员责任追究落实情况进行评估。

（四）评估报告

现场评估工作结束后，评估工作组要形成评估报告。评估报告主要内容应当包括评估工作过程、总体评估意见、事故防范和整改措施落实情况、评估发现的主要问题和相关工作建议等，并附问题清单、工作建议清单以及经验做法清单。评估报告起草过程中，应当充分听取参加评估工作组的有关部门意见。

评估工作组按程序向组织开展事故防范和整改措施落实情况评估工作的地方政府或国务院有关部门提交评估报告。

组织评估工作的地方政府或国务院有关部门对发现问题的处理：

（1）发现事故防范和整改措施未落实、落实不到位或存在其他问题的，应当向相关地方政府和部门交办整改工作任务并持续跟踪、督促整改；

（2）对重大问题悬而不决、重大风险隐患久拖不改，涉嫌失职渎职的，依法依规移交地方党委政府和纪检监察机关严肃追责问责；

（3）发现对有关公职人员处理意见不落实以及追究刑事责任工作明显滞后的，向地方党委和相应纪检监察机关、人民法院和人民检察院通报情况，商请督促落实。

思 考 题

1. 简述海因里希法则、海恩法则的内容及意义。
2. 关注未遂事故对安全生产管理有什么意义？
3. 企业对事故的认识误区有哪些？
4. 如何对事故进行分类？
5. 按事故原因，工伤事故如何分类？
6. 简述空气中氧含量对人和物的影响。
7. 伤亡事故的统计指标有哪些？如何计算？
8. 如何开展企业事故统计工作？
9. 事故直接经济损失和间接经济损失如何划分？
10. 什么是事故的迟报、漏报、谎报和瞒报？
11. 事故发生后，不同人员的事故报告责任是什么？
12. 事故调查处理的原则是什么？
13. 事故调查的主要目的是什么？
14. 事故调查组的职责是什么？
15. 如何进行事故调查？
16. 事故原因如何分析？
17. 事故责任有哪几种？
18. 事故责任追究分几类？
19. 思考一下事故责任追究过严或过宽会造成什么结果？

第五章　职业病防治

第一节　职业健康概述

根据国际劳工组织估算，全世界每年发生工伤死亡人数为110万人，超过道路年平均死亡人数(99.9万)、由于战争造成的死亡人数(50.2万)、暴力死亡人数(56.3万)和艾滋病死亡人数(31.2万)。在110万工伤死亡人数中，有接近1/4的人是由于工作在暴露危险物质的工作场所引发的使人丧失劳动能力的职业病而死亡，诸如癌症、心血管病、呼吸疾病和神经系统紊乱等。据国际劳工组织保守地估算，全世界每年有接近2.5亿工人在生产过程中受到伤害，有1.6亿工人患职业病。

现今，全世界因工伤事故和职业病造成的经济损失迅速增加。国际劳工组织的专家说："人的生命价值是无法用金钱衡量的"。赔偿金额的数据显示，由于工伤致残和患职业病丧失劳动能力造成的经济损失、职业病治疗花费的医药费和丧失劳动能力的抚恤费用的总和，现在已超过了全世界平均国内生产总值(GDP)的4%。由于工伤事故和职业病所造成的经济损失，已超过了相当于整个非洲国家、阿拉伯国家和南亚国家国内生产总值(GDP)的总和，同时，也超过了工业发达国家向发展中国家的政府援助资金的总和。

一、我国职业病危害现状

1. 接触职业病危害人数众多，患者总量巨大

有报道称我国产生有毒有害因素的企业超过1600万家，受到职业病威胁的人数超过2亿。由于劳动者基数巨大加之较高的职业病发病率，我国职业病发病人数高居世界首位，而且每年以10%的速度增长。据不完全统计，截至2018年年底，我国累计报告职业病97.5万例，其中，职业性尘肺病87.3万例，约占报告职业病病例总数的90%。近年平均每年新发职业病约3万例，近20年平均每年新发尘肺病人近1万例。

2. 职业病危害分布行业广，中小企业危害重

从煤炭、冶金、化工、建筑等传统工业，到汽车制造、医药、计算机、生物工程等新兴产业都存在不同程度的职业病危害。我国各类企业中，中小企业占90%以上，吸纳了大量劳动力，特别是农村劳动力。职业病危害也突出地反映在中小企业，尤其是一些个体私营企业。

3. 职业病危害流动性大、危害转移严重

在引进境外投资和技术时，一些存在职业病危害的生产企业和工艺技术由境外向境内转移。与此同时，境内也普遍存在职业病危害从城市和工业区向农村转移，从经济发达地区向欠发达地区转移，从大中型企业向中小型企业转移的情况。我国有近2亿农村劳动力，其中相当部分劳动者作为农民工在城镇从事有毒有害作业。由于劳动关系不固定，农民工流动性大，接触职业病危害的情况十分复杂，其健康影响难以准确估计。

4. 群发性职业病危害事件多发，在国内外造成严重影响

近年来在一些地方屡屡发生的尘肺病、苯中毒、正己烷中毒、三氯甲烷中毒、二氯乙烷中毒、镉中毒等群发性职业病事件，还造成了恶劣的社会影响。

由于我国接触职业病危害的人数日益增加，职业病危害的扩散面积不断加大，以及中小企业职业卫生的状况仍然没有得以改善，可以预见我国职业病危害的形势仍然十分严峻，一些新的职业病种类将逐渐出现并变得更加突出，职业中毒和尘肺病等这些长期未予解决的职业病的发生情况仍会十分严重，尤其是随着经济社会的发展，劳动者维权意识的增强，因职业健康损害事件引发的社会问题会日益凸显，给未来的职业卫生工作带来巨大的压力和挑战。

二、职业病防治法律法规体系

2002年《职业病防治法》的实施对于职业卫生与职业病防治法制建设来说具有重要的里程碑意义。在党中央、国务院的领导下，我国职业病防治工作逐步走上了规范化、法制化的轨道，已初步建立了与《职业病防治法》相配套的职业卫生法律、法规、规章和技术规范体系。

职业病防治法规、规章和技术规范主要有《使用有毒物品作业场所劳动保护条例》《尘肺病防治条例》《放射性同位素与射线装置安全和防护条例》《工作场所职业卫生管理规定》(国家卫生健康委令第5号)《职业病危害项目申报办法》《建设项目职业卫生"三同时"监督管理暂行办法》《用人单位职业健康监护监督管理办法》《职业健康检查管理办法》(国家卫生健康委令第2号)《放射工作人员职业健康管理办法》《职业卫生技术服务机构管理办法》(国家卫生健康委令第4号)《职业病诊断与鉴定管理办法》(国家卫生健康委令第6号)《职业病分类和目录》《职业病危害因素分类目录》《建设项目职业病危害风险分类管理目录》《用人单位职业卫生监督执法工作规范》(国卫监督发〔2020〕17号)《国家卫生健康委关于加强职业病防治技术支撑体系建设的指导意见》(国卫职健发〔2020〕5号)《国家职业卫生标准管理办法》《工业企业设计卫生标准》(GBZ 1)《工作场所有害因素职业接触限值》(GBZ 2)《职业性接触毒物危害程度分级》(GBZ 230)《职业健康监护技术规范》(GBZ 188)《放射工作人员职业健康监护技术规范》(GBZ 235)《工作场所职业病危害警示标识》(GBZ 158)《高毒物品作业岗位职业病危害告知规范》(GBZ/T 203)《用人单位职业病防治指南》(GBZ/T 225)等。

三、职业病防治方针

《职业病防治法》的总则部分对职业病防治的基本方针、基本制度作出了规定。这些基本方针、基本制度主要有：

1. 预防为主、防治结合

预防为主、防治结合是职业病防治工作中必须坚持的基本方针。

2. 劳动者依法享有职业卫生保护的权利

这是劳动者的基本权利，也是制定职业病防治法的前提，或者说是这部法律产生的基础和最充足的理由。

3. 实行用人单位职业病防治责任制

这是在立法过程中确立的职业病防治的一项基本的制度。它的核心是用人单位对职业病防治负有法定的责任。

4. 依法参加工伤社会保险

这是职业病防治中保护劳动者的一项基本措施。工伤是指劳动者由于工作原因受到事故伤害和职业病伤害的总称，将职业病列入工伤的直接理由就是劳动者是在用人单位中引致的疾病和蒙受的损害。

5. 国家实行职业卫生监督制度

《职业病防治法》明确了职业卫生监督制度是由国家实行的制度，对职业卫生实施的监督管理是国家管理职能的体现。

6. 加强社会监督

这是由于职业病危害在社会中许多地方都存在，在加强卫生行政部门监督管理的同时，还要依靠社会的力量，尤其是对分散存在于城乡各地的职业病危害的现象，更需要社会各界的监督，鼓励劳动者、知情者、主张社会公正的人进行检举和控告，对违法者施加压力，在社会力量的支持下加大查处力度，所以在《职业病防治法》第十二条规定，任何单位和个人有权对违法的行为进行检举和控告。

四、职业病防治原则

职业病防治工作，必须发挥政府、生产经营单位、工伤保险、职业卫生技术服务机构、职业病防治机构等各方面的力量，由全社会加以监督，贯彻“预防为主，防治结合”的方针，遵循职业卫生“三级预防”的原则，实行分类管理，综合治理，不断提高职业病防治管理水平。

1. 一级预防

一级预防，又称病因预防，即从根本上消除和控制职业病危害因素，防止职业病的发生。

2. 二级预防

二级预防，又称发病预防，是早期检测和发现人体受到职业病危害因素所致的疾病。其主要手段是专人负责职业病危害因素日常监测，定期对工作场所进行职业病危害因素检测、评价，采用有效的职业病防护设施，提供职业病防护用品，对从事接触职业病危害因素的劳动者组织上岗前、在岗期间和离岗时的职业健康检查，早期发现职业性疾病损害，早期鉴别和诊断。

3. 三级预防

三级预防，又称临床预防，是在病人患职业病以后，合理进行康复处理。包括对职业病病人的保障；疑似职业病病人进行诊断。保障职业病病人享受职业病待遇，安排职业病病人进行治疗、康复和定期检查，对不适宜继续从事原工作的职业病病人，应当调离原岗位并妥善安置。

第二节　职业病分类

《职业病防治法》规定的职业病，必须具备以下四个条件：

(1) 患病主体是企业、事业单位或个体经济组织的劳动者；

(2) 必须是在从事职业活动的过程中产生的；

(3) 必须是因接触粉尘、放射性物质和其他有毒、有害物质等职业病危害因素引起的；

(4) 必须是国家公布的职业病分类和目录所列的职业病。

2013 年 12 月 23 日，国家卫生计生委、人力资源社会保障部、原国家安全监管总局、全国总工会 4 部门联合组织对职业病的分类和目录进行了调整，修订后的《职业病分类和目录》由原来的 115 种职业病调整为 132 种(含 4 项开放性条款)。其中新增 18 种，对 2 项开放性条款进行了整合。另外，对 16 种职业病的名称进行了调整。调整后仍然将职业病分为 10 类，其中 3 类的分类名称做了调整。一是将原“尘肺”与“其他职业病”中的呼吸系统疾病合并为“职业性尘肺病及其他呼吸系统疾病”；二是将原“职业中毒”修改为“职业性化学中毒”；三是将“生物因素所致职业病”修改为“职业性传染病”。

一、职业性尘肺病及其他呼吸系统疾病

(一)尘肺病

(1) 硅肺；
(2) 煤工尘肺；
(3) 石墨尘肺；
(4) 炭黑尘肺；
(5) 石棉肺；
(6) 滑石尘肺；
(7) 水泥尘肺；
(8) 云母尘肺；
(9) 陶工尘肺；
(10) 铝尘肺；
(11) 电焊工尘肺；
(12) 铸工尘肺；
(13) 根据《尘肺病诊断标准》和《尘肺病理诊断标准》可以诊断的其他尘肺病。

(二)其他呼吸系统疾病

(1) 过敏性肺炎；
(2) 棉尘病；
(3) 哮喘；
(4) 金属及其化合物粉尘肺沉着病(锡、铁、锑、钡及其化合物等)【新增】；
(5) 刺激性化学物所致慢性阻塞性肺疾病【新增】；
(6) 硬金属肺病【新增】。

二、职业性皮肤病

(1) 接触性皮炎；
(2) 光接触性皮炎；
(3) 电光性皮炎；
(4) 黑变病；
(5) 痤疮；
(6) 溃疡；
(7) 化学性皮肤灼伤；
(8) 白斑【新增】；

(9) 根据《职业性皮肤病的诊断总则》可以诊断的其他职业性皮肤病。

三、职业性眼病

(1) 化学性眼部灼伤;
(2) 电光性眼炎;
(3) 白内障(含放射性白内障、三硝基甲苯白内障)。

四、职业性耳鼻喉口腔疾病

(1) 噪声聋;
(2) 铬鼻病;
(3) 牙酸蚀病;
(4) 爆震聋【新增】。

五、职业性化学中毒

(1) 铅及其化合物中毒(不包括四乙基铅);
(2) 汞及其化合物中毒;
(3) 锰及其化合物中毒;
(4) 镉及其化合物中毒;
(5) 铍病;
(6) 铊及其化合物中毒;
(7) 钡及其化合物中毒;
(8) 钒及其化合物中毒;
(9) 磷及其化合物中毒;
(10) 砷及其化合物中毒;
(11) 铀及其化合物中毒;
(12) 砷化氢中毒;
(13) 氯气中毒;
(14) 二氧化硫中毒;
(15) 光气中毒;
(16) 氨中毒;
(17) 偏二甲基肼中毒;
(18) 氮氧化合物中毒;
(19) 一氧化碳中毒;
(20) 二硫化碳中毒;
(21) 硫化氢中毒;
(22) 磷化氢、磷化锌、磷化铝中毒;
(23) 氟及其无机化合物中毒;
(24) 氰及腈类化合物中毒;
(25) 四乙基铅中毒;
(26) 有机锡中毒;

(27) 羰基镍中毒；
(28) 苯中毒；
(29) 甲苯中毒；
(30) 二甲苯中毒；
(31) 正己烷中毒；
(32) 汽油中毒；
(33) 一甲胺中毒；
(34) 有机氟聚合物单体及其热裂解物中毒；
(35) 二氯乙烷中毒；
(36) 四氯化碳中毒；
(37) 氯乙烯中毒；
(38) 三氯乙烯中毒；
(39) 氯丙烯中毒；
(40) 氯丁二烯中毒；
(41) 苯的氨基及硝基化合物(不包括三硝基甲苯)中毒；
(42) 三硝基甲苯中毒；
(43) 甲醇中毒；
(44) 酚中毒；
(45) 五氯酚(钠)中毒；
(46) 甲醛中毒；
(47) 硫酸二甲酯中毒；
(48) 丙烯酰胺中毒；
(49) 二甲基甲酰胺中毒；
(50) 有机磷中毒；
(51) 氨基甲酸酯类中毒；
(52)杀虫脒中毒；
(53) 溴甲烷中毒；
(54) 拟除虫菊酯类中毒；
(55) 铟及其化合物中毒【新增】；
(56) 溴丙烷中毒【新增】；
(57) 碘甲烷中毒【新增】；
(58) 氯乙酸中毒【新增】；
(59) 环氧乙烷中毒【新增】；
(60) 上述条目未提及的与职业有害因素接触之间存在直接因果联系的其他化学中毒。

六、物理因素所致职业病

(1) 中暑；
(2) 减压病；
(3) 高原病；
(4) 航空病；

（5）手臂振动病；
（6）激光所致眼（角膜、晶状体、视网膜）损伤【新增】；
（7）冻伤【新增】。

七、职业性放射性疾病

（1）外照射急性放射病；
（2）外照射亚急性放射病；
（3）外照射慢性放射病；
（4）内照射放射病；
（5）放射性皮肤疾病；
（6）放射性肿瘤（含矿工高氡暴露所致肺癌）；
（7）放射性骨损伤；
（8）放射性甲状腺疾病；
（9）放射性性腺疾病；
（10）放射复合伤；
（11）根据《职业性放射性疾病诊断标准（总则）》可以诊断的其他放射性损伤。

八、职业性传染病

（1）炭疽。
（2）森林脑炎。
（3）布鲁氏菌病。
（4）艾滋病（限于医疗卫生人员及人民警察）【新增】。

艾滋病（限于医疗卫生人员及人民警察）是指医疗卫生人员及人民警察在职业活动或者执行公务中，被艾滋病病毒感染者或病人的血液、体液，或携带艾滋病病毒的生物样本，或废弃物污染了皮肤或者黏膜，或者被含有艾滋病病毒的血液、体液污染了的医疗器械或其他锐器刺破皮肤感染的艾滋病。

（5）莱姆病【新增】。

莱姆病是一种主要通过蜱叮咬，由伯氏疏螺旋体引起的慢性自然疫源性疾病，多发生在林区，且发病区域很广。长期在林区工作者，受蜱叮咬后感染和发病概率较高。

九、职业性肿瘤

（1）石棉所致肺癌、间皮瘤；
（2）联苯胺所致膀胱癌；
（3）苯所致白血病；
（4）氯甲醚、双氯甲醚所致肺癌；
（5）砷及其化合物所致肺癌、皮肤癌；
（6）氯乙烯所致肝血管肉瘤；
（7）焦炉逸散物所致肺癌；
（8）六价铬化合物所致肺癌；
（9）毛沸石所致肺癌、胸膜间皮瘤【新增】；
（10）煤焦油、煤焦油沥青、石油沥青所致皮肤癌【新增】；

(11) β-萘胺所致膀胱癌【新增】。

十、其他职业病

(1) 金属烟热；

(2) 滑囊炎(限于井下工人)；

(3) 股静脉血栓综合征、股动脉闭塞症或淋巴管闭塞症(限于刮研作业人员)【新增】。

第三节 前期预防

一、本质安全

根据《职业病防治法》对职业病前期预防的要求，产生职业病危害的生产经营单位的设立，除应当符合法律、行政法规规定的设立条件外，其工作场所还应当符合以下要求：

(1) 职业病危害因素的强度或者浓度符合国家职业卫生标准；

(2) 有与职业病危害防护相适应的设施；

(3) 生产布局合理，工作场所与生活场所分开，工作场所不得住人，符合有害与无害作业分开的原则；

(4) 有配套的更衣间、洗浴间、孕妇休息间等卫生设施；

(5) 设备、工具、用具等设施符合保护劳动者生理、心理健康的要求；

(6) 法律、行政法规和国务院卫生行政部门关于保护劳动者健康的其他要求。

二、职业病危害项目申报

国家实行职业病危害项目申报制度。用人单位工作场所存在职业病目录所列职业病的危害因素的，应当按照《职业病危害项目申报办法》的规定，及时、如实向所在地卫生健康主管部门申报职业病危害项目，并接受卫生健康主管部门的监督检查。

三、职业病防护设施“三同时”

新建、改建、扩建的工程建设项目和技术改造、技术引进项目(以下统称建设项目)可能产生职业病危害的，建设单位应当按照国家有关建设项目职业病防护设施“三同时”监督管理的规定，进行职业病危害预评价、职业病防护设施设计、职业病危害控制效果评价及相应的评审，组织职业病防护设施验收。

四、特殊管理

国家对从事放射性、高毒、高危粉尘等作业实行特殊管理。

具体管理办法由国务院制定。

第四节 职业病危害因素控制

一、职业病危害因素分类

职业病危害因素控制主要是指针对作业场所存在的职业病危害因素的类型、分布、浓度、强度等情况，采用多种措施加以控制，使之消除或者降到容许接受的范围之内，以保护作业人员的身体健康和生命安全。职业病危害因素控制主要依靠技术措施工程控制。

根据《职业病危害因素分类目录》（国卫疾控发〔2015〕92号），职业病危害因素可分为以下六类：粉尘（52种）、化学因素（375种）、物理因素（15种）、放射性因素（8种）、生物因素（6种）和其他因素（3种）。

职业病危害因素按其来源可分为三个方面：

1. 由生产工艺产生或存在的有害因素

包括化学因素（如生产性粉尘、有毒化学物质）、物理因素（如异常气象条件、噪声、振动、辐射等）、生物因素（如炭疽杆菌、布鲁氏菌、森林脑炎病毒、伯氏疏螺旋体和艾滋病病毒）。

2. 劳动过程中产生的有害因素

劳动组织和作息制度不合理，劳动强度过大或生产定额不当（如安排的作业与劳动者生理状况不相适应等），个别器官或系统过度紧张或使用过度，精神性职业紧张，长时间不良体位，劳动工具不合理等。

3. 生产环境中的有害因素

主要包括自然环境因素（如炎热季节的太阳辐射）、厂房建筑或布局不合理（如有毒工段与无毒工段安排在一个车间）、来自其他生产过程散发的有害因素造成的生产环境污染。

在实际工作场所，往往同时存在多种有害因素，对劳动者的健康产生综合作用，以至产生职业性疾病。

二、生产性粉尘控制

能够较长时间浮游于空气中的固体微粒叫粉尘。在生产过程中形成的粉尘叫作生产性粉尘。它是污染作业环境、损害劳动者健康的重要的职业病危害因素，可引起包括尘肺在内的多种职业性肺部疾病。

（一）生产性粉尘的分类

1. 按粉尘的成分分类

（1）无机性粉尘：矿物性、金属性、人工无机性。

（2）有机性粉尘：植物性、动物性、人工有机性。

（3）混合性粉尘：指上述各种粉尘混合存在。

2. 按粉尘中游离二氧化硅含量分类

（1）矽尘：游离二氧化硅含量≥10%的粉尘。

（2）非矽尘：游离二氧化硅含量低于10%的粉尘。

3. 按职业卫生观点分类

（1）总粉尘：悬浮于空气中各种粒径的粉尘总和，以前称为全尘。更确切的定义是指在正常呼吸过程中通过鼻或嘴可吸入的粉尘。

（2）呼吸性粉尘和非呼吸性粉尘：

呼吸性粉尘指所采集的粉尘空气动力学直径均在7.07μm以下，而且空气动力学直径5μm粉尘的采集效率为50%，此粉尘为呼吸性粉尘。呼吸性粉尘能沉积于肺泡，对人体危害很大。

被吸入呼吸系统的粉尘，少部分进入到肺泡区，其余大部分粉尘由于鼻、咽、气管、细支气管的拦截、阻留作用不能进入到肺泡区，这些不能进入肺泡区的粉尘称为非呼吸性粉尘。

4. 生产性粉尘的来源

(1) 固体物质的机械加工、粉碎工艺，其所形成的尘粒，小者可为超显微镜的微细粒子，大者肉眼即可见到。

(2) 物质加热时产生的蒸气在空气中凝结或被氧化，其所形成的微粒直径多小于 1μm。

(3) 有机物质的不完全燃烧，其所形成的微粒直径多在 0.5μm 以下。

(二) 粉尘对人体的危害

生产性粉尘进入人体后，根据其性质、沉积的部位和不同，可引起不同的病变。

1. 尘肺

长期吸入粉尘可引起尘肺，对人体产生极大的危害。

2. 粉尘沉着症

吸入某些金属粉尘，如铁、钡、锡等，达到一定数量时，可在 X 线照片上显现边缘清晰的点状阴影，脱离接触后，病变可逐渐消退，对人体危害较小。

3. 有机粉尘引起变态性病变

某些有机粉尘可引起间质肺炎或外源性过敏性肺泡炎以及过敏性鼻炎、皮炎、湿疹或支气管炎哮喘，如接触发霉的稻草、羽毛等。

4. 呼吸系统肿瘤

有些粉尘已确定为致癌物，如放射性粉尘、石棉、镍、铬、砷等。

5. 局部作用

粉尘作用于呼吸道黏膜，早期引起其机能亢进，毛细血管扩张，分泌大量黏液，以阻留更多的粉尘，这是保护反应，久之形成肥大性改变，最后由于黏膜细胞营养供应不足而萎缩，形成萎缩性改变。经常接触粉尘还可以引起皮肤、耳、眼的疾病。粉尘堵塞皮脂腺，使皮肤干燥，引起粉刺、毛囊炎、脓皮病等。金属和磨料粉尘可引起角膜损伤，导致角膜浑浊。

6. 中毒作用

吸入铅、砷、锰等有毒粉尘，能在支气管和肺泡壁上溶解后吸收，引起中毒表现。

(三) 生产性粉尘的控制措施

生产性粉尘预防控制措施的“八字”方针，即“革、水、密、风、护、管、教、查”。

1. 革，即技术革新

改革工艺过程，革新生产设备，使生产过程中不产生或少产生粉尘，以低毒粉尘代替高毒粉尘，是防止粉尘危害的根本措施。

2. 水，即湿式作业

采用湿式作业来降低作业场所粉尘的产生和扩散，是一种经济有效的防尘措施。

3. 密，即密闭尘源

对不能采取湿式作业的场所，应采取密闭抽风除尘的办法。如采用密闭尘源与局部抽风机结合，使密闭系统内保持一定负压，可有效防止粉尘逸出。

4. 风，即通风除尘

通风除尘是通过合理通风来稀释和排出作业场所空气中粉尘的一种除尘方法。

5. 护，即个体防护

佩戴防尘口罩仍不失为一种缓解办法。

6. 管，即加强管理

认真贯彻实施《职业病防治法》《安全生产法》《尘肺病防治条例》等法律法规，建立健全防尘的规章制度，定期监测工作场所空气中粉尘浓度。

7. 教，即宣传教育

对用人单位的主要负责人、职业卫生管理人员和接尘工人进行职业病防治法律法规的培训和宣传教育，了解生产性粉尘及尘肺病防治的基本知识，使工人认识到尘肺病是百分之百可防的，只要做好防尘、降尘工作，尘肺病是可以消除的。

8. 查，即监督检查

加强对接尘人员的健康检查、对工作场所粉尘浓度进行监测和各级监管部门对尘肺病防治工作进行监督检查。

三、工业毒物进入人体的途径

1. 呼吸道

凡是以气体、蒸气、雾、烟、粉尘形式存在的毒物，均可经过呼吸道进入人体内。毒物一旦进入肺脏，很快就会通过肺泡壁进入血液循环而被运送到全身。

2. 消化道

食物、水等被毒物污染；个人卫生习惯不良，手沾染毒物后没有及时用流动的水清洗或清洗不彻底，就进食、饮水或吸烟等进入消化道。

从业人员应养成良好卫生习惯，在接触毒物的过程中应严禁饮水、进食和吸烟；工作完毕后必须用流动的水将手冲洗干净；接触毒物的衣物、鞋、帽应放在安全地方，及时清洗干净。

3. 皮肤

脂溶性毒物经皮肤吸收后，还需要有水溶性，才能进一步扩散和吸收，所以具有水、脂溶性的物质(如苯胺)易被皮肤吸收。裸露的皮肤出汗时更容易被毒物侵害。

实施职业病危害控制措施，应遵循优先工程措施、后管理措施和个体防护的原则。职业病危害控制措施应符合国家职业卫生的法律、法规、规章、标准的要求。当职业病危害控制措施与经济效益发生矛盾时，在具有针对性、可操作性和经济合理性的原则下，优先考虑工程控制措施的实施。在实际操作过程中应根据职业病危害因素产生的特点和产生工艺条件的限制等情况，依次考虑替代、隔离或封闭、局部通风、全面通风(稀释)、清洁生产、减少接触时间、培训、个人防护、医疗保健措施等。

四、物理性职业病危害因素控制

(一) 物理性职业病危害因素

作业场所存在的物理性职业病危害因素，有噪声、振动、辐射、异常气象条件(气温、气流、气压)等。

1. 噪声

由于机器转动、气体排放、工件撞击与摩擦等所产生的噪声，称为生产性噪声或工业噪声。分为三类：空气动力噪声、机械性噪声、电磁性噪声。能产生噪声的主要工种有使用各种风动工具的工人、纺织工、发动机试验人员、拖拉机手、飞机驾驶员和炮兵等。

生产性噪声对人体的危害首先是对听觉器官的损害，噪声还可对神经系统、心血管系统及全身其他器官功能产生不同程度的危害。

2. 振动

生产设备、工具产生的振动称为生产性振动。产生振动的机械有锻造机、冲压机、压缩机、振动筛、送风机、振动传送带、打夯机等。手臂振动所造成的危害较为严重，主要有锤打工具，如凿岩机、空气锤等；手持转动工具，如电钻、风钻等；固定轮转工具如砂轮机等。

振动病分为全身振动和局部振动两种。在生产中手臂振动所造成的危害较为明显和严重，国家已将手臂振动的局部振动病列为职业病，其典型表现为振动性白指。

3. 电磁辐射

（1）非电离辐射

① 射频辐射。射频辐射也称无线电波，是指波长范围为 1mm～3km 的电磁波，包括高频电磁场和微波。高频电磁场按波长可分为长波、中波、短波和超短波，微波分为分米波、厘米波和毫米波。射频电磁辐射分为自然电磁辐射和人为电磁辐射。自然界的电磁辐射主要来自太阳辐射、地球电磁场(包括雷电等)，辐射强度大约为 $10\mu W/cm^2$。人为射频电磁辐射源主要有广播电视系统的发射塔、人造卫星通信系统的地面站、各种雷达站、通信发射基站、大型电力发电站、高空低频电磁辐射系统的高压输电线路和变电站、电力机车运输线、利用电磁场的各种高频设备、射频感应及介质加热设备、射频医疗设备、各种电加工设备以及大多数家用电器如微波炉等。

电磁辐射并没有想象中的那么可怕，人体自身的调节能力完全可以抵消少量辐射的影响。只有在能量达到一定数值时，才会成为电磁污染，造成人体中枢神经系统和自主神经系统功能紊乱以及心血管系统的变化。微波辐射对人的危害尤为严重，会导致头疼、失眠、记忆力衰退、血压升高或下降、心脏出现界限性异常等症状。如在电磁辐射超强度的环境下长期作业，严重的可能引起白内障，甚至致癌。

② 红外线。炼钢工、铸造工、轧钢工、锻钢工、焊接工等可受到红外线辐射。红外线引起的职业性白内障已列入职业病名单。

③ 紫外线。常见的辐射源有冶炼炉、电焊等。作业场所比较多见的是紫外线对眼睛的损伤，即所引起的职业病——电光性眼炎。

④ 激光。用于焊接、打孔、切割、热处理等。激光对健康的影响主要是对眼部影响和对皮肤造成损伤。

（2）电离辐射

α、β 等带电粒子，γ 光子、中子等非带电粒子的辐射。放射性核素和射线装置广泛应用，接触电离辐射的人员也日益增多。如辐射育种，射线照射杀菌、保鲜，管道焊缝、铸件砂眼的探伤等。

电离辐射引起的职业病包括全身性放射性疾病，如急慢性放射病；局部放射性疾病，如急、慢性放射性皮炎、放射性白内障；放射所致远期损伤，如放射所致白血病。

4. 异常气象条件

① 高温作业：在高气温、有强烈的热辐射或伴有高气温相结合的异常气象条件下，WBGT 指数超过规定限值的作业。

生产场所的热源来自如各种熔炉、锅炉、化学反应釜，以及机械摩擦和转动的产热以及人体散热。空气湿度的影响主要来自各种敞开液面的水分蒸发或蒸汽放散，如造纸、印染、缫丝、电镀、潮湿的矿井、隧道以及潜涵等相对湿度大于80%的高气湿的作业环境。风速、气压和辐射热都会对生产作业场所的环境产生影响。

高温强热辐射作业：工作地点气温30℃以上或工作地点气温高于夏季室外气温2℃以上，并有较强的辐射热作业。如冶金工业的炼钢、炼铁车间，机械制造工业的铸造、锻造，建材工业的陶瓷、玻璃、搪瓷、砖瓦等窑炉车间，火力电厂的锅炉间等。

高温高湿作业：如印染、缫丝、造纸等工业中，液体加热或蒸煮，车间气温可达35℃以上，相对湿度达90%以上。煤矿深井井下气温可达30℃，相对湿度95%以上。

夏季露天作业：指用人单位在高温天气期间安排劳动者在高温自然气象环境下进行的作业。如夏季的农田劳动、野外、建筑、搬运、矿藏勘探、开采等露天作业以及军事训练等。除受太阳的直接辐射作用外，还受到加热的地面及周围物体二次辐射源的附加热作用。露天作业中的热辐射强度虽然较高温车间低，但其作用的持续时间较长，加之中午前后的气温较高，易形成高温和热辐射的联合作业环境。

② 低温作业：在生产劳动过程中，其工作地点平均气温等于或低于5℃的作业。

低温作业是在低于允许温度下限的气温条件下进行作业。低温作业工作有高山高原工作、潜水员水下工作、现代化工厂的低温车间以及寒冷气候下的野外作业等。

③ 其他异常气象条件作业：潜水作业和潜涵作业，属高气压作业；高空、高原低气压环境中进行运输、勘探、筑路、采矿等作业，属低气压作业。

（二）物理因素法定职业病

我国列入法定《职业病分类和目录》内的和物理因素相关的职业病有：

（1）职业性眼病：电光性眼炎，白内障（含放射性白内障等）；

（2）职业性耳鼻喉口腔疾病：噪声聋，爆震聋；

（3）物理因素所致职业病：中暑，减压病，高原病，航空病，手臂振动病，激光所致眼（角膜、晶状体、视网膜）损伤，冻伤；

（4）职业性放射性疾病。

（三）物理性职业病危害因素控制

1. 噪声（表5-1）

表5-1　噪声控制措施

分类	方法	事例
噪声源对策	低噪声	低噪声型机器的选用
	发生原因的排除	加润滑油
	隔音	隔音罩
	消音	消声器
	防振	安装防振橡胶
	抑振	安装抑振材料
	改善运转方法	自动化配置的变更
噪声传播途径对策	距离衰减	配置的变更
	屏蔽	屏蔽物隔音墙
	吸音	消声处理
	指向性	声源走向的变更

续表

分类	方法	事例
噪声接触者对策	隔音	隔音监控室
	作业方法的改善	远距离操作日程调整
	个体防护	耳塞耳罩
健康监护	职业健康体检	听力检查
	职业禁忌证	调整岗位
职业卫生培训	相关职业健康知识的培训	

2. 振动控制(表 5-2)

表 5-2　振动控制措施

分类	方法	事例
振动源对策	低振动	低振动型机器的选用
	发生原因的排除	加润滑油，更换设备
	防振	安装防振橡胶
	抑振	安装抑振材料
	改善运转方法	自动化配置的变更
噪声传播途径对策	作业方法的改善	作业时间管理
	个体防护	耳塞耳罩及防振手套
健康监护	职业健康体检	
职业卫生培训	相关职业健康知识的培训	

3. 高温作业防护

(1) 技术措施

预防中暑的关键在于改善高温作业环境，使作业场所的气象条件符合国家规定的卫生标准。

① 合理布置热源

合理布置热源，避免作业人员周围受到热源作用，尽可能把各种加热设备置于作业人员活动范围之外。温度很高的产品应尽快运出车间，如果热源不能移动，应采取措施屏蔽热源。

② 高温车间通风换气

在高温班组内通风是防暑降温的重要措施，应加强自然通风，以便车间内高温从高窗或气孔排出。车间屋顶可安装风帽，墙角可开窗加强通风。当自然通风不能将余热全部排出时，应采用机械通风。

③ 局部降温：送风扇、喷雾风扇、岗位吹风(空气淋浴)。

(2) 个体防护

高温作业人员应穿耐热、坚固、导热系数小、透气功能好的浅色工作服，根据防护需要，穿戴手套、鞋套、护腿、眼镜、面罩、工作帽等。

(3) 组织措施和保健措施

制定合理的劳动和休息制度，调整作息时间，采取多班次工作办法，合理布置工间休息地点；加强宣传教育，使职工自觉遵守高温作业安全卫生规程；定期检测作业场所的气象条件；实行医务监督，对高温作业人员定期进行体检；为高温作业人员提供清凉饮料。

4. 低温作业、冷水作业防护措施

(1) 实现自动化、机械化作业，避免或减少低温作业和冷水作业。控制低温作业、冷水作业时间。

(2) 穿戴防寒服等个人防护用品。

(3) 设置采暖操作室、休息室、待工室等。

(4) 冷库等低温封闭场所，应设置通信、报警装置，防止误将人员关锁。

5. 电磁辐射防护措施

(1) 屏蔽

在辐射源周围增加屏蔽，将减少辐射。

(2) 距离

越是远离辐射源，将受到越少的照射。

(3) 时间

当在辐射源附近时，必须尽可能暴露较短的时间，以减少辐射的照射。

6. 微波防护措施

(1) 合理设计或设置(距离)。

(2) 屏蔽方式(屏蔽)：

① 闭合屏蔽；

② 不闭合的屏蔽；

③ 为避免缝隙泄漏，可用铅箔、胶加石墨包裹缝隙。

(3) 个体防护(时间)。

工人穿防护服适用于大强度辐射源附近的短时间工作。眼睛防护使用铜丝网眼镜或涂镀半导电的二氧化锡透明薄膜的眼镜。

7. 激光防护措施

(1) 合理布局：激光器周围应设置屏蔽；

(2) 设置局部排风罩：激光可使空气电离，产生臭氧。此外高效率的激光熔解靶材时，可产生某些有害气体，因此应设置局部排风罩；

(3) 减少职工工作时间。

8. 高/低气压作业防护

潜水作业：水下施工、打捞沉船或海底救护需要潜水作业。

潜涵作业：指在地下水位以下潜涵内的作业。如建桥墩时，将潜涵逐渐下沉，到一定深度时需要通入等于或大于水下压力的空气，以保证水不进入潜函内。

其他：如临床上的加压治疗舱和高压氧舱、气象学上高气压科学研究舱的作业。

减压病：减压病是由于高压环境作业后减压不当，体内原已溶解的气体超过了过饱和界限，在血管内外及组织中形成气泡所致的全身性疾病。在减压后短时间内或减压过程中发病者为急性减压病。主要发生于股骨、肱骨和胫骨，缓慢演变的缺血性骨或骨关节损害为减压性骨坏死。

航空病是减压病的一种类型，又称高空减压病。人自地面迅速上升到8000m以上高空，即由正常的一个大气压上升至低于一个大气压而又无适当防护的空间，空气中氮分压骤然下降，体液和组织中释放出的氮不能及时排出体外，而存留在组织和血液中，形成气泡。

预防措施：

(1) 技术革新：建桥墩时，采取管柱钻孔法代替沉箱，使工人可在水面上工作而不必进入高压环境。

(2) 遵守安全操作规程：暴露异常气压后，须遵守安全减压时间表逐步返回正常气压状态，目前多采用阶段减压法。

(3) 安全教育培训：对潜水人员进行安全教育，使其了解发病的原因及预防措施，同时严格遵守潜水作业规程。

(4) 保健措施：加强健康监护，排除禁忌证。

第五节　职业病防治管理

在生产和劳动过程中，加强组织与管理也是职业病危害控制工作的重要一环。

一、经费投入

用人单位应当保障职业病防治所需的资金投入，不得挤占、挪用，并对因资金投入不足导致的后果承担责任。

二、职业卫生管理机构和人员

职业病危害严重的用人单位，应当设置或者指定职业卫生管理机构或者组织，配备专职职业卫生管理人员。

其他存在职业病危害的用人单位，劳动者超过一百人的，应当设置或者指定职业卫生管理机构或者组织，配备专职职业卫生管理人员；劳动者在一百人以下的，应当配备专职或者兼职的职业卫生管理人员，负责本单位的职业病防治工作。

三、劳动者权利

(1) 用人单位与劳动者订立劳动合同(含聘用合同，下同)时，应当将工作过程中可能产生的职业病危害及其后果、职业病防护措施和待遇等如实告知劳动者，并在劳动合同中写明，不得隐瞒或者欺骗。

(2) 劳动者在已订立劳动合同期间因工作岗位或者工作内容变更，从事与所订立劳动合同中未告知的存在职业病危害的作业时，用人单位应当依照前款规定，向劳动者履行如实告知的义务，并协商变更原劳动合同相关条款。

(3) 用人单位违反前两款规定的，劳动者有权拒绝从事存在职业病危害的作业，用人单位不得因此解除与劳动者所订立的劳动合同。

(4) 用人单位不得安排未成年工从事接触职业病危害的作业；不得安排孕期、哺乳期的女职工从事对本人和胎儿、婴儿有危害的作业。

(5) 任何单位和个人不得将产生职业病危害的作业转移给不具备职业病防护条件的单位和个人。不具备职业病防护条件的单位和个人不得接受产生职业病危害的作业。

四、职业卫生管理制度建设

存在职业病危害的用人单位应当制定职业病危害防治计划和实施方案，建立、健全下列职业卫生管理制度和操作规程：

（1）职业病危害防治责任制度；

（2）职业病危害警示与告知制度；

（3）职业病危害项目申报制度；

（4）职业病防治宣传教育培训制度；

（5）职业病防护设施维护检修制度；

（6）职业病防护用品管理制度；

（7）职业病危害因素监测及评价管理制度；

（8）建设项目职业病防护设施“三同时”管理制度；

（9）劳动者职业健康监护及其档案管理制度；

（10）职业病危害事故处置与报告制度；

（11）职业病危害应急救援与管理制度；

（12）岗位职业卫生操作规程；

（13）法律、法规、规章规定的其他职业病防治制度。

五、职业卫生培训

（1）用人单位的主要负责人和职业卫生管理人员应当具备与本单位所从事的生产经营活动相适应的职业卫生知识和管理能力，并接受职业卫生培训，遵守职业病防治法律、法规，依法组织本单位的职业病防治工作。

（2）用人单位应当对劳动者进行上岗前的职业卫生培训和在岗期间的定期职业卫生培训，普及职业卫生知识，督促劳动者遵守职业病防治法律、法规、规章和操作规程，指导劳动者正确使用职业病防护设备和个人使用的职业病防护用品。

用人单位应当对职业病危害严重的岗位的劳动者，进行专门的职业卫生培训，经培训合格后方可上岗作业。

因变更工艺、技术、设备、材料，或者岗位调整导致劳动者接触的职业病危害因素发生变化的，用人单位应当重新对劳动者进行上岗前的职业卫生培训。

（3）劳动者应当学习和掌握相关的职业卫生知识，增强职业病防范意识，遵守职业病防治法律、法规、规章和操作规程，正确使用、维护职业病防护设备和个人使用的职业病防护用品，发现职业病危害事故隐患应当及时报告。劳动者不履行前款规定义务的，用人单位应当对其进行教育。

六、设备材料管理

（1）用人单位应当优先采用有利于防治职业病和保护劳动者健康的新技术、新工艺、新设备、新材料，逐步替代职业病危害严重的技术、工艺、设备、材料。

（2）任何单位和个人不得生产、经营、进口和使用国家明令禁止使用的可能产生职业病危害的设备或者材料。

(3) 用人单位对采用的技术、工艺、设备、材料，应当知悉其产生的职业病危害，对有职业病危害的技术、工艺、设备、材料隐瞒其危害而采用的，对所造成的职业病危害后果承担责任。

(4) 向用人单位提供可能产生职业病危害的设备的，应当提供中文说明书，并在设备的醒目位置设置警示标识和中文警示说明。警示说明应当载明设备性能、可能产生的职业病危害、安全操作和维护注意事项、职业病防护以及应急救治措施等内容。

(5) 向用人单位提供可能产生职业病危害的化学品、放射性同位素和含有放射性物质的材料的，应当提供中文说明书。说明书应当载明产品特性、主要成分、存在的有害因素、可能产生的危害后果、安全使用注意事项、职业病防护以及应急救治措施等内容。产品包装应当有醒目的警示标识和中文警示说明。储存上述材料的场所应当在规定的部位设置危险物品标识或者放射性警示标识。国内首次使用或者首次进口与职业病危害有关的化学材料，使用单位或者进口单位按照国家规定经国务院有关部门批准后，应当向国务院卫生行政部门报送该化学材料的毒性鉴定以及经有关部门登记注册或者批准进口的文件等资料。进口放射性同位素、射线装置和含有放射性物质的物品的，按照国家有关规定办理。

七、作业场所管理

1. 警示标识

产生职业病危害的用人单位，应当在醒目位置设置公告栏，公布有关职业病防治的规章制度、操作规程、职业病危害事故应急救援措施和工作场所职业病危害因素检测结果。

对产生严重职业病危害的作业岗位，应当在其醒目位置，设置警示标识和中文警示说明。警示说明应当载明产生职业病危害的种类、后果、预防以及应急救治措施等内容。

2. 应急设施

对可能发生急性职业损伤的有毒、有害工作场所，用人单位应当设置报警装置，配置现场急救用品、冲洗设备、应急撤离通道和必要的泄险区。现场急救用品、冲洗设备等应当设在可能发生急性职业损伤的工作场所或者临近地点，并在醒目位置设置清晰的标识。

在可能突然泄漏或者逸出大量有害物质的密闭或者半密闭工作场所，用人单位还应当安装事故通风装置以及与事故排风系统相连锁的泄漏报警装置。

生产、销售、使用、储存放射性同位素和射线装置的场所，应当按照国家有关规定设置明显的放射性标志，其入口处应当按照国家有关安全和防护标准的要求，设置安全和防护设施以及必要的防护安全联锁、报警装置或者工作信号。放射性装置的生产调试和使用场所，应当具有防止误操作、防止工作人员受到意外照射的安全措施。用人单位必须配备与辐射类型和辐射水平相适应的防护用品和监测仪器，包括个人剂量测量报警、固定式和便携式辐射监测、表面污染监测、流出物监测等设备，并保证可能接触放射线的工作人员佩戴个人剂量计。

3. 职业病防护用品

用人单位应当为劳动者提供符合国家职业卫生标准的职业病防护用品，并督促、指导劳动者按照使用规则正确佩戴、使用，不得发放钱物替代发放职业病防护用品。

用人单位应当对职业病防护用品进行经常性的维护、保养，确保防护用品有效，不得使用不符合国家职业卫生标准或者已经失效的职业病防护用品。

八、职业病危害因素监测与检测

(1) 存在职业病危害的用人单位，应当实施由专人负责的工作场所职业病危害因素日常监测，确保监测系统处于正常工作状态。

(2) 职业病危害严重的用人单位，应当委托具有相应资质的职业卫生技术服务机构，每年至少进行一次职业病危害因素检测，每三年至少进行一次职业病危害现状评价。

(3) 职业病危害一般的用人单位，应当委托具有相应资质的职业卫生技术服务机构，每三年至少进行一次职业病危害因素检测。

(4) 检测、评价结果应当存入本单位职业卫生档案，并向卫生健康主管部门报告和劳动者公布。

九、职业病危害现状评价

存在职业病危害的用人单位发生职业病危害事故或者国家卫生健康委规定的其他情形的，应当及时委托具有相应资质的职业卫生技术服务机构进行职业病危害现状评价。

用人单位应当落实职业病危害现状评价报告中提出的建议和措施，并将职业病危害现状评价结果及整改情况存入本单位职业卫生档案。

十、职业健康监护

职业健康监护是以预防为目的，根据劳动者的职业接触史，通过定期或不定期的医学健康检查和健康相关资料的收集，连续性地监测劳动者的健康状况，分析劳动者健康变化与所接触的职业病危害因素的关系，并及时地将健康检查和资料分析结果报告给用人单位和劳动者本人，以便及时采取干预措施，保护劳动者健康。

职业健康监护主要包括职业健康检查和职业健康监护档案管理等内容。

1. 职业健康检查

职业健康检查包括上岗前、在岗期间、离岗时和离岗后医学随访以及应急健康检查。

对从事接触职业病危害因素作业的劳动者，用人单位应当按照《用人单位职业健康监护监督管理办法》《放射工作人员职业健康管理办法》《职业健康监护技术规范》(GBZ 188)、《放射工作人员职业健康监护技术规范》(GBZ 235)等有关规定组织上岗前、在岗期间、离岗时的职业健康检查，并将检查结果书面如实告知劳动者。职业健康检查费用由用人单位承担。

用人单位不得安排未经上岗前职业健康检查的劳动者从事接触职业病危害的作业；不得安排有职业禁忌的劳动者从事其所禁忌的作业；对在职业健康检查中发现有与所从事的职业相关的健康损害的劳动者，应当调离原工作岗位，并妥善安置；对未进行离岗前职业健康检查的劳动者不得解除或者终止与其订立的劳动合同。

职业禁忌是指劳动者从事特定职业或者接触特定职业病危害因素时，比一般职业人群更易于遭受职业病危害和罹患职业病或者可能导致原有自身疾病病情加重，或者在从事作业过程中诱发可能导致对他人生命健康构成危险的疾病的个人特殊生理或者病理状态。

2. 职业健康监护档案管理

用人单位应当按照《用人单位职业健康监护监督管理办法》的规定，为劳动者建立职业健康监护档案，并按照规定的期限妥善保存。

职业健康监护档案应当包括劳动者的职业史、职业病危害接触史、职业健康检查结果、处理结果和职业病诊疗等有关个人健康资料。

劳动者离开用人单位时，有权索取本人职业健康监护档案复印件，用人单位应当如实、无偿提供，并在所提供的复印件上签章。

3. 职业健康检查示例

职业健康监护是职业病防治的一项主要内容。通过健康监护不仅起到保护员工健康、提高员工健康素质的作用，而且也便于早期发现疑似职业病患者，使其早期得到治疗。

《职业健康监护技术规范》对接触各种职业病危害因素的作业人员职业健康检查周期与指标等内容给出了具体规定。例如，该标准关于接触游离二氧化硅粉尘的作业人员的职业健康检查规定如下：

（1）上岗前职业健康检查

① 目标疾病

职业禁忌证：活动性肺结核病；慢性阻塞性肺病；慢性间质性肺病；伴肺功能损害的疾病。

② 检查内容

a. 症状询问：重点询问呼吸系统、心血管系统疾病史、吸烟史及咳嗽、咳痰、喘息、胸痛、呼吸困难、气短等症状；

b. 体格检查：内科常规检查，重点是呼吸系统、心血管系统；

c. 实验室和其他检查：

必检项目：血常规、尿常规、心电图、血清 ALT、后前位 X 射线高千伏胸片或数字化摄影胸片(DR 胸片)、肺功能。

（2）在岗期间职业健康检查

① 目标疾病

a. 职业病：硅肺(见 GBZ 70《职业性尘肺病的诊断》)

b. 职业禁忌证：同上岗前职业健康检查。

② 检查内容

a. 症状询问：重点询问咳嗽、咳痰、胸痛、呼吸困难，也可有喘息、咯血等症状；

b. 体格检查：内科常规检查，重点是呼吸系统和心血管系统；

c. 实验室和其他检查：

必检项目：后前位 X 射线高千伏胸片或数字化摄影胸片(DR 胸片)、心电图、肺功能；

选检项目：血常规、尿常规、血清 ALT。

③ 健康检查周期

a. 生产性粉尘作业分级Ⅰ，2 年 1 次；生产性粉尘作业分级Ⅱ级及以上，1 年 1 次；

b. X 射线胸片表现为观察对象者每年 1 次，连续观察 5 年，若 5 年内不能确诊为硅肺患者，按前款执行；

c. 硅肺患者原则每年检查1次，或根据病情随时检查。

(3) 离岗时职业健康检查

① 目标疾病：职业病硅肺。

② 检查内容：同在岗期间职业健康检查的检查内容。

(4) 离岗后健康检查(推荐性)

① 检查对象：接触硅尘工龄5年以上的硅尘作业人员。

② 目标疾病：职业病硅肺。

③ 检查内容：

症状询问：重点询问咳嗽、咳痰、胸痛、呼吸困难、喘息、咯血等症状；

体格检查：内科常规检查，重点是呼吸系统和心血管系统；

实验室和其他检查：

必检项目：后前位X射线高千伏胸片或数字化摄影胸片(DR胸片)。

④ 检查时间：接触硅尘工龄在10年(含10年)以下者，随访10年，接触硅尘工龄超过10年者，随访21年，随访周期原则为每3年1次。若接触硅尘工龄在5年(含5年)以下者，且接尘浓度达到国家卫生标准可以不随访。

十一、职业病危害事故的应急救援、报告与处理

(1) 发生或者可能发生急性职业病危害事故时，用人单位应当立即采取应急救援和控制措施，并及时报告所在地卫生行政部门和有关部门。

(2) 卫生行政部门接到报告后，应当及时会同有关部门组织调查处理；必要时，可以采取临时控制措施。卫生行政部门应当组织做好医疗救治工作。

(3) 对遭受或者可能遭受急性职业病危害的劳动者，用人单位应当及时组织救治、进行健康检查和医学观察，所需费用由用人单位承担。

十二、职业卫生档案资料

用人单位应当建立健全下列职业卫生档案资料：

(1) 职业病防治责任制文件；

(2) 职业卫生管理规章制度、操作规程；

(3) 工作场所职业病危害因素种类清单、岗位分布以及作业人员接触情况等资料；

(4) 职业病防护设施、应急救援设施基本信息，以及其配置、使用、维护、检修与更换等记录；

(5) 工作场所职业病危害因素检测、评价报告与记录；

(6) 职业病防护用品配备、发放、维护与更换等记录；

(7) 主要负责人、职业卫生管理人员和职业病危害严重工作岗位的劳动者等相关人员职业卫生培训资料；

(8) 职业病危害事故报告与应急处置记录；

(9) 劳动者职业健康检查结果汇总资料，存在职业禁忌证、职业健康损害或者职业病的劳动者处理和安置情况记录；

(10) 建设项目职业病防护设施“三同时”有关资料；
(11) 职业病危害项目申报等有关回执或者批复文件；
(12) 其他有关职业卫生管理的资料或者文件。

思 考 题

1. 我国职业病危害现状如何？
2. 职业病防治原则是什么？
3. 生产性粉尘危害如何防治？
4. 工业毒物危害如何防治？
5. 噪声、振动危害如何防治？
6. 高温作业、低温作业危害如何防治？
7. 电离辐射、非电离辐射危害如何防治？
8. 高气压、低气压作业危害如何防治？
9. 法定职业病的种类有哪些？
10. 职业病危害因素的种类有哪些？
11. 企业如何做好职业病前期预防？
12. 企业职业卫生管理制度有哪些？
13. 企业职业卫生管理工作内容有哪些？
14. 企业职业卫生档案资料有哪些？
15. 为什么说事故发生率高的企业很难做好职业病防治工作？

第六章 安全生产监督监察

第一节 安全生产监督管理

一、安全生产监督管理体制

目前，我国安全生产监督管理的体制是综合监管与行业监管相结合，国家监察与地方监管相结合，政府监督与其他监督相结合的格局。

（一）综合监管与行业监管

应急管理部是国务院主管安全生产综合监督管理的重要组成部门，依法对全国安全生产实施综合监督管理，并具体负责工矿商贸行业的安全生产监督管理等。

住房和城乡建设部、交通运输部、水利部、国家市场监督管理总局、工业和信息化部、生态环境部等国务院有关部门分别对建筑、道路水上交通、水利、特种设备、通信和民爆器材、核设施和放射源等行业和领域的安全生产工作负责监督管理，即行业监管。

另外，为了加强国家对整个安全生产工作的领导，加强综合监管与行业监管之间的协调配合，国务院成立了安全生产委员会。国务院安全生产委员会办公室具体职责之一就是研究提出安全生产重大方针政策和重要措施的建议，监督检查、指导协调国务院有关部门和各省、自治区、直辖市人民政府的安全生产工作。

（二）国家监察与地方监管相结合

除了综合监督管理与行业监督管理之外，针对某些危险性较高的特殊领域，国家为了加强安全生产监督管理工作，专门建立了国家监察机制。如煤矿、非煤矿山、特种设备的安全监察。

（三）政府监督与其他监督

生产经营单位是安全生产的责任主体。但是，加强外部的监督和管理也是安全生产的重要保证。除政府监督外，其他方面的监督也十分重要。其他监督是整个安全生产监督管理体制的一个重要组成部分，在安全生产工作中发挥着重要的作用。

政府方面的监督主要有应急管理部门和其他负有安全生产监督管理职责部门的监督、监察部门的监督。

其他方面的监督主要有新闻媒体的监督，工会的监督，社会公众的监督，居民委员会、村民委员会等组织的监督。

（四）安全生产工作格局

《安全生产法》第三条规定："安全生产工作坚持中国共产党的领导。

安全生产工作应当以人为本，坚持人民至上、生命至上，把保护人民生命安全摆在首位，树牢安全发展理念，坚持安全第一、预防为主、综合治理的方针，从源头上防范化解重大安全风险。

安全生产工作实行管行业必须管安全、管业务必须管安全、管生产经营必须管安全，强化和落实生产经营单位主体责任与政府监管责任，建立生产经营单位负责、职工参与、政府监管、行业自律和社会监督的机制。”

生产经营单位负责，就是要求落实生产经营单位的安全生产主体责任，生产经营单位必须严格遵守和执行安全生产法律法规、规章制度与技术标准，依法依规加强安全生产，加大安全投入，健全安全管理机构，加强对从业人员的培训，保持安全设施设备的完好有效。

职工参与，就是通过安全生产教育，提高广大职工的自我保护意识和安全生产意识，有权对本单位的安全生产工作提出建议。对本单位安全生产工作中存在的问题，有权提出批评、检举和控告，有权拒绝违章指挥和强令冒险作业。要充分发挥工会、共青团、妇联组织的作用，依法维护和落实生产经营单位职工对安全生产的参与权与监督权，鼓励职工监督举报各类安全隐患，对举报者予以奖励。

政府监管，就是要切实履行监管部门安全生产管理和监督职责。健全完善安全生产综合监管与行业监管相结合的工作机制，强化应急管理部门对安全生产的综合监管，全面落实行业主管部门的专业监管、行业管理和指导职责。各部门要加强协作，形成监管合力，在各级政府统一领导下，严厉打击违法生产、经营等影响安全生产的行为，对拒不执行监管监察指令的生产经营单位，要依法依规从重处罚。

行业自律，主要是指行业协会等行业组织要自我约束。一方面各个行业要遵守国家法律、法规和政策；另一方面行业组织要通过行规行约制约本行业生产经营单位的行为。通过行业间的自律，促使相当一部分生产经营单位能从自身安全生产的需要和保护从业人员生命健康的角度出发，自觉开展安全生产工作，切实履行生产经营单位的法定职责和社会责任。

社会监督，就是要充分发挥社会监督的作用，任何单位和个人有权对违反安全生产的行为进行检举和控告。发挥新闻媒体的舆论监督作用。有关部门和地方要进一步畅通安全生产的社会监督渠道，设立举报电话，接受人民群众的公开监督。

（五）安全生产监督管理的基本原则

安全生产监督管理部门对生产经营单位实施监督管理职责时，遵循以下基本原则：

（1）坚持“有法必依、执法必严、违法必究”的原则。

（2）坚持以事实为依据，以法律为准绳的原则。

（3）坚持预防为主的原则。

（4）坚持行为监察与技术监察相结合的原则。

（5）坚持监察与服务相结合的原则。

（6）坚持教育与惩罚相结合的原则。

（六）安全生产监督管理的基本特征

政府对安全生产监督管理的职权是由法律法规所规定，是以国家机关为主体实施的，对生产经营单位履行安全生产职责和执行安全生产法律、法规、政策和标准的情况，依法进行监督、监察、纠正和惩戒。

1. 权威性

国家对安全生产监督管理的权威性首先源于法律的授权。法律是由国家的最高权力机关全国人民代表大会制定和认可的，体现的是国家意志。《安全生产法》《矿山安全法》等有关法律对安全生产监督管理都有明确的规定。

2. 强制性

国家的法律都必然要求由国家强制力来保证其实施。各级人民政府安全生产监督管理部门和其他有关部门对安全生产工作实施的监督管理，是依法行使的监督管理权，是以国家强制力作为后盾的。

3. 普遍约束性

在中华人民共和国领域内从事生产经营活动的单位，凡有关涉及安全生产方面的工作，都必须接受统一的监督管理，履行《安全生产法》《职业病防治法》等有关法律所规定的职责。这种普遍约束性，实际上就是法律的普遍约束力在安全生产工作中的具体体现。

二、安全生产监督管理部门和人员的职责

(1) 宣传安全生产法律、法规和安全生产知识以及国家有关方针和政策。

(2) 配合有关政府进行安全检查。

(3) 按照分类、分级监督管理的要求，制定安全生产年度监督检查计划，并按照年度监督检查计划进行监督检查，发现事故隐患，及时进行处理。

(4) 依法对涉及安全生产的事项进行审查批准并加强监督检查。

(5) 对生产经营单位执行有关法律法规和标准的情况进行监督检查，进入现场进行检查，查阅有关资料，向有关单位和人员了解情况，对事故隐患进行处理，对安全生产违法行为进行处理，对不符合国家标准或者行业标准的设施、设备和器材以及违法生产、储存、使用、经营、运输的危险物品进行处理，对违法生产、储存、使用、经营危险物品的作业场所予以查封，并依法作出处理决定，部门之间进行相互配合等。

(6) 接受监察机关的监督。

(7) 建立举报制度，制定有关奖励政策，对报告重大事故隐患或者举报安全生产违法行为的有功人员，给予奖励。

(8) 配合地方政府建立应急救援体系，事故应急救援。

(9) 事故报告。

(10) 组织事故调查。

(11) 依法实施行政处罚。依法对存在重大事故隐患的生产经营单位作出停产停业、停止施工、停止使用相关设施或者设备的决定。

(12) 建立安全生产违法行为信息库，记录生产经营单位的安全生产违法行为信息，并向社会公告违法行为情节严重的生产经营单位。

三、安全生产监督管理的方式与内容

(一) 安全生产监督管理程序

安全生产的监督管理有很多形式，如召开各种会议、安全检查、行政许可、行政处罚等等。对作业场所的监督检查和行政许可是两种十分重要的形式。

1. 作业场所监督检查一般程序

(1) 监督检查准备；

(2) 检查生产经营单位执行法律法规及标准情况；

(3) 作业现场检查；

(4) 提出意见或建议；

(5) 发出《现场处理措施决定书》《责令限期整改指令书》《行政处罚告知书》。

安全生产执法人员应当将检查的时间、地点、内容、发现的问题及其处理情况，作出书面记录，并由执法人员和被检查单位的负责人签字；被检查单位的负责人拒绝签字的，执法人员应当将情况记录在案，并向负有安全生产监督管理职责的部门报告。

2. 行政许可

(1) 申请：提交申请书、文件、资料等。

(2) 受理：许可证颁发管理机关按有关规定受理。

(3) 征求意见：听取有关单位和人员的意见。

(4) 审查和调查。

(5) 作出决定。

(6) 送达。

(二) 安全生产监督管理的方式

安全生产监督管理的方式大体可以分为事前、事中和事后三种。

1. 事前的监督管理

事前的监督管理主要是有关安全生产许可事项的审批，包括安全生产许可证、危险化学品经营许可证、危险化学品使用许可证、安全合格证、特种作业操作证、培训合格证等。

例如，《安全生产培训管理办法》第二十三条规定："安全生产监管人员经考核合格后，颁发安全生产监管执法证；煤矿安全监察人员经考核合格后，颁发煤矿安全监察执法证；危险物品的生产、经营、储存单位和矿山、金属冶炼单位 主要负责人、安全生产管理人员经考核合格后，颁发安全合格证；特种作业人员经考核合格后，颁发《中华人民共和国特种作业操作证》；危险化学品登记机构的登记人员经考核合格后，颁发上岗证；其他人员经培训合格后，颁发培训合格证。"

2. 事中的监督管理

事中的监督管理主要是日常的监督检查、安全大检查、重点行业和领域的安全生产专项整治、许可证的监督检查等。

县级以上地方各级人民政府应当根据本行政区域内的安全生产状况，组织有关部门按照职责分工，对本行政区域内发生过重大生产安全事故、存在重大危险源的生产经营单位执行有关安全生产的法律、法规和国家标准或者行业标准的情况进行严格检查。

应急管理部门应当按照分类分级监督管理的要求，制定安全生产年度执法计划，并按照年度执法计划进行监督检查，发现事故隐患，应当及时处理。

负有安全生产监督管理职责的部门在监督检查中，应当互相配合，实行联合检查；确需分别进行检查的，应当互通情况，发现存在的安全问题应当由其他有关部门进行处理的，应当及时移送其他有关部门并形成记录备查，接受移送的部门应当及时进行处理。

负有安全生产监督管理职责的部门门依法对存在重大事故隐患的生产经营单位作出停产停业、停止施工、停止使用相关设施或者设备的决定，生产经营单位应当依法执行，及时消除事故隐患。生产经营单位拒不执行，有发生生产安全事故的现实危险的，在保证安全的前提下，经本部门主要负责人批准，负有安全生产监督管理职责的部门门可以采取通知有关单位停止供电、停止供应民用爆炸物品等措施，强制生产经营单位履行决定(采取停止供电措施，除有危及生产安全的紧急情形外，应当提前二十四小时通知生产经营单位)。通知应当采用书面形式，有关单位应当予以配合。

监督检查应当按照国务院有关规定进行随机抽查，不得影响被检查单位的正常生产经营活动。

3. 事后的监督管理

生产安全事故发生后的应急救援，以及事故调查处理，查明事故原因，严肃处理有关责任人员，提出防范措施。严格按照“四不放过”的原则，处理发生的生产安全事故。

第二节　国务院安委会成员单位安全生产工作任务分工

一、总则

以习近平新时代中国特色社会主义思想为指导，深入学习贯彻习近平总书记关于安全生产重要指示精神，坚持人民至上、生命至上，以做好“两个维护”的政治自觉、思想自觉和行动自觉，树牢安全发展理念，统筹发展和安全两件大事，坚持把安全作为发展的前提、把发展作为安全保障，切实把确保人民生命安全放在第一位落到实处；围绕从根本上消除事故隐患、从根本上解决问题，扎实推进安全生产治理体系和治理能力现代化；坚决扛起防范化解重大安全风险的政治责任，严格落实“党政同责、一岗双责、齐抓共管、失职追责”和“管行业必须管安全、管业务必须管安全、管生产经营必须管安全”的原则，紧密结合各自工作实际，强化各项安全防范责任措施落实，严防各类人身伤亡事故发生，确保人民群众生命财产安全和社会稳定。

国务院应急管理部门依法对全国安全生产工作实施综合监督管理，承担职责范围内行业领域安全生产监管执法工作；负有安全生产监督管理职责的有关部门在各自职责范围内，对有关行业领域的安全生产工作实施监督管理；负有行业领域管理职责的国务院有关部门要将安全生产工作作为行业领域管理工作的重要内容，切实承担起安全管理的职责，制定实施有利于安全生产的法规标准、政策措施，指导、检查和督促企事业单位加强安全防范；其他有关部门结合本部门工作职责，为安全生产工作提供支持保障。

二、安全生产工作任务分工

（一）国家发展改革委

（1）把安全生产工作纳入国民经济和社会发展规划，将应急管理体系建设规划和安全生产规划纳入国家专项规划。与应急管理部联合发布实施应急管理部门和矿山安全监察机构监管监察能力建设规划，研究安排安全生产监管监察基础设施、执法装备、信息化建设、技术支撑体系、应急救援体系建设和隐患治理等所需中央预算内投资，并对投资计划执行情况进行监督检查。

（2）按照职责分工，参与对不符合有关矿山工业发展规划和总体规划、不符合产业政策、布局不合理等矿井关闭及关闭是否到位情况进行监督和指导。

（二）应急管理部

（1）拟订安全生产方针政策，组织编制国家安全生产规划，起草安全生产法律法规草案，指导协调全国安全生产工作，综合管理全国安全生产统计工作，分析和预测全国安全生产形势，发布全国安全生产信息，协调解决安全生产中的重大问题。

（2）负责安全生产综合监督管理工作，依法行使国家安全生产综合监督管理职权，指导协调、监督检查国务院有关部门和各省(自治区、直辖市)政府安全生产工作，组织开展安全生产和消防工作考核、巡查。

(3) 负责工贸行业安全生产监督管理工作，按照分级、属地原则，依法监督检查工贸生产经营单位贯彻执行安全生产法律法规情况及其安全生产条件和有关设备(特种设备除外)、材料、劳动防护用品的安全生产管理工作。负责监督管理工贸行业中央企业安全生产工作。承担海洋石油安全生产综合监督管理工作。

(4) 依法组织并指导监督实施安全生产准入制度；负责危险化学品安全生产监管工作和危险化学品安全监管综合工作，负责烟花爆竹生产、经营的安全生产监督管理工作。

(5) 负责对全国的消防工作实施监督管理，指导地方消防监督、火灾预防、火灾扑救等工作。

(6) 组织制定相关行业安全生产规章、规程和标准并监督实施，指导监督相关行业企业安全生产标准化、安全预防控制体系建设工作。会同有关部门推进安全生产责任保险实施工作。

(7) 组织协调全国性安全生产检查以及专项督查、专项整治等工作，依法组织指导生产安全事故调查处理，监督事故查处和责任追究落实情况。按照职责分工对工贸行业事故发生单位落实防范和整改措施的情况进行监督检查。

(8) 指导应急预案体系建设，建立完善事故灾难分级应对制度，组织编制国家生产安全事故应急预案和安全生产类专项应急预案，综合协调应急预案衔接工作，组织开展预案演练。

(9) 指导各地区各部门应对安全生产类突发事件，组织指导协调安全生产应急救援工作，负责生产安全事故救援等专业应急救援力量建设，健全完善全国安全生产应急救援体系。

(10) 指导监督职责范围内建设项目安全设施“三同时”工作。

(11) 负责安全生产宣传教育和培训工作[矿山〈含地质勘探〉除外，下同]，组织指导并监督特种作业人员的操作资格考核工作和危险化学品、烟花爆竹、金属冶炼等生产经营单位主要负责人、安全生产管理人员的安全生产知识和管理能力考核工作，监督检查工贸生产经营单位安全生产培训工作。

(12) 指导全国安全评价检测检验机构管理工作，拟订注册安全工程师制度并组织实施。

(13) 指导协调和监督全国安全生产行政执法工作。

(14) 组织拟订安全生产科技规划并组织实施，指导安全生产科学技术研究、推广应用和信息化建设工作。

(15) 组织开展安全生产方面的国际交流与合作，组织参与安全生产类等突发事件的国际救援工作。

(16) 承担国务院安全生产委员会的日常工作和国务院安全生产委员会办公室的主要职责。

(三)国家卫生健康委

(1) 按照职责分工，负责职业卫生、放射卫生的监督管理工作。负责起草职业卫生、放射卫生监管有关法规，制定用人单位职业卫生、放射卫生监管相关规章，组织拟订国家职业卫生标准。

(2) 负责用人单位职业卫生监督检查工作，依法监督用人单位贯彻执行国家有关职业病防治法律法规和标准情况。

(3) 负责职业卫生、放射卫生检测、评价技术服务机构的监督管理工作。组织查处职业病危害事故和违法违规行为。

(4) 负责卫生系统安全管理工作。指导医疗卫生机构、计划生育技术服务机构等制定安全管理制度和突发事件应急预案，落实安全防范措施，做好医疗废物、放射性物品安全处置管理工作。负责直属医疗机构安全监督管理。

(5) 协调指导生产安全事故的医疗卫生救援工作，对重特大生产安全事故组织实施紧急医学救援。

(四) 生态环境部

(1) 负责核安全和辐射安全的监督管理。拟订有关政策、规划、标准，牵头负责核安全工作协调机制有关工作，参与核事故应急处理，负责辐射环境事故应急处理工作。监督管理核设施安全、放射源安全，监督管理核设施、核技术应用、电磁辐射、伴有放射性矿产资源开发利用中的污染防治。对核材料的管制和民用核安全设备的设计、制造、安装和无损检验活动实施监督管理。负责全国放射性废物的安全监督管理工作，对放射性物品运输的核与辐射安全实施监督管理。

(2) 依法对废弃危险化学品等危险废物的收集、储存、处置等进行安全监督管理，防止人身伤亡和财产损失事故发生。按照职责分工负责危险化学品生产安全事故相关环境污染、生态破坏问题调查和事故现场应急环境监测。

(3) 指导协调地方政府开展生产安全事故次生环境污染和其他相关突发环境事件的应急、预警和处置工作。

(4) 指导督促地方和相关企业单位对重点环保设施和项目组织开展安全风险评估和隐患排查治理。

(五) 住房城乡建设部

(1) 依法对全国的建设工程安全生产实施监督管理(按照国务院规定职责分工的铁路、交通、水利、民航、电力、通信等专业建设工程除外)。负责拟订建筑安全生产政策、规章制度并监督执行，依法查处建筑安全生产违法违规行为。监督管理房屋建筑工地和市政工程工地用起重机械、专用机动车辆的安装、使用。

(2) 指导农村住房建设、农村住房安全和危房改造。指导农村管道天然气工程质量和运行安全。

(3) 指导城市市政公用设施建设、安全和应急管理，指导城市供水、燃气、热力、市政设施、园林、市容环境治理、城市规划区绿化、城镇污水处理设施和管网等安全运行监督管理。指导城市地铁、轨道交通规划和建设的安全监督管理。指导城市地下空间开发利用安全监督管理。

(4) 负责建筑施工、建筑安装、建筑装饰装修、勘察设计、建设监理等建筑业和房地产开发、物业服务、房屋征收拆迁等房地产业安全生产监督管理工作。负责指导和监督省级建设主管部门负责的建筑施工企业安全生产准入管理，指导建筑施工企业从业人员安全生产教育培训工作。

(5) 指导建设工程消防设计审查验收工作。

(6) 负责建筑业、房地产业和住房城乡建设系统安全生产统计分析，依法组织或参加有关事故的调查处理，按照职责分工对事故发生单位落实防范和整改措施的情况进行监督检查。

（六）市场监管总局

（1）指导地方市场监管部门严格依法办理涉及安全生产前置审批事项的市场主体登记注册。

（2）配合有关部门加强对商品交易市场的安全检查和促进市场主办单位依法加强安全管理。

（3）负责特种设备安全监督管理，综合管理特种设备安全监察、监督工作。拟订特种设备目录和安全技术规范。监督检查特种设备的生产(包括设计、制造、安装、改造、修理)、经营、使用、检验检测和进出口。监督管理特种设备检验检测机构和检验检测人员、作业人员的资质资格。推动特种设备安全科技研究并推广应用。

（4）依法负责保障劳动安全的产品、影响生产安全的产品质量安全监督管理。负责危险化学品及其包装物、容器(不包括储存危险化学品的固定式大型储罐)生产企业的工业产品生产许可证的管理工作，并依法对其产品质量实施监督，对烟花爆竹实施质量监督。

（5）负责会同有关部门根据技术进步和产业升级需要，组织制修订安全生产国家标准。

（6）配合有关部门开展安全生产专项整治，按照职责依法查处无照经营等非法违法行为；对有关前置许可审批部门依法吊销、撤销许可证或者其他批准文件，或者许可证、其他批准文件有效期届满的生产经营单位，根据有关部门的通知，配合主管部门依法督促其办理变更登记或注销登记，对于擅自从事相关经营活动情节严重的，依法吊销营业执照；配合有关部门依法查处未经安全生产(经营)许可的生产经营单位。

（7）配合有关部门委托相关技术机构开展风险评估、检验检测等技术服务工作，为小型游乐设施安全管理提供指导和服务。

（8）负责特种设备安全生产统计分析，依法组织或参加有关事故的调查处理，按照职责分工对事故发生单位落实防范和整改措施的情况进行监督检查。

（七）工业和信息化部

（1）指导工业、通信业加强安全生产管理。在行业发展规划、政策法规、标准规范等方面统筹考虑安全生产，严格行业规范和准入管理，实施传统产业技术改造，淘汰落后工艺和产能，指导重点行业排查治理隐患，促进产业结构升级和布局调整，促进工业化和信息化深度融合，从源头治理上指导相关行业提高企业本质安全水平。

（2）负责通信业及通信设施建设和民用飞机、民用船舶制造业安全生产监督管理，制定相关行业安全生产规章制度、标准规范并组织实施，指挥协调生产安全事故应急通信。

（3）负责民用爆炸物品生产、销售的安全监督管理，按照职责分工组织查处非法生产、销售(含储存)民用爆炸物品的行为。

（4）按照职责分工，依法负责危险化学品生产、储存的行业规划和布局。严格道路机动车辆生产企业及产品准入许可。会同有关部门推动安全(应急)产业发展。

（5）负责相关行业安全生产统计分析，依法参加有关事故的调查处理，按照职责分工对事故发生单位落实防范和整改措施的情况进行监督检查。

（八）交通运输部

（1）指导公路、水路行业安全生产和应急管理工作。拟订并监督实施公路、水路行业安全生产政策、规划和应急预案，指导有关安全生产和应急处置体系建设，承担公路、水路重大突发事件处置的组织协调工作，承担有关公路、水路运输企业安全生产监督管理工作。负责指导交通运输综合执法和队伍建设有关工作。

（2）负责水上交通安全监督管理。负责水上交通管制、船舶及相关水上设施检验、登记和防治污染、航海保障、救助打捞、通信导航、船舶保安等工作，指导港口设施保安工作。负责拟订渔业船舶检验政策法规及标准，渔业船舶检验监督管理和行业指导等工作。负责危险货物水路运输安全监督管理。负责船员管理有关工作。负责中央管理水域水上交通安全事故、船舶及相关水上设施污染事故的应急处置，指导地方水上交通安全监督管理工作。

（3）负责道路运输管理工作。指导运输线路、营运车辆、枢纽、运输场站等管理工作；负责拟订经营性机动车营运安全标准并监督实施，指导机动车维修、营运车辆综合性能检测管理，参与机动车报废政策、标准制定工作，负责机动车驾驶员培训机构和驾驶员培训管理工作；指导公共汽车、城市地铁和轨道交通运营、出租汽车（含巡游出租汽车和网络预约出租汽车）、汽车租赁等安全监督管理工作。

（4）负责公路、水路建设工程安全生产监督管理工作。按规定制定公路、水路工程建设有关政策、制度和技术标准并监督实施。指导公路、水路有关工程建设安全生产监督管理工作，指导交通运输基础设施管理和维护，承担有关重要设施的管理和维护。

（5）按照职责分工指导并组织开展交通运输行业安全生产专项整治工作。指导各地组织实施公路安全生命防护工程，加强道路交通安全设施建设；负责查处船舶超载和打击无牌、无证、报废船舶营运等违法行为；指导或配合有关部门查处车辆超限超载和打击无牌、无证、报废车辆营运等违法行为。

（6）指导危险货物道路运输、水路运输的许可以及运输工具的安全管理和从业人员资格认定。按照职责范围组织拟订危险货物有关标准。

（7）负责河道采砂影响航道及通航安全的管理工作。

（8）指导有关交通运输企业安全生产标准化建设和从业人员的安全生产教育培训工作。

（9）负责交通运输行业安全生产统计分析，依法组织或参加有关事故的调查处理，按照职责分工对事故发生单位落实防范和整改措施的情况进行监督检查。

（九）国家铁路局

（1）负责铁路安全生产监督管理，制定铁路运输安全、工程质量安全和设备质量安全监督管理办法并组织实施，组织实施依法设定的行政许可，指导、监督铁路行政执法工作，依法查处影响铁路安全的违法违规行为。

（2）组织监督铁路运输安全情况，按照法律法规规定的条件和程序办理铁路运输有关行政许可并承担相应责任，组织拟订规范铁路运输市场秩序政策措施并监督实施。

（3）组织拟订规范铁路工程建设市场秩序政策措施并监督实施，组织监督铁路工程质量安全和工程建设招标投标工作。

（4）组织监督铁路设备产品质量安全，按照法律法规规定的条件和程序办理铁路机车车辆设计生产维修进口许可、铁路运输安全设备生产企业认定等行政许可并承担相应责任。

（5）负责危险货物铁路运输及其运输工具的安全监督管理。

（6）负责组织监测分析铁路运行安全情况，负责铁路行业安全生产统计分析，依法组织或参加有关铁路生产安全事故的应急救援和调查处理，按照职责分工对事故发生单位落实防范和整改措施的情况进行监督检查。

（十）中国国家铁路集团有限公司

（1）遵守国家有关安全生产的法律法规，执行国家有关政策，加强安全生产管理，建立健全安全生产责任制和安全生产规章制度，提高安全生产水平，确保安全生产。

(2) 负责国家铁路安全管理工作，负责铁路运输安全、设备质量安全、运营食品安全以及职工劳动安全管理，承担企业安全主体责任并督促所属企业落实安全主体责任。

(3) 负责铁路运输统一调度指挥，承担国家铁路客货运输经营管理及国家规定的公益性运输、关系国计民生的重点运输和特运、专运、抢险救灾运输等任务的安全管理责任。

(4) 负责国家铁路(含控股合资铁路)新线投产运营的安全评估，负责路网日常养护维修和更新改造，承担相关建设工程的质量安全管理责任，负责铁路运输装备的购置、调配、处置，承担设备运用维护管理责任。

(5) 组织制定并实施铁路生产安全事故应急救援预案，参与有关事故调查处理，组织落实事故防范和整改措施。

(十一) 中国民航局

(1) 负责民航行业安全生产监督管理工作。起草相关法律法规草案、规章草案、政策和标准，按规定拟订有关规划和计划，并监督实施。组织民航重大安全科技项目开发与应用，推进安全管理信息化建设，指导民航行业安全教育培训、安全科技工作。

(2) 承担民航飞行安全和地面安全监管责任。负责民用航空器运营人、航空人员训练机构及设备、民用航空产品及维修单位的审定和监督检查，负责民用航空器及其零部件设计、制造的适航审定检查，负责危险品航空运输监管、民用航空器运行评审工作，负责机场飞行程序和运行最低标准监督管理工作，承担民航航空人员资格管理工作。

(3) 负责监督民航空中交通管理工作，负责监督管理民航通信导航监视、航行情报、航空气象服务工作。

(4) 负责民航空防安全监督管理。负责民航安全保卫的监督管理、民航安全检查、机场消防救援的监督管理。

(5) 拟订民用航空器事故标准，组织协调民航突发事件应急处置。

(6) 负责民用机场建设和运行的安全监督管理。负责民用机场的场址、总体规划、工程设计审批和使用许可管理工作，承担民用机场应急救援、净空保护有关管理工作和机场内供油企业安全运行监督管理工作，负责民航专业工程质量和安全生产监督管理。

(7) 负责民航行业安全生产统计分析，依法组织或参加有关事故的调查处理，按照职责分工对事故发生单位落实防范和整改措施的情况进行监督检查。

(十二) 国家邮政局

(1) 负责邮政行业安全生产监督管理，拟订保障邮政通信与信息安全的政策并监督实施，负责邮政行业运行安全的监测、预警和应急管理。

(2) 依法监管邮政市场，负责快递等邮政业务的市场准入，监督检查寄递企业执行有关法律法规和落实安全保障制度情况，依法查处寄递危险化学品、易燃易爆物品等违法违规行为。

(3) 负责邮政行业安全生产统计分析，依法参加有关事故的调查处理，按照职责分工对事故发生单位落实防范和整改措施的情况进行监督检查。

(十三) 自然资源部

(1) 负责查处重大越界勘查、无证勘查开采、越界采矿等违法违规行为，维护良好的矿产资源开发秩序。

(2) 按照职责分工，负责对无采矿许可证、越界采矿被吊销采矿许可证、资源枯竭应当关闭退出等矿井的关闭工作及关闭是否到位情况进行监督和指导；会同相关部门组织指导并监督检查全国废弃矿井的治理工作。

(3) 负责矿产资源开发的管理，组织编制实施矿产资源规划，合理布局探矿权和采矿权。负责管理地质勘查行业，加强对地质勘查活动的监督检查。

(4) 依法组织编制和实施国土空间规划，充分考虑实施安全生产规划、管道发展规划必要的空间需求和时序安排。指导地方政府在国土空间规划编制工作中统筹安排管道发展规划，依法依规推进管道建设规范化管理。同时，依据国土空间规划，严格实施国土空间用途管制。

(5) 对海洋资源保护利用进行监督管理。参与海上应急救援，参加调查处理海上渔业生产安全事故，按规定权限调查处理海洋生态破坏相关事件等，按照职责分工对事故发生单位落实防范和整改措施的情况进行监督检查。

(6) 开展海洋预警监测、灾害预防、风险评估和隐患排查治理，发布警报和公报。建设和管理国家全球海洋立体观测网。参与重大海洋灾害应急处置。

(十四) 国家能源局

(1) 拟订并组织实施能源发展战略、规划和政策，组织制定煤炭、石油、天然气、电力、新能源和可再生能源等能源，以及炼油、煤制燃料和燃料乙醇的产业政策及相关标准。制定实施有利于安全生产的政策措施，指导督促能源行业加强安全生产管理，严格行业准入条件，提高行业安全生产水平。

(2) 协调有关方面开展煤层气开发、淘汰煤炭落后产能、煤矿瓦斯治理和利用工作，制定相关标准和政策措施，会同有关部门推进煤炭企业兼并重组。

(3) 负责汇总提出能源的中央财政性建设资金投资安排建议，按规定权限核准、审核国家规划内和年度计划规模内能源投资项目，将安全设施“三同时”纳入建设项目管理程序。

(4) 负责核电管理，按规定参与核电厂的核事故应急管理工作。

(5) 负责电力安全生产监督管理、可靠性管理和电力应急工作，制定除核安全外的电力运行安全、电力建设工程施工安全、工程质量安全监督管理办法并组织监督实施，组织实施依法设定的行政许可，负责水电站大坝的安全监督管理。指导和监督电力行业安全生产教育培训考核工作，组织电力安全生产新技术的推广应用。

(6) 依法主管全国石油天然气管道保护工作，负责组织编制并实施全国管道发展规划，统筹协调全国管道发展规划与其他专项规划的衔接，协调跨省、自治区、直辖市管道保护的重大问题。组织核准跨省、自治区、直辖市油气输送管道建设项目。起草或制修订职责范围内涉及油气输送管道的标准规范。指导督促各省、自治区、直辖市人民政府能源主管部门依法主管本行政区域的管道保护工作，协调处理本行政区域管道保护的重大问题。指导督促油气输送管道企业落实安全生产主体责任，加强日常安全管理。履行油气管道行业管理职责，协同相关部门开展油气输送管道保护和安全生产监督检查等工作，保障管道安全运行。

(7) 负责电力行业和石油天然气管道保护安全生产统计分析，依法组织或参加有关事故的调查处理，按照职责分工对事故发生单位落实防范和整改措施的情况进行监督检查。

(十五) 国家矿山安全监察局

(1) 拟订矿山安全生产(含地质勘探，下同)方面的政策、规划、标准，起草相关法律法规草案、部门规章草案并监督实施。

(2) 负责国家矿山安全监察工作。监督检查地方政府矿山安全监管工作。组织实施矿山安全生产抽查检查，对发现的重大事故隐患采取现场处置措施，向地方政府提出改善和加强矿山安全监管工作的意见和建议，督促开展重大隐患整改和复查。

（3）指导矿山安全监管工作。制定矿山安全准入、监管执法、风险分级管控和事故隐患排查治理等政策措施并监督实施，指导地方矿山安全监督管理部门编制和完善执法计划，提升地方矿山安全监管水平和执法能力。依法对煤矿企业贯彻执行安全生产法律法规情况进行监督检查，对煤矿企业安全生产条件、设备设施安全情况进行监管执法，对发现的违法违规问题实施行政处罚、监督整改落实并承担相应责任。

（4）负责统筹矿山安全生产监管执法保障体系建设，制定监管监察能力建设规划，完善技术支撑体系，推进监管执法制度化、规范化、信息化。

（5）参与编制矿山安全生产应急预案，指导和组织协调煤矿事故应急救援工作，参与非煤矿山事故应急救援工作。依法组织或参与煤矿生产安全事故和特别重大非煤矿山生产安全事故调查处理，监督事故查处落实情况。负责统计分析和发布矿山安全生产信息和事故情况。

（6）负责矿山安全生产宣传教育，组织开展矿山安全科学技术研究及推广应用工作。指导矿山企业安全生产基础工作，会同有关部门指导和监督煤矿生产能力核定工作。对煤矿安全技术改造和瓦斯综合治理与利用项目提出审核意见。

（十六）农业农村部

（1）指导农业行业安全生产工作，拟订农业行业安全生产政策、规划和应急预案并组织实施。

（2）指导渔业安全生产工作。代表国家行使渔政渔港监督管理权，依法对渔港水域交通安全实施监督管理，负责远洋渔业和渔政渔港、渔船、渔业船员等监督管理。承担职责范围内渔业应急处置和渔业安全事故调查处理工作。

（3）指导农机安全生产工作。指导农机作业安全和维修管理；组织农机安全监理，按照职责分工，依法指导农机登记、安全检验、事故处理、农机驾驶人员培训和考核发证工作。

（4）负责农药监督管理工作，承担农药使用环节安全指导工作。指导农村可再生能源综合开发利用。指导畜禽屠宰行业安全生产工作。

（5）负责农业行业安全生产统计分析，依法组织或参加有关事故的调查处理，按照职责分工对事故发生单位落实防范和整改措施的情况进行监督检查。

（十七）水利部

（1）负责水利行业安全生产工作，组织实施水利工程质量和安全监督，组织指导水库、水电站大坝、农村水电站及其配套电网的安全监督管理。

（2）组织实施水利工程建设安全生产监督管理工作，按规定制定水利工程建设有关政策、制度、技术标准和重大事故应急预案并监督实施。

（3）负责组织、协调和指导长江宜宾以下干流河道采砂活动的统一管理和监督检查；监督管理河道采砂工作，并对采砂影响防洪安全、河势稳定、堤防安全负责。

（4）组织提出并协调落实三峡工程运行、南水北调工程运行和后续工程建设的有关政策措施，指导监督工程安全运行，组织工程验收有关工作，督促指导地方配套工程建设。

（5）组织指导水利工程蓄水安全鉴定和验收，指导大江大河干堤、重要病险水库、重要水闸的除险加固。

（6）指导、监督水利行业从业人员的安全生产教育培训考核工作。

（7）负责水利行业安全生产统计分析，依法参加有关事故的调查处理，按照职责分工对事故发生单位落实防范和整改措施的情况进行监督检查。

（十八）国家粮食和储备局

（1）负责粮食流通、加工行业安全生产工作的监督管理。承担国家物资储备承储单位安全生产的监管责任。

（2）组织实施国家战略和应急储备物资的收储、轮换和日常管理，落实有关动用计划和指令。

（3）负责研究分析国家粮食和物资储备安全生产形势，制定相关安全生产政策、制度和标准并组织实施。

（4）负责粮食流通、加工行业安全生产统计分析，依法组织或参加有关事故的调查处理，按照职责分工对事故发生单位落实防范和整改措施的情况进行监督检查。

（十九）国家林草局

（1）依法履行林业、草原安全生产监督管理职责。负责指导林业、草原及以国家公园为主体的各类自然保护地等相关单位安全监督管理工作。

（2）负责落实森林草原综合防灾减灾规划相关要求，组织编制森林和草原火灾（灾害）防治规划和防护标准并指导实施，组织指导开展防火巡护、火源管理、防火设施建设和火情早期处理、火灾早期扑救等工作并督促检查。组织指导国有林场林区和草原开展宣传教育、监测预警、督促检查等防火工作。

（3）负责林业、草原系统安全生产统计分析，依法参加有关事故的调查处理，按照职责分工对事故发生单位落实防范和整改措施的情况进行监督检查。

（二十）商务部

（1）配合有关部门做好商贸服务业（含餐饮业、住宿业）安全生产管理工作，按有关规定对拍卖、展览、汽车流通、旧货流通和成品油流通等行业进行安全生产管理，指导再生资源回收行业安全生产工作。指导督促商贸、流通企业贯彻执行安全生产法律法规，加强安全管理，落实安全防范措施。

（2）会同有关部门指导督促对外投资合作企业境内主体加强境外投资合作项目安全生产工作。

（3）配合有关部门对商贸、流通企业违反安全生产法律法规行为进行查处。

（二十一）文化和旅游部

（1）负责文化和旅游安全监督管理工作，在职责范围内依法对文化市场和旅游行业安全生产工作实施监督管理，拟订文化市场和旅游行业有关安全生产政策，组织制定文化市场和旅游行业突发事件应急预案，加强应急管理。

（2）在职责范围内依法对互联网上网服务经营场所、娱乐场所和营业性演出、文化艺术经营活动执行有关安全生产法律法规的情况进行监督检查。

（3）会同国家有关部门对旅游安全实行综合治理，配合有关部门加强旅游客运安全管理。指导地方对旅行社企业安全生产工作进行监督检查，推动协调相关部门加强对自助游、自驾游等新兴业态的安全监管，依法指导景区建立具备开放的安全条件。配合有关部门组织开展景区内游乐园安全隐患排查整治。

（4）负责文化系统所属单位的安全监督管理，指导图书馆、文化馆（站）等文化单位和重大文化活动、基层群众文化活动加强安全管理，落实安全防范措施。

（5）负责全国旅游安全管理的宣传、教育、培训工作。加强对有关安全生产法律法规和安全生产知识的宣传，配合有关部门共同开展安全生产重大宣传活动。

（6）负责文化市场、文化系统和旅游行业安全生产统计分析，依法参加有关事故的调查处理，按照职责分工对事故发生单位落实防范和整改措施的情况进行监督检查。

（二十二）民政部

（1）负责民政系统的安全监督管理。在拟订相关民政事业发展法律法规草案、政策、规划以及制定相关部门规章和标准时，将安全生产纳入其中，并负责组织实施。

（2）指导地方养老服务机构、儿童福利机构、未成年人救助保护机构、流浪乞讨人员救助管理机构、殡葬服务机构、精神卫生福利机构等安全管理工作，制定相关安全法规、行业标准并监督实施，督促其落实安全责任和防范措施。

（3）负责民政系统安全管理分析，依法组织或参加民政服务机构安全事故调查处理，按照职责分工对事故发生单位落实防范和整改措施的情况进行监督检查。指导协调各地民政部门参与安全事故处置工作。

（二十三）海关总署

（1）负责海关系统的安全生产管理，制定海关进出境监管安全作业规范并组织实施，开展海关监管作业隐患排查，及时将发现的监管货物、作业区域安全隐患问题通报、移送相关主管部门，配合相关部门开展安全生产检查、应急处置。

（2）拟订海关风险管理制度并组织实施，承担组织海关风险监测工作，建立风险评估指标体系、风险监测预警和跟踪制度、风险管理防控机制。协调开展口岸相关风险分析研判和处置工作。

（3）负责对进出口烟花爆竹、进出口危险化学品及其包装实施检验。负责对出口危险货物包装容器实施性能检验和使用鉴定。承担进口固体废物、进出口易制毒化学品等口岸管理工作。

（4）对存在安全生产失信行为的生产经营单位进出口货物实施严密监管，在办理通关业务时，加强单证审核或布控查验。

（二十四）国家新闻出版广电总局

（1）负责指导、监督广播电视机构及设施设备安全管理，指导、协调全国性重大广播电视活动，指导推进国家应急广播体系建设，制定广播电视有关安全制度和处置重大突发事件预案并组织实施。

（2）组织指导广播电视机构及新闻媒体开展安全生产宣传教育，配合有关部门共同开展安全生产重大宣传活动，对违反安全生产法律法规的行为进行舆论监督。

（二十五）体育总局

（1）负责公共体育设施安全运行的监督管理。

（2）按照有关规定，负责监督指导游泳、滑雪、潜水、攀岩等高危险性体育项目、有关重要体育赛事和活动、体育彩票发行的安全管理工作。

（3）负责本系统所属单位的安全管理工作，监督检查系统内单位贯彻执行有关安全法律法规的情况，落实安全防范措施。

（二十六）中国气象局

（1）建立健全气象灾害监测预报预警联动机制，根据天气气候变化情况及防灾减灾工作需要，及时向各有关地区和部门提供气象灾害监测、预报、预警、气象灾害风险评估等信息，为有关地区和部门发布各类突发事件预警信息提供平台。负责为安全生产预防控制和事故应急救援提供气象服务保障。

(2) 依法履行雷电灾害安全防御的监督管理职责，组织制定有关安全生产政策措施并监督实施，依法参加有关事故的调查，指导省级气象主管机构的监督管理工作。

(3) 会同有关部门指导无人驾驶自由气球和系留气球活动安全生产监督管理工作，负责无人驾驶自由气球和系留气球活动审批监督管理。组织制定有关安全生产政策措施并监督实施。负责人工影响天气作业期间的安全检查和事故防范。

(二十七) 国家文物局

(1) 负责全国文物和博物馆安全生产监督管理，组织开展文物和博物馆安全检查、督察工作。

(2) 拟订文物和博物馆安全制度、标准和办法，参与起草文物保护法律法规并负责督促检查。

(3) 协同配合有关部门查处文物安全事故，协同住房城乡建设部门负责历史文化名城(镇、村)安全生产监督管理工作。

(4) 组织指导文物和博物馆安全宣传工作。

(二十八) 国家国防科工局

(1) 负责武器装备科研生产的安全生产监督管理工作，指导协调并监督检查涉及军工的安全生产工作。

(2) 组织拟订军工系统安全生产政策、标准规范并组织实施，指导推进军工系统安全生产标准化和诚信体系建设。

(3) 承担核工业行业(核电除外)安全管理相关工作，牵头负责国家核事故应急管理工作，负责乏燃料管理、军工核设施退役及放射性废物治理、放射性废物处置，以及军工核设施和铀尾矿(渣)库的安全监督管理、全国核材料管制和核安保工作。

(4) 负责涉及军工的安全生产统计分析，依法参加有关事故的调查处理，按照职责分工对事故发生单位落实防范和整改措施的情况进行监督检查。

(二十九) 公安部

(1) 负责全国道路交通安全管理工作，拟订道路交通安全管理的政策、规定，指导、监督地方公安机关预防和处理道路交通事故，维护道路交通安全、道路交通秩序，以及开展机动车辆(不含拖拉机)、驾驶人管理工作，组织指导道路交通安全宣传教育工作。

(2) 指导、协调、监督地方公安机关对民用爆炸物品购买、运输、爆破作业及烟花爆竹道路运输、燃放环节实施安全监管，监控民用爆炸物品流向，按照职责分工组织查处非法购买、运输、使用(含储存)民用爆炸物品的行为和非法运输、燃放烟花爆竹的行为。

(3) 指导、监督地方公安机关依法核发剧毒化学品购买许可证、剧毒化学品道路运输通行证，并负责危险化学品运输车辆的道路交通安全管理。

(4) 指导、监督地方公安机关依法开展防火工作。

(5) 指导、监督地方公安机关依法对相关大型群众性活动实施安全管理。

(6) 负责公安部门有关安全生产统计分析，依法组织或参加有关事故的调查处理，按照职责分工对事故发生单位落实防范和整改措施的情况进行监督检查；指导地方公安机关查处相关刑事案件和治安案件。

(三十) 全国总工会

(1) 依法对安全生产工作进行监督，反映劳动者的诉求，指导地方工会依法组织职工参加本单位安全生产工作的民主管理和民主监督，维护职工在安全生产方面的合法权益。

（2）调查研究安全生产工作中涉及职工合法权益的重大问题，参与涉及职工切身利益的有关安全生产政策、措施、制度和法律、法规草案的拟订工作。

（3）指导地方工会参与职工劳动安全卫生的培训和教育工作。开展群众性劳动安全卫生活动，动员广大职工开展群众性安全生产监督和隐患排查，参与落实职工岗位安全责任，推进群防群治。

（4）依法参加特别重大生产安全事故的调查处理，向有关部门提出处理意见。代表职工监督事故发生单位防范和整改措施的落实。

（三十一）人力资源社会保障部

（1）将安全生产法律、法规及安全生产知识纳入相关行政机关工勤人员、事业单位工作人员的培训（含职业教育、继续教育等）学习计划并组织实施，将安全生产履职情况作为行政机关工勤人员、事业单位工作人员奖惩、考核的重要内容。会同有关部门按照国家有关规定对安全生产领域先进集体和先进个人以及在事故救援工作中作出突出贡献的单位和个人进行表彰奖励。

（2）拟订工伤保险政策、规划和标准，依法推进企业参加工伤保险、开展工伤预防。

（3）配合支持有关部门制定和实施安全生产领域各类专业技术人才、技能人才规划、培养、继续教育、考核、奖惩等相关政策。

（4）指导技工院校、职业培训机构的安全管理工作。指导技工院校、职业培训机构开展安全知识和技能教育培训，制定突发事件应急预案，落实安全防范措施。

（5）会同有关部门制定安全生产领域职业资格相关政策，按照职责分工开展注册安全工程师管理工作。

（三十二）中国银保监会

（1）按照职责分工，承担安全生产责任保险监督管理相关工作，配合有关部门推动安全生产责任保险健康发展。配合有关部门对保险机构承保安全生产责任保险、参与风险评估和事故预防等相关工作进行监督管理。

（2）指导保险业积极宣传推广安全生产责任保险，持续优化产品和服务，为安全生产提供保险保障。

（三十三）司法部

（1）负责审查有关部门报送国务院的有关安全生产法律草案、行政法规草案，起草或组织起草有关安全生产重要法律草案、行政法规草案。

（2）负责有关安全生产地方性法规、地方政府规章和国务院部门规章的备案审查。

（3）负责有关安全生产行政法规解释的具体承办工作，承办申请国务院裁决的有关安全生产行政复议案件，指导、监督全国安全生产行政复议工作。

（4）将安全生产法律法规纳入公民普法的重要内容，协调推动有关部门落实“谁执法谁普法”普法责任制，广泛宣传普及安全生产法律法规知识；指导律师、公证、基层法律服务工作，为生产经营单位提供安全生产法律服务。

（5）负责全国监狱、司法行政戒毒场所安全生产管理工作，贯彻执行安全生产法律法规和标准，落实安全生产责任制，完善安全生产条件，消除事故隐患。

（6）负责司法行政系统安全生产统计分析。

（三十四）教育部

（1）负责教育系统的安全监督管理。指导地方加强各类学校（含幼儿园）的安全监督管理工作，督促各类学校制定安全管理制度和突发事件应急预案，落实安全防范措施。负责直属院校安全监督管理。

（2）将安全教育纳入学校教育内容，指导学校开展安全教育活动，普及安全知识，加强实验室、实训实习期间和校外社会实践活动的安全管理。

（3）加强安全科学与工程及职业卫生相关学科建设，加快培养矿山、化工等安全生产和职业卫生相关专业人才。

（4）会同有关部门依法负责校车安全管理的有关工作。

（5）负责教育系统安全管理统计分析，依法参加有关事故的调查处理，按照职责分工对事故发生单位落实防范和整改措施的情况进行监督检查。

（三十五）科技部

（1）将安全生产科技进步纳入科技发展规划和中央财政科技计划（专项、基金等）并组织实施。

（2）负责安全生产重大科技攻关、基础研究和应用研究的组织指导工作，会同有关部门推动安全生产科研成果的转化应用。

（3）加大对安全生产重大科研项目的投入，引导企业增加安全生产研发资金投入，促使企业逐步成为安全生产科技投入和技术保障的主体。

（4）在国家科学技术奖励工作中，加大对安全生产领域重大研究成果的支持，引导社会力量参与安全生产科技工作。

（三十六）财政部

（1）健全支持安全生产工作的财税政策，完善安全生产投入保障机制，加强对安全生产风险防控、重大安全隐患治理和监管监察能力建设的支持。

（2）指导地方健全安全生产监管执法经费保障机制，将安全生产监管执法经费纳入同级财政保障范围。

（三十七）国务院国资委

（1）按照国有资产出资人的职责，负责指导督促中央企业贯彻落实国家安全生产方针政策及有关法律法规、标准等，指导督促中央企业加强安全生产管理和落实安全生产主体责任。

（2）督促中央企业主要负责人落实安全生产第一责任人的责任和企业安全生产责任制，开展中央企业负责人履行安全生产职责的业绩考核。

（3）依照有关规定，参与或组织开展中央企业安全生产和应急管理的检查、督查，督促企业落实各项安全防范和隐患治理措施。

（4）参加中央企业特别重大事故的调查，负责落实事故责任追究的有关规定。

（5）督促中央企业做好统筹规划，把安全生产纳入中长期发展规划，保障职工健康与安全，切实履行社会责任。

（三十八）其他

中央宣传部、共青团中央、全国妇联和中央军委联合参谋部作战局依照有关规定履行相关安全生产工作职责，为安全生产工作提供支持和保障。其他负有安全生产工作职责的国务院有关部门及其管理的国家局，按照党中央、国务院批准的部门“三定”规定和安全生产法及其他有关法律、行政法规、规范性文件赋予的职责，负责本行业领域或本部门、本系统的安全生产监督管理工作。(《国务院安全生产委员会成员单位安全生产工作任务分工》安委〔2020〕10号)

编者按：一个恰当、正面的判例能够激发安全生产领域从业人员的斗志和奉献精神；而罚不当罪，尤其是量刑过重的判例，对从业人员的工作积极性将是沉重的打击。因此，编者认为国务院安委会应该吸纳最高人民法院，从司法层面来促进生产安全。

第三节　矿山安全生产监察

一、矿山安全监察机构历史沿革

1999年12月，根据《国务院办公厅关于印发煤矿安全监察管理体制改革实施方案的通知》(国办发〔1999〕104号)，设立国家煤矿安全监察局，与国家煤炭工业局一个机构、两块牌子 。

2018年3月，根据第十三届全国人民代表大会第一次会议审议通过的《国务院机构改革方案》，组建应急管理部。考虑到国家煤矿安全监察局与防灾救灾联系紧密，划由应急管理部管理。

2020年10月，按照党中央决策部署，国家煤矿安全监察局更名为国家矿山安全监察局(副部级)，仍由应急管理部管理。应急管理部的非煤矿山安全监督管理职责划入国家矿山安全监察局。设在地方的27个煤矿安全监察局相应更名为矿山安全监察局，由国家矿山安全监察局领导管理。

二、国家矿山安全监察局主要职责

国家矿山安全监察局负责贯彻落实党中央关于矿山安全监管监察工作的方针政策和决策部署，在履行职责过程中坚持和加强党对矿山安全监管监察工作的集中统一领导。主要职责是：

(1) 拟订矿山安全生产(含地质勘探，下同)方面的政策、规划、标准，起草相关法律法规草案、部门规章草案并监督实施。

(2) 负责国家矿山安全监察工作。监督检查地方政府矿山安全监管工作。组织实施矿山安全生产抽查检查，对发现的重大事故隐患采取现场处置措施，向地方政府提出改善和加强矿山安全监管工作的意见和建议，督促开展重大隐患整改和复查。

(3) 指导矿山安全监管工作。制定矿山安全准入、监管执法、风险分级管控和事故隐患排查治理等政策措施并监督实施，指导地方矿山安全监督管理部门编制和完善执法计划，提升地方矿山安全监管水平和执法能力。依法对煤矿企业贯彻执行安全生产法律法规情况进行监督检查，对煤矿企业安全生产条件、设备设施安全情况进行监管执法，对发现的违法违规问题实施行政处罚、监督整改落实并承担相应责任。

(4) 负责统筹矿山安全生产监管执法保障体系建设，制定监管监察能力建设规划，完善技术支撑体系，推进监管执法制度化、规范化、信息化。

(5) 参与编制矿山安全生产应急预案，指导和组织协调煤矿事故应急救援工作，参与非煤矿山事故应急救援工作。依法组织或参与煤矿生产安全事故和特别重大非煤矿山生产安全事故调查处理，监督事故查处落实情况。负责统计分析和发布矿山安全生产信息和事故情况。

(6) 负责矿山安全生产宣传教育，组织开展矿山安全科学技术研究及推广应用工作。指导矿山企业安全生产基础工作，会同有关部门指导和监督煤矿生产能力核定工作。对煤矿安全技术改造和瓦斯综合治理与利用项目提出审核意见。

(7) 完成党中央、国务院交办的其他任务。

(8) 职能转变。

国家矿山安全监察局要进一步完善“国家监察、地方监管、企业负责”的矿山安全监管监察体制。以防范遏制重特大矿山生产安全事故为重点，坚持安全第一、预防为主、综合治理的方针，加强对地方政府落实矿山安全属地监管责任的监督检查，严密层级治理和行业治理、政府治理、社会治理相结合的安全生产治理体系，着力防范化解区域性、系统性矿山安全风险。推动地方矿山安全监督管理部门强化监管执法，依法严厉查处违法违规行为，督促企业落实安全生产主体责任，推动企业建立健全自我约束、持续改进的内生机制。强化矿山安全监管能力建设，建立健全监管执法人员资格管理制度，加强教育培训，推进安全科技创新，提升信息化建设和应用水平，进一步提高执法队伍能力和素质。将煤矿安全生产许可、建设工程安全设施设计审查和竣工验收核查、检验检测机构认证、相关人员培训等事项移交给地方政府。

(9) 有关职责分工。

与自然资源部门的有关职责分工。自然资源部门负责查处矿山企业越界开采等违法行为。国家矿山安全监察机构发现矿山企业有越界开采等违法行为的，应当移送当地自然资源部门进行处理。

与公安机关的有关职责分工。公安机关负责民用爆炸物品公共安全管理和民用爆炸物品购买、运输、爆破作业的安全监督管理。国家矿山安全监察机构发现矿山企业有民用爆炸物品使用违法行为的，应当移送当地公安机关进行处理。

与能源部门的有关职责分工。能源部门从行业规划、产业政策、法规标准、行政许可等方面加强煤矿安全生产工作，负责指导和组织拟订煤炭行业规范和标准。国家矿山安全监察机构负责指导和组织拟订煤矿安全标准，会同能源等部门指导和监督煤矿生产能力核定工作。

三、矿山安全监管监察体制

我国矿山安全监管监察体制是“国家监察、地方监管、企业负责”。

矿山安全监察体制的特点：

1. 垂直管理

从国家矿山安全监察局、省级矿山安全监察局、到各地矿山安全监察分局实行垂直管理，人、财、物全部归中央负责，包括监察装备、人员的工资全部由中央政府承担。

2. 国家监察

基于矿山安全监察机构实行垂直的管理体制，与地方政府没有人、财、物的关系，因此，它是代表国家行使对矿山安全的监察职能。

3. 分区监察

矿山安全监察分局的设置不是以现有行政区域为基础，而是根据矿山安全工作的重点，在大中型矿区、矿山集中的地区，往往一个矿山安全监察分局的监察范围包括多个行政地市和县。

4. 监察和管理分开

矿山安全监察机构不承担矿山安全监管的职责，只实行对矿山安全的监察职责，矿山安全监管的政府职责由省、自治区、直辖市人民政府的有关部门承担。

第四节 特种设备安全监察

我国对特种设备实行安全监察制度。《特种设备安全监察条例》(国务院令第549号)规定，国务院特种设备安全监督管理部门负责全国特种设备的安全监察工作，县以上地方负责特种设备安全监督管理的部门对本行政区域内特种设备实施安全监察。特种设备实行安全监察具有强制性、体系性及责任追究性的特点，主要包括特种设备安全监察管理体制、行政许可、监督检查、事故处理和责任追究等内容。

2013年6月29日，《特种设备安全法》经第十二届全国人民代表大会常务委员会第三次会议通过，于2014年1月1日起正式施行。根据《特种设备安全法》的相关规定，国家对特种设备的生产、经营、使用，实施分类的、全过程的安全监督管理。国务院负责特种设备安全监督管理的部门对全国特种设备安全实施监督管理。县级以上地方各级人民政府负责特种设备安全监督管理的部门对本行政区域内特种设备安全实施监督管理。

一、特种设备安全监察体制

国家对特种设备实行专项安全监察体制。根据《特种设备安全法》《特种设备安全监察条例》的规定，我国的特种设备安全监督管理部门，国务院负责的部门是指国家市场监督管理总局，地方是指各级地方人民政府的市场监督管理部门。

国家市场监督管理总局内设特种设备安全监察局，各省、自治区、直辖市在市场监督管理部门内设有特种设备安全监察处，各地市设安全监察科，工业发达的县或县级市设安全股。各地建有特种设备检验机构。

二、特种设备安全监察法规体系

目前，我国制定了一系列涉及特种设备安全方面的法律法规和规范性文件，基本形成了“法律-法规-规章-规范性文件-相关标准及技术规定”五个层次的特种设备安全监察法规体系结构。

(1) 法律，主要包括《安全生产法》《特种设备安全法》《劳动法》《产品质量法》《行政处罚法》《行政许可法》等。

(2) 法规，主要包括《特种设备安全监察条例》《国务院关于特大安全事故行政责任追究的规定》《生产安全事故报告和调查处理条例》等国务院行政法规，以及《山东省特种设备安全条例》《浙江省特种设备安全管理条例》等地方性法规。

(3) 规章，包括原国家质量监督检验检疫总局发布的办法、规定、规则，如《设备监理单位资格管理办法》(国家质量监督检验检疫总局令第157号)，以及地方政府制定的规章，如《河北省特种设备安全监察规定》(河北省人民政府令〔2012〕第18号)等。

(4) 规范性文件，如原国家质量监督检验检疫总局《关于进一步加强电梯安全工作的意见》(国质检特〔2013〕14 号)等。

(5) 技术标准，主要是指 TSG 系列特种设备安全技术规范。

三、特种设备安全监察制度

按照设计、制造、安装、使用、检验、修理、改造及进出口等环节，对锅炉、压力容器等特种设备的安全实施全过程一体化的安全监察。目前，对特种设备的安全监察，主要建立两项制度：一是特种设备市场准入制度，二是设计、制造、安装、使用、检验、修理、改造七个环节全过程一体化的监察制度。

四、特种设备安全监察的方式与内容

(一) 特种设备安全监察的方式

根据特种设备安全监察工作的特点，主要有以下几种方式。

1. 行政许可制度

对特种设备实施市场准入制度和设备准用制度。市场准入制度主要是对从事特种设备的设计、制造、安装、修理、维护保养、改造的单位实施资质许可，并对部分产品出厂实施安全性能监督检验。对在用的特种设备通过实施定期检验，注册登记，施行准用制度。

2. 监督检查制度

监督检查的目的是预防事故的发生。

3. 事故调查处理

特种设备相关事故由对其负有安全监督管理职责的政府部门依据有关法律法规进行调查处理，或者由当地人民政府指定的部门进行调查处理。房屋建筑工地和市政工程工地使用的起重机械和场(厂)内专用机动车辆，在其安装、使用过程中发生的事故，不属于特种设备安全监管部门组织调查处理的特种设备事故。

特种设备安全监管部门接到事故报告后，经过现场初步判断，无法确定为特种设备事故的，应当及时报告当地人民政府，由人民政府或者其指定的部门组织事故调查组进行调查。

国家市场监督管理总局主管全国特种设备事故报告、调查和处理工作，县以上地方市场监督管理部门负责本行政区域内的特种设备事故报告、调查和处理工作。特种设备事故报告、调查和处理适用《特种设备事故报告和调查处理规定》和 TSG 03—2015《特种设备事故报告和调查处理导则》。

(二) 特种设备安全监察的内容

(1) 特种设备设计、制造、安装、检验、修理、使用单位贯彻执行国家法律、法规、标准和有关规定的情况。

(2) 特种设备的设计、制造、安装、充装、检验、修理、改造、使用、维修保养、化学清洗是否遵守有关法律、法规和标准的规定。

(3) 高耗能特种设备节能标准和锅炉环境保护标准的执行情况。

(4) 特种设备、特种设备操作人员及其他相应人员的持证上岗情况。

(5) 建立相应的安全生产责任制情况。

(6) 参加或进行特种设备的事故调查。

五、特种设备领域常见问题汇总

（一）不属于特种设备

汽车起重机，随车起重机，升降作业平台类设备，环卫行业压缩式垃圾车、清扫车，装载机、挖掘机等是否属于特种设备？

市场监管总局：《中华人民共和国特种设备安全法》第二条规定，国家对特种设备实行目录管理。2014 年修订的《特种设备目录》是《中华人民共和国特种设备安全法》实施后，经国务院批准后颁布的，应以 2014 年修订的《特种设备目录》为准。

汽车起重机；随车起重机；升降作业平台类设备；环卫行业压缩式垃圾车、清扫车；装载机、挖掘机等建设机械，均不在特种设备目录监管范围。特种设备的法律法规规范，对上述机械不再适用。

（二）起重机

1. 房屋建筑和市政工程工地用起重机的安装、使用是否在市场监管局监管范围？

市场监管总局：房屋建筑工地和市政工程工地用起重机的安装、使用不在市场监管局监管范围。按照《特种设备法》100 条、《特种设备安全监察条例》第 3 条规定“房屋建筑工地和市政工程工地用起重机械、场(长)内专用机动车辆的安装、使用的监督管理，由建设行政主管部门依照有关法律、法规的规定执行”。

2. 起重机械安装人员问题。

根据最新的《特种设备生产和充装单位许可规则》，起重机械安装、维修许可对人员有以下要求：安装人员不少于 8 人，指挥不少于 2 人，司机不少于 2 人，焊工不少于 2 人，电工不少于 3 人。请问这里的“安装人员不少于 8 人”所指的安装人员有相关证书要求吗？

市场监管总局：安装人员 8 人，由企业自行任命，无须人员资质。

3. 起重机司索人员是否需要取得《特种设备作业人员证》？

我化工厂现在有吊车在作业，那么捆绑、倒链的司索人员需要取得《特种设备作业人员证》吗？

市场监管总局：依据《市场监管总局关于特种设备行政许可有关事项的公告》(2019 年 第 3 号)及《市场监管总局关于发布<特种设备无损检测人员考核规则><特种设备作业人员考核规则>的公告》(2019 年第 24 号)，起重机司索人员、起重机械地面操作人员和遥控操作人员、桅杆式起重机和机械式停车设备的司机不需要取得《特种设备作业人员证》。

4. 遥控操作的 5 吨桥式起重机必须配备持证的指挥人员吗？

小型工厂有 1 台 5 吨桥式起重机，地面遥控操作，必须配备 1 名指挥人员吗，还是可以不配备指挥人员？也就是说指挥人员是必需的还是可有可无的？

市场监管总局：依据总局 2019 年第 3 号公告，纳入《特种设备目录》内的起重机械，使用环节必须配备持证的指挥人员。

5. 小区及商场机械车位是否需要配备专职操作人员？

在小区或商场地下车库的机械停车位，应该由业主顾客自行操作还是物业设专职操作人员？

市场监管总局：机械式停车设备，必须有持证的指挥人员，但无持证的司机要求。该设备是否需要配置作业人员(司机)，由使用单位自行决定并负责。

（三）电梯

1. 电梯设备安装是否需要二级建造师，是否需要安全 B 证？

市场监管总局：《市场监管总局关于特种设备行政许可有关事项的公告》已明确，2019 年 6 月 1 日起，仅从事电梯安装作业无须取得市场监管部门颁发的特种设备作业人员证，电梯安装单位应加强对其作业人员的安全教育和技能培训。涉及其他持证的相关要求请咨询相应主管部门。目前电梯作业项目包括修理和维护保养作业。

2. 电梯安装(含修理)技术负责人兼职问题

根据《特种设备生产和充装单位许可规则》，以电梯安装(含修理)专项条件(B 级)为例，技术负责人要求具有工程师职称，其职称或者学历是机械、电气类相关专业；质量保证工程师具有助理工程师职称。请问，技术负责人可否同时担任质量保证工程师？

市场监管总局：电梯安装许可，技术负责人可以兼任质量保证工程师。

3. 电梯安装(含修理)质量控制系统责任人和项目负责人

TSG 07—2010《特种设备生产和充装单位许可规则》G3. 2. 2 质量保证体系人员(3)：“工艺与焊接、检验与试验、现场施工质量控制系统责任人员，具有助理工程师职称”，这一条要求是指同一人担任 3 个岗位，还是指不同工作分别需要 1 人担任(即需要 3 人)？G3. 2. 5 项目负责人：项目负责人是指本公司一位项目负责人，还是指每个项目都要制定一个负责人？同一人是否可以同时担任不同项目的项目负责人？

市场监管总局：TSG 07—2019《特种设备生产和充装单位许可规则》M1. 2. 2 已明确，质量控制系统责任人员最多只能担任两个不相关的质量控制系统责任人员；项目负责人数量根据企业需要确定。

4. 电梯维护保养资质及业务范围

《机电类特种设备安装改造维修许可规则(试行)》废止后，电梯维护保养和维修需要什么资质，相关资质的业务范围是什么？

市场监管总局：《特种设备安全法》第四十五条规定，电梯的维护保养应当由电梯制造单位或者依照本法取得许可的安装、改造、修理单位进行。

5. 电梯维保单位是否可以授权其他单位从事电梯维保

A 电梯公司和 B 电梯公司均为有维保资质电梯公司。A 公司与电梯使用单位 C 签订维护保养合同。电梯使用标志上载明的维保单位为 A。经使用单位同意后 A 授权 B 公司从事该电梯的日常维保工作。请问 A 公司是否可以授权 B 公司从事该电梯的日常维保工作？

市场监管总局：依据《特种设备安全法》和 TSG 08—2017《特种设备使用管理规则》等安全技术规范的相关规定，电梯使用单位应当选择具有相应资质的单位实施维护保养，且签订日常维护保养合同。如有变更，使用单位应当重新签订维保合同，明确双方责任和工作内容。

6. 如何确定电梯使用单位的问题

《特种设备使用管理规则》第 2. 1. 1 条中“也可以是产权单位通过符合法律规定的合同关系确立的特种设备实际使用管理者”。我公司是我司电梯的产权单位，也是电梯的实际使用人。请问我公司能否委托其他公司管理电梯，由该公司承担电梯使用单位义务，承担使用安全主体责任？

市场监管总局：TSG 08—2017《特种设备使用管理规则》2. 1. 2 项已明确，产权单位自行管理的电梯，产权单位是使用单位；委托物业服务单位管理的电梯，物业服务单位是使用单位。

(四) 锅炉

1. 锅炉部件的制造监检问题

散装锅炉汽包能不能按照锅炉部件外协并进行制造监检？能不能按照锅炉部件单独出具监检证书？

市场监管总局：锅炉制造单位可以将锅筒制造过程外委给具备相应资质的锅炉或锅炉部件制造单位；可以单独出具监检证书。

2. 烟道式余热锅炉现场焊接上升管下降管，属于组装锅炉还是散装锅炉？

整(组)装出厂的锅炉是指锅炉本体承压件已在制造厂内组焊完毕，在安装现场不进行承压件组焊工作的锅炉。某余热蒸汽锅炉(1.0MPa，B 级锅炉)现场安装时需对上升管和下降管组焊。请问此锅炉属于组装锅炉还是散装锅炉？

市场监管总局：所属情况属散装锅炉。

3. 工业锅炉、电站锅炉的区分

我单位硫酸余热锅炉额定过热蒸汽压力为 3.8MPa(没有发电)，锅炉算电站锅炉吗？A 级带过热器不发电的锅炉、低压(≤2.5MPa)余热发电的锅炉属于工业锅炉还是电站锅炉？电站锅炉司炉 G2 能否覆盖工业锅炉司炉 G1，也就是说持 G2 证能否操作工业锅炉？

市场监管总局：按用途分类，取决于该锅炉是否用于发电，用于发电的锅炉为电站锅炉。电站锅炉司炉 G2 不能覆盖工业锅炉司炉 G1，持 G2 证不能操作工业锅炉。进行工业锅炉操作的司炉人员应持有合格有效的工业锅炉司炉(G1)作业人员证。

4. 锅炉的移装

一台锅炉从同一个企业东边车间移到西边车间，需要安装监督检验吗？

市场监管总局：需要(D 级锅炉除外)。

(五) 压力容器

1. 简单压力容器作业人员资格

请问简单压力容器不需要进行注册和年检，那么作业人员是否需要办理特种设备作业人员证？

市场监管总局：《市场监管总局 2019 年第 3 号公告》明确了压力容器作业项目，简单压力容器作业人员不需要取得特种设备作业人员资格。

2. 固定式储气罐作业人员资格

如今压力容器作业证分为 R1、R2、R3，请问属于压力容器的固定式储气罐，相应的作业人员应持有哪一类别的证件？

市场监管总局：依据市场监管总局 2019 年第 3 号公告，压力容器作业人员资格认定要求为“快开门式压力容器操作(R1)、移动式压力容器充装(R2)、氧舱维护保养(R3)”，其他压力容器作业人员无资格要求。

3. GC1 级许可证能不能维修压力容器

根据 TSG R3001—2006《压力容器安装改造维修许可规则》第 4 条，取得 GC1 级压力管道安装许可资格的单位，可以从事 1 级许可资质中的压力容器安装工作。根据市监特设〔2019〕32 号文件，2019 年 5 月 31 日发放的特种设备生产和充装许可证书继续在原许可范围和有效期内有效。那么在有效范围内的，GC1 级许可证能不能维修压力容器？

市场监管总局：不能从事压力容器重大修理。

4. A2 压力容器厂家，必须要有焊接实验室吗？

市场监管总局：TSG 07—2019 中无相关要求。

5. 气瓶检验员是否可以担任气瓶检验机构技术负责人？

市场监管总局：气瓶检验员可以担任气瓶检验机构技术负责人。

6. 车用气瓶充装站是否允许委托经营？

A 公司名下的 CNG 加气站取得车用气瓶充装许可后，是否可以委托 B 公司来经营管理该加气站？

市场监管总局：B 公司应当具备相应条件，并经负责特种设备安全监督管理的部门许可，方可从事充装活动。请按照《特种设备安全法》第四十九条的条款执行。

7. 气瓶充装站是否可以私自更换瓶阀？

液化石油气气瓶充装站是否可以私自将收回的液化石油气气瓶瓶阀更换为智能角阀？如果不可以，监管人员应依据哪条法律对充装站私自更换瓶阀的行为进行处罚？

市场监管总局：《气瓶安全技术监察规程》5. 3. 1 规定，瓶阀制造单位以外的其他人不得对瓶阀进行修理或者更换受压零部件。瓶阀更换按《气瓶安全技术监察规程》《气瓶附件安全技术监察规程》和相应气瓶产品的定期检验与评定国家标准要求执行。气瓶制造单位和气瓶检验机构可对需更换的气瓶瓶阀进行更换。

（六）压力管道

1. 压力管道允许专业分包的范围

在 TSG 07—2019 E3. 1. 3 条 规定“安装单位的理化检验、无损检测、热处理工作允许外委。”对这条有两种理解：第一种是安装单位不得将理化检验、无损检测、热处理工作之外的其他工作（比如防腐补口、清管试压、管沟开挖、管道下沟及回填）等工作以专业分包的方式进行分包。第二种理解是“法不禁止皆可为”，单纯从此条要求来讲，它并没有明确提出其他工作的要求，所以就不能以此条为依据来禁止防腐补口、清管试压、管沟开挖等工作的专业分包。

市场监管总局：TSG 07—2019 E3. 1. 3 已经明确了允许外委的压力管道安装工作。

2. 蒸汽管道检修作业

现在医院内消毒用蒸汽管道（压力约为 0. 5MPa，管径约为 100mm）检修作业需要办什么作业证？

市场监管总局：请根据《特种设备目录》判断是否属于压力管道。依据《市场监管总局 2019 年第 3 号公告》，2019 年 6 月 1 日起，压力管道作业人员没有持证要求。工业管道维护保养、维修请按照 TSG D0001—2009 第五章的规定执行；工业管道应按期进行年度检查和定期检验，其要求见 TSG D0001—2009 和 TSG D7005—2018 的相关规定。

3. 长输油气管道内检测机构检验资质

根据国质检特联〔2016〕560 号文件中的描述，管道定期检验机构应当按照 TSG Z7001 取得长输管道定期检验资质。从事管道漏磁内检测的检验机构还应当按照 TSG Z7005《特种设备无损检测机构核准规则》取得漏测检测（MFL）资质。按照文件要求是否可以理解为长输油气管道的内检测机构必须含有 DD1 资质及 MFL 资质？

市场监管总局：内检测属于无损检测，与 DD1 法定检验有一定区别。内检测机构取得相应无损检测机构资格就可以开展无损检测工作。

4. GC2 级压力管道安装焊工数量确定

TSG 07—2019 第 93 页，表 E-13 中 GC2 级压力管道安装焊工要求：焊条电弧焊焊工 6 人，氩弧焊工 4 人。如果有 6 个焊工同时具备焊条电焊和氩弧焊合格项目，能不能作为焊条电弧焊焊工 6 人，氩弧焊工 6 人计算？

市场监管总局：不能同时认定，且焊条电弧焊和氩弧焊焊工人数总数应不少于 10 人。

（七）场内专用机动车辆

1. 厂内准备购买电动四轮巡逻车两排五座是否为特种设备？

由于厂区较大，拟购买电动四轮两排五座巡逻车用于厂内日常巡逻，请问电动四轮两排五座巡逻车是否属于特种设备中的厂内机动车辆？

市场监管总局：如在“三区”使用，且符合《场车规程》中第 1. 2 条，应纳入特种设备监管。

2. 4 座及以下电动观光车制造资质

4 座及以下的场内电动观光车、电动警用车、电动消防车、电动货车需要特种设备制造资质吗？

市场监管总局：TSG N0001—2017 根据《场(厂)内专用机动车辆安全技术监察规程》，你描述的 4 座及以下的观光车辆不纳入特种设备监管。如何管理，你可以咨询工业和信息化部门。

3. 旅游景区观光的“电动小火车”是否属于特种设备监管范围？

我市某旅游景区使用一种名为“电动小火车”的设施载运乘客用于旅游观光，该“电动小火车”没有地面轨道，牵引车头为 3 个车轮，牵引车厢为 4 节，满载最大运行速度为 6km/h，乘员为 16 人。对于该“电动小火车”我们存在两种观点：(1)该“电动小火车”在旅游景区观光使用，应属于特种设备监管范围，同时其技术性能应满足旅游观光列车的相关安全技术规范的要求；(2)该“电动小火车”虽然在旅游景区观光使用，但其产品属于游乐设施的范畴，因其最大运行速度未达到特种设备目录中大型游乐设施定义(设计最大运行线速度大于或者等于 2m/s，或者运行高度距地面高于或者等于 2m 的载人大型游乐设施)的要求，所以不属于特种设备监管的范围。请问：上述两种观点哪个正确？

市场监管总局：第(1)种观点正确。

4. 1 吨左右的电动托盘堆垛车，是否需要办理场内车辆牌照，驾驶人员是否需要持证上岗？

市场监管总局：目前托盘堆垛车纳入特种设备监管，需要按照相关法规进行检验、办理使用登记，驾驶人员需要持证上岗。

5. 出厂时已取消叉臂的叉车

公司内的叉车，产品合格证中设备品种为内燃平衡重式叉车，出厂时已取消叉臂，更换为可升降的固定吊钩，用于货物装卸。请问是否属于特种设备，操作人员是否需要特种设备作业人员证？

市场监管总局：按照《场车规程》第 1. 2. 1 条，如果没有货叉，则不纳入特种设备监管，相关法规亦不适用。

6. 关于域外叉车的管理问题

根据《特种设备目录》，场(厂)内专用机动车辆，是指除道路交通、农用车辆以外仅在工厂厂区、旅游景区、游乐场所等特定区域使用的专用机动车辆。实践中，经常有场(厂)车运营单位或个人把叉车停在道路边，当有业务的时候就进场作业，而这些车辆中有部分是无使用登记证的，未经定期检验的。对于这些叉车，是否要在道路上就纳入市场监督管理部门监管还是等进场后才能监管？

市场监管总局：在“三区”使用的叉车纳入监管。如在“三区”外使用，特种设备监管部门不进行日常检查。目前，《特种设备目录》《场(厂)内专用机动车辆安全技术监察规程》对场车使用区域还不够具体，我们正在修订《场车规程》，修订时予以具体明确，并给出具体定义及范围。

7. 废品交易市场叉车是否属于“三区”内叉车？

我市有一个废品交易市场，一些个体工商户在其中租用场地，自己购买叉车后从事废品回收、分拣的，请问这些租户使用的叉车是否属于安全技术规范所指的“三区”内叉车？

市场监管总局：根据你的描述，废品交易市场不属于“三区”范畴。

8. 仓库门前道路使用叉车

仓库门前道路使用叉车，可以申请注册登记吗？纳入特种设备监管吗？相关法规适用吗？

市场监管总局：不在“三区”使用的叉车不纳入特种设备监管，具体的边界请咨询当地特种设备安全监察机构。

9. 民用机场用于叉运航材的叉车属于厂车监管范围吗？

根据《特种设备安全法》，民用机场专用设备安全的监督管理不列入特种设备监管范围，但《民用机场专用设备管理规定》目录不包含叉车，请问民用机场是否算三区范围，用于叉运航材的叉车应列入监管吗？

市场监管总局：按照《特种设备安全法》第一百条规定和《特种设备安全监察条例》第三条的规定，民用机场的专用设备安全监管由民航管理部门负责，具体请咨询民航管理部门。

（八）特种设备管理

1. 特种设备安全管理机构

企业特种设备安全管理机构是否一定要按照种类划分，比如说分成叉车安全管理机构与起重机械安全管理机构；如果是，是否每个机构都需配备不同的安全管理负责人。

市场监管总局：按照《特种设备使用管理规则》，特种设备安全管理负责人是指使用单位最高管理层中主管本单位特种设备安全管理的人员，应当取得特种设备安全管理和作业人员证书。特种设备使用单位根据本单位特种设备的类别、品种、数量等情况设置特种设备安全管理机构，一个单位具有多个类别特种设备的，可以设置一个特种设备安全管理机构，不需要按类别设置多个管理机构。根据《市场监管总局关于特种设备行政许可有关事项的公告》(2019 年第 3 号)，安全管理人员统一合并为 A，不再划分种类。

2. 特种设备安全管理机构设置

按照《特种设备使用管理规则》，我单位使用特种设备的数量规模需要设置特种设备安全管理机构，这个机构是需要企业单独发文专门成立一个组织机构，还是企业内部本身就有设备管理部门，直接承担特种设备管理职责即可？

市场监管总局：没有明确限制。如企业内部本身就有设备管理部门，可通过内部规章制度明确其特种设备安全管理部门职责即可。

3. 特种设备兼职安全管理员是否需要取证的问题

企业特种设备兼职安全管理人员是否需要取证？

市场监管总局：《特种设备使用管理规则》2. 4. 2. 2. 2 第一款以外的特种设备使用单位，

可以任命本单位工作人员为兼职安全管理员，也可以委托非本单位人员负责使用管理；本单位工作人员兼职安全管理员的可以不取得特种设备安全管理人员资格，受委托负责使用管理的人员应当取得特种设备安全管理人员资格。

4. 特种设备焊接作业证

持有特种设备焊接作业证，持证项目：GTAW－FeⅡ－6G－3/76－FefS－02/11/12 和 SMAW－FeⅡ－6G(K)－9/76－Fef3J 能不能从事氧乙炔熔化焊接与热切割作业？

市场监管总局：从事特种设备焊接作业的，应持有《特种设备作业人员证》(特种设备焊接作业)。按照 TSG Z6002—2010《特种设备焊接人员考核细则》附件 A 中 A4.3.1 规定，持有 GTAW 和 SMAW 许可项目的焊工不能从事气焊(即氧乙炔焊)的焊接工作。有关热切割的规定不在本局业务范围内。是否符合应急管理部相关要求，可向其咨询。

5. 特种设备作业人员异地复审

按照《特种设备作业人员考核规则》新规要求，2020 年 1 月 1 日实施新版证书，复审需换发新版证书，如遇异地复审，作业人员是否一定需要到第一次考核发证地的市场监管部门进行复审和换发新证？能否可以在异地(现工作地)进行复审和换发，新版证书加盖现工作地市场监管部门钢印？

市场监管总局：可在从业所在地或户籍所在地换证。

6. 特种设备检验人员执业

同一个人管理两家相同资质的特种设备检验机构，并持有检验人员证(在其中一家注册并在中特协网站公示可查，从事报告审核或批准等，在报告书中签字)，另一家只从事管理类工作(不检验，不在报告中签字)。这种情况是否违反《特种设备安全法》中规定的在两家单位执业的规定？

市场监管总局：不可以。根据您所反映的情况，违反了不能同时在两家检验检测机构执业的要求。

7. 特种设备登记

某企业营业执照登记在 A 地，因拆迁其住所已被拆除。B 地市场监管局在检查中发现该企业的一台叉车在 B 地使用且未检、未注册，遂下达指令书责令其检验并限期办理注册。根据《特种设备使用管理规则》3.1(2)规定：“流动作业的特种设备，向产权单位所在地的登记机关申请办理使用登记”，该公司携带营业执照向 A 地市场监管局申请办理注册登记，A 地市场监管局认为其住所已拆除，叉车又是在 B 地发现，应在 B 地办理使用登记，遂拒绝受理；B 地行政服务中心认为该企业营业执照住所在 A 地，应按照使用管理规则在 A 地办理注册。该企业究竟该在哪里办叉车注册？

市场监管总局：请按照《特种设备使用管理规则》执行，向产权单位所在地的登记机关申请办理使用登记。

8. 特种设备注册登记表有效期

在 2017 版《特种设备使用管理规则》生效前在当地质监局办理的注册登记手续(当时发了《特种设备注册登记表》)是否有有效期，是否必须办理新版的特种设备使用登记证？

市场监管总局：依据《质检总局办公厅关于实施<特种设备使用管理规则>中若干问题的通知》(质检办特函〔2017〕1015 号)关于“证件和牌照有效期”的规定，已经发放的特种设备使用登记证件继续有效，不需要重新办理新版的特种设备使用登记证。

9. 两工地首次检验报告办理登记

可以持两工地检验机构出具的履带起重机首次检验报告到当地市场监督管理局办理特种设备使用登记吗?

市场监管总局:不可以。

10. 特种设备注销

注销叉车是否需要提交原《特种设备登记表》或《特种设备登记证》?

市场监管总局:根据《特种设备使用管理规则》,办理叉车注销,按照不同情况,一般需要提交原使用登记证和原使用登记表,具体办理要求请咨询当地登记机关。

11. 特种设备移装

特种设备的整体移装是否需要有相关资质的公司进行安装?整体移装的设备在移装过程中是否需要告知当地监管部门以及办理安装监检?

市场监管总局:整体移装不应当涉及设备的再安装,不需要取得特种设备安装许可,不需要办理施工告知,不需要实施安装监督检验,但应当按照《特种设备使用管理规则》的相关规定,办理移装变更。

12. 特种设备改造成非特种设备

把特种设备改造成非特种设备(如将叉车改造为夹抱车、将储气罐改造为常压水罐),改造者是否要取得特种设备相关许可证?

市场监管总局:特种设备相关法律法规,没有对将特种设备改造成非特种设备的单位提出许可要求。

13. 特种设备安装改造维修许可

特种设备安装改造维修许可证是否可以授权给别人使用?在最近两年的锅炉投标过程中,对锅炉的代理商和生产厂家的资质一直处于一种模棱两可的状态。

市场监管总局:不可以。

14. 机械类特种设备安装问题

现在起重机械和电梯普遍存在一个问题:在机电类设备安装过程中,在安装公司同意的情况下,有些小工头用该公司的资质办理安装告知手续并在社会上找人随意安装,以前监管部门还可以从管理人员持证情况去实施监管。2019 年 6 月 1 日后取消了安装人员证件的管理,那么监察人员怎么对安装过程实施监管,一旦在安装过程中出现事故,纪委监委会追究监管部门的失职渎职行为。请问我们现在如何对安装实施监管?

市场监管总局:目前从事安装的单位应取得相应资质,安装人员应是安装单位员工,安装工作应由安装单位负责。所以监察人员应对安装单位是否具有相应资质、安装人员是否为安装单位员工进行监管。如为非安装单位的人员进行安装,则可对安装单位进行处理。

15. 检验检测机构行政处罚

《检验检测机构资质认定管理办法》和《检验检测机构监督管理办法》中“责令限期改正”“责令改正”,能否暂停机构的资质或责令不得出具检验检测结果,“责令限期改正期限”有无具体规定?

市场监管总局:《行政处罚法》第二十八条规定:“行政机关实施行政处罚时应当责令当事人改正或者限期改正违法行为。”根据《行政处罚法》第六条规定的处罚与教育相结合原则以及《检验检测机构资质认定管理办法》《检验检测机构监督管理办法》的相关规定,市场监管部门可以结合具体案件的性质、情节以及社会危害程度,责令存在违法违规问题的检验检测机构限期改正。同时，为防范风险、防止危害扩大，可以教育、提醒检验检测机构在相应违法违规行为尚未改正前，在对应范围或领域内不向社会出具具有证明作用的报告。

16. 特种设备生产许可证能否母子公司共享

母公司已取得特种设备生产许可证，制造地址是子公司的地址，子公司未取得特种设备生产许可证，母公司承接了特种设备生产业务后，能否授权子公司来生产特种设备?

市场监管总局：不可以，必须以持证单位的名义生产、销售特种设备。

17. 生产许可证

液压机械、气压机械、气动元件、液压元件、工控自动化零组件的生产是否需要办理生产许可证?

市场监管总局：根据《国务院关于调整工业产品生产许可证管理目录加强事中事后监管的决定》(国发〔2019〕19 号)的规定，液压机械、气压机械、气动元件、液压元件、工控自动化零组件不实施工业产品生产许可证管理。

18. 压力容器出口资质

公司在境内生产制造压力容器并销售到境外，是否也需要取得相关资质，方能从事此项业务?

市场监管总局：企业生产的压力容器产品只用于出口，则不需要取得相应的压力容器制造许可。

19. 只持行政执法证件能否下达特种设备安全监察指令书

只持有省人民政府颁发的行政执法证件(无特种设备安全监察员证件)，能否在特种设备安全监察指令书上签字?

市场监管总局：根据《关于实施特种设备行政处罚工作的意见》(国质检法〔2004〕40 号)，持有特种设备安全监察员证的人员才能出具《特种设备安全监察指令书》。

思　考　题

1. 我国安全生产监督管理体制有什么特点?
2. 我国安全生产工作格局是什么?
3. 我国安全生产监督管理的基本原则是什么?
4. 我国安全生产监督管理的方式是什么?
5. 我国煤矿、非煤矿山安全监察体制是什么?
6. 我国特种设备安全监察体制有什么特点?
7. 设想一下自己成为应急管理部部长，将如何促进全国安全生产水平的稳步提高?
8. 政府行业主管部门对企业安全生产进行严格监管的受益人是谁?是否体现了社会主义优越性?
9. 运动式执法检查能否从根本上促进企业安全生产管理水平的提高?
10. 你对基层安全生产监督管理机构的监管有没有建议?
11. 你对我国安全生产综合监管和行业监管体制的运行有什么意见和建议?

第七章 安全文化建设

第一节 杜邦安全文化

一、杜邦公司简介

杜邦公司成立于1802年。1802年7月19日，埃留特·伊雷内·杜邦(Éleuthère Irénée du Pont)从法国移民到美国特拉华州后，在白兰地河边买了一块地，开始建造他自己的火药厂。1802~1880年，黑火药一直是其主要产品。1902年，杜邦公司开始从专业从事炸药生产转变成一个生产人造纤维、涂料、油漆、塑料和粗制化学品的企业。到1999年，杜邦宣布产业转变，决定卖掉尼龙和很多纤维制造业，向农业、科技领域进军。杜邦公司业务遍布70多个国家和地区，拥有210个机构，员工79000多人，产品2400种，见图7-1。

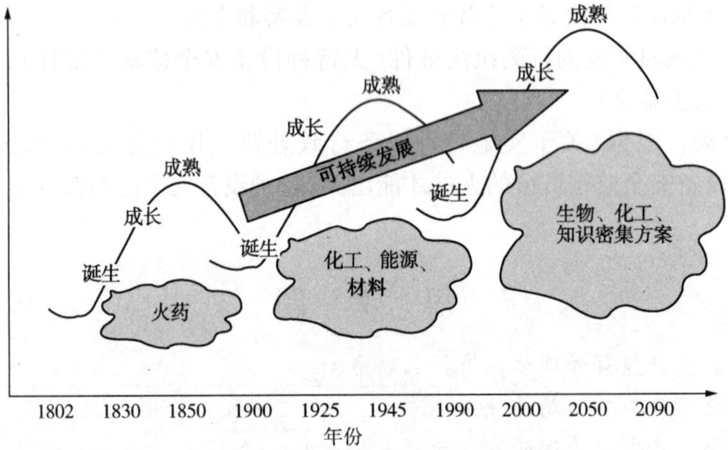

图7-1 杜邦公司产业发展历程及规划

二、杜邦的安全业绩

杜邦公司在第二个100年间形成了完整的安全管理体系，取得了丰硕成果并获得社会的广泛认同。杜邦公司一直保持着骄人的安全纪录：

(1) 安全事故率比美国工业平均值低10倍。

杜邦公司每一百万个工时发生损失工作日的频率是1.5(包括划破一个手指、手脚扭伤及下班以后的伤害记录)，是美国各行业平均纪录的1/10。杜邦的美国工厂年事故率为每100名工人0.12次事故，相当于同行业制造商平均事故率的1/23。如果杜邦的安全纪录降到同行平均水平，它将花费超过2600万美元用于额外的补偿和其他费用，相当于杜邦年利润的3.6%，这是杜邦5亿美元销售额带来的利润。

(2) 杜邦公司员工在工作场所比在家里安全10倍。

(3) 超过60%的工厂实现了零伤害。杜邦公司在世界范围内的许多工厂都实现了20年甚至30年无事故，此事故是指休息一天以上的工伤造成的病假。杜邦深圳独资厂从1991年起，因无工伤事故而连续获得杜邦总部颁发的安全奖。1993年，上海杜邦农化有限公司创下160万工时无意外，成为世界最佳安全纪录之一。1996年，东莞杜邦电子材料有限公司，荣获美国总部的董事会安全奖。据统计，2001年，其属下的370个工厂和部门中，80%没有发生过工伤病假及以上的安全事故，至少50%的工厂没有出现过工业伤害记录，有20%的工厂超过10年以上没有发生过安全伤害记录。

(4) 杜邦公司连续多年被评为美国最安全的公司，世界五百强企业最安全的公司和对社会最负责任的公司。2003年9月9日杜邦公司被 Occupational Hazards 杂志九月号评为最安全的美国公司之一。美国职业安全局2003年嘉奖的"最安全公司"中，有50%以上的公司接受了杜邦安全咨询服务。

三、杜邦公司前管理时代

伊雷内·杜邦和他父亲完全不一样，对政治没有兴趣，却十分喜欢化学。他14岁就写了一篇火药制法的文章，并得到父亲帮助，进入法国中央火药局，得以追随现代化学奠基人之一拉瓦锡，学习高级爆炸品制作技术。

28岁随父来美的伊雷内，偶然发现，美国的火药质量奇差，简直与法国货无法比拟。敏锐的伊雷内决定开办火药厂。伊雷内将厂址选在白兰地河边。对于生产危险品的车间来说，通常要建四面厚厚的砖墙和结实的房顶，但伊雷内坚持建三面砖墙，在靠河的一面只建薄薄的屋顶。他的理由是，如果发生意外，这种设计会减少损失，将爆炸的威力导向较薄的屋顶。

即便这样，杜邦公司建立一套完备的安全管理体系也充满了艰辛和坎坷。

1815年，杜邦火药工厂发生人身伤亡事故，炸死9人，损失2万美元。

1818年，由于一个工人喝酒导致一场可怕的爆炸，40人丧生，伊雷内的妻子也受伤。当时整个杜邦工厂才只有100多人，损失12万美元，企业面临破产。但杜邦的炸药技术在世界是处于领先地位的，正好美国开发西部，需要大量炸药，政府主动出面贷款给他，要他把企业做下去。

伊雷内体会到如果不抓安全，杜邦公司就不可能存在，但仅仅是设备和厂房上的注意是不够的，必须有制度的设计和意识上的强化。

第一步，他宣布杜邦家族搬入厂区居住，以表明资方和劳工同生死共患难，当然谁也不希望爆炸还有第三次。

第二步，禁酒。最初伊雷内容忍工人饮酒，可是第二次大爆炸的直接原因就是一名工头饮酒过量导致误操作。

第三步，制定并颁布执行严格的安全生产作业规范。例如：(1)未经高阶管理亲自操作前，任何员工不得进入新厂和再建厂区，并进一步强化高级管理层对安全的负责制。该制度演变为如今的高级管理层的“有感领导”。(2)建立公积金制度，员工工资拿一部分，企业拿一部分，发生事故经济上有个缓冲。(3)实现对员工的关怀，抚养事故中受到伤害员工家属，抚养小孩，还可以优先到杜邦工作。

以上就是杜邦公司在今天坚持的零事故方针的原型。血的教训，以及从父亲那里继承的人文思想，令伊雷内进一步设法加强员工安全和福利的保障，并迅速确立了安全、健康、伦理、公正的核心价值。早在1805年，杜邦就为员工雇用了一位医生，这在当年实属罕见。1935年，杜邦建立了世界上第一个工业医疗设施。关注员工安全和健康深深根植于杜邦的企业组织结构和企业文化中。

四、杜邦安全管理发展的几个重要里程碑

(1) 1811年，建立第一套安全章程。

(2) 1812~1911年，加强“物的不安全状态”管理，不断丰富安全管理规章制度和操作规程。

杜邦公司在安全技术和装备保障方面至今保持独特做法，即不向保险机构缴纳财产保险，而将这部分资金投入到技术装备安全保障中。

1895~1900年，引入了更多的安全管理规定。例如，所有机器的转动部分都必须有安全防护设施；楼梯和空中走道都必须安装护栏；操作化学品时必须使用各种个体防护装备。这些安全管理规定以文件形式向所有杜邦公司工作人员(包括管理者)传达。

1907年，向所有工作人员颁发了一册“急救手册”。

(3) 1911年，成立了专门队伍研究引进各种各样的安全设施和起草安全管理规定；在各生产部门成立了“事故预防委员会”；设立了杜邦历史上第一个“安全经理”职位。

(4) 1912年，开始收集安全数据，分析安全管理缺失，安全管理从定性管理发展到定量管理。杜邦公司至今还保存着1912年以来的安全操作记录。

(5) 1926年，开始创立安全管理体系，实施系统化的安全管理。

(6) 20世纪40年代，杜邦提出了“所有事故都是可以防止的”理念，并开始提出“零死亡”“百万工时事故频率”和“20万工时损失工作日”等安全目标。在这之前的100年发展中，很多人认为事故总是要发生的，所有一切的努力只是推迟它的发生，无法避免它的发生。

(7) 20世纪50年代，推出工作外安全预防方案和安全数据统计，直至提出零伤害、零疾病、零事故的目标。即从每一单位的设计、建造、施工、投产到维修，以至运输各环节，全体人员均力求避免工伤意外的发生，以期达到零的纪录。20世纪60年代，安全业绩开始领先于美国工业界主要一流公司水平。

(8) 20世纪70年代，安全理念走向成熟，形成独具特色的杜邦安全文化。

(9) 20世纪80年代，开始协助其他企业(壳牌等)，建立安全文化。

(10) 1991年，成立杜邦安全资源部，正式对外开展咨询业务。2002年咨询收入突破1

亿美元。2007 年收入约 56 亿美元。

五、杜邦核心价值观

200 多年来，核心价值观一直是杜邦的身份和信念的基础。

即使公司和整个世界都已发展并改变，杜邦人也未曾改变共同许下的对核心价值观的承诺。核心价值观包括：

1. 安全与健康

我们坚持以最高标准确保员工、客户以及我们经营的社区中人员的安全和健康。

2. 环境监管

我们将环境问题作为所有业务活动不可或缺的一部分，以此来保护环境并增强业务发展。我们不断地努力地使我们的行为符合公众的期望。

3. 最高标准的职业操守

我们遵循所有适用的法律法规并以最高的职业道德标准从事生产经营。我们努力做一个受尊敬的全球企业公民。

4. 尊重他人

我们努力营造良好的工作环境，使每位员工都得到尊重，并因其对公司所做的贡献而获得认可。

六、杜邦十大安全管理理念

(一) 所有事故都是可以防止的

这一理念后来演变为“所有伤害和职业病均可预防”。“所有事故都是可以防止的”，这是杜邦管理层的庄严承诺，杜邦公司用两百年的时间证明了这一论断。

杜邦安全目标：零伤害、零职业病和零环境损坏。

已经实现工作内安全无伤害 5000 天的杜邦深圳工厂，自 1989 年建厂以来，就建立了环保“零目标”，即零的水、空气、土壤污染及零的废弃物。

在牙刷毛车间，即使生产噪声已经降到了较低分贝，但杜邦公司仍要求每位员工必须戴上耳塞和护眼镜。

在宽敞整洁的厂区内，根本看不到垃圾的影子，就连污水处理和监测的现代化装置也掩映在绿树丛中。

公司条文甚至规定，不允许员工在厂区内跑动，以减少碰撞和不可预测的伤害。正是这种从细微处着眼的安全意识，使该厂自建厂以来连续 13 年获得杜邦董事会安全奖以及杜邦总公司“零”英雄称号。

(二) 各级管理层对各自的安全直接负责

这就是直接负责制或称直线责任制。因为安全包括公司各个层面、每个角落、每位员工点点滴滴的事，只有公司高层管理层对所管辖的范围安全负责，下属对各自范围安全负责，到车间主任对车间的安全负责，到生产组长对管辖的范围安全负责，直到小组长对员工的安全负责，涉及的每个层面、每个角落安全都有人负责，这个公司的安全才能真正有人负责。

安全部门不管有多强，人员都是有限的，不可能深入到每个角落、每个地方 24h 监督，所以安全必须是从高层到各级管理层到每位员工自身的责任，安全部门从技术上提供强有力的支持。

（三）所有安全操作隐患都是可以控制的

在安全生产过程中所有的隐患都要有投入、有控制、有计划地治理。

（四）安全是被雇佣的员工条件

在员工与杜邦的合同中明确写着，只要违反安全规程，随时可以被解雇。每位员工参加工作的第一天就意识到这家公司是讲安全的，从法律上讲只要违反公司安全规程就可能被解雇，这是把安全与人事管理结合起来。

（五）员工必须接受严格的安全培训

让员工安全，要求员工安全操作，就要进行严格的安全培训，要想尽一切可能的办法，对所有操作进行安全培训。要求安全部门与生产部门合作，知道这个部门要进行哪些安全培训。新加坡工厂一年的培训计划中，该厂人事部门必须对新进的员工进行一般的安全规定培训，而比较专业的安全技能培训则由安全部门和相应的生产部门提供。

持续性的安全培训对所有员工来说都是重要的。

在杜邦，员工被雇用的先决条件是认同杜邦的核心价值理念。“每个员工的入职教育都包括价值理念的培训，而且杜邦还用员工自己的力量来传播安全理念。”

杜邦公司企业理念的第一条就是重视人才，重视培训。有人试图想知道杜邦在安全培训上的投入是多少，但却无功而返。事实上，就连杜邦的老总、财务经理也无法准确计算出企业在安全培训上投入的费用，因为在杜邦，培训是渗透在生产的每一个环节当中。如此持续的培训和开发的结果是员工素质普遍提高，“人员流动率”也一直保持在很低的水平。在杜邦总部连续工作 30 年以上的员工随处可见，这在美国也是很难得的。有人说，是安全培训使杜邦成为世界一流的企业。

（六）各级主管必须进行安全检查

杜邦的研究显示，绝大多数安全伤害和事故是由于员工的不安全行为造成的。一个注重于消除这些不安全行为的计划能够极大地提高安全业绩。针对工作中的员工的现场审核，能够在不安全行为习惯造成伤害前提醒员工和经理，以避免事故的发生。

安全检查是各一线生产经理的职责。一线生产经理必须频繁地进行正式和非正式的检查，以便及时发现员工在工作场所的不安全行为并加以纠正，防事故于未然。

这个检查是正面的、鼓励性的，以收集数据、了解信息、发现问题、解决问题为主的。如发现一个员工的不安全行为，不是批评，先分析好的方面在哪里，然后通过交谈，了解这个员工为什么这么做，还要分析领导有什么责任。这样做的目的是拉近距离，让员工谈出内心的想法，为什么会有这么不安全的动作，知道真正的原因在哪里，是这个员工不按操作规程做、安全意识不强，还是上级管理不够、重视不够。这样，拉近管理层与员工的距离，鼓励员工通过各种途径把对安全的想法反映到高层管理来。只有知道了生产一线的不安全行为、因素，才能对整个企业安全管理提出规划、整改。如果不了解这些信息，抓安全是没有针对性的，不知道要抓什么。

当然安全部门也要抓安全，重点是检查下属、同级管理人员有没有抓安全，效果如何，对这些人员的管理进行评估，让高级管理人员知道这个人在这个岗位上安全重视程度怎么样，为管理提供信息。这是两个不同层次的检查。

（七）发现安全隐患必须及时更正

在安全检查中会发现许多隐患，要分析隐患发生的原因是什么，哪些是可以当场解决的，哪些是需要不同层次管理人员解决，哪些是需要投入力量来解决的。重要的是必须把发现的隐患加以整理、分类，知道这个部门主要的安全隐患是哪些，解决需要多少时间，不解决会造成多大风险，哪些需要立即加以解决的，哪些是需要加以投入的。安全管理真正落到了实处，就有了目标。这是发现的安全隐患必须及时更正的真正含义。

（八）工作外的安全和工作安全同样重要

随着安全管理的不断深入，公司感觉到在 8 小时内对员工进行安全教育，不足以满足对员工安全意识的需要，所以推出工作外安全方案。

公司认识到员工在 8 小时外受伤对安全的影响，与在 8 小时内受伤对安全的影响实质上没有区别。假如公司一个老总、业务人员、销售人员拿到一个大的订单，无论是 8 小时以内，还是 8 小时以外，他发生安全事故对公司造成的损失都是一样的。

杜邦从这个角度，提出了 8 小时以外预案，对员工的教育就变成了 7 天 24 小时的要求。当然，国外对 8 小时以外有各种隐私。杜邦想方设法让员工积极参与，进行各种安全教育，旅游如何注意安全，运动如何注意安全，用气如何注意安全等等。

工作外安全的典型实例：

① 安全驾驶；

② 家庭安全；

③ 运动安全；

④ 提升安全；

⑤ 安全意识；

⑥ 娱乐安全；

⑦ 消费安全。

员工即使在家中受了伤也要向公司报告。

（九）良好的安全就是一门好的生意

如何看待安全投入是一种战略思想。杜邦对安全和环保投入是不计成本的。杜邦公司认为“安全不是花钱，而是一项能给企业带来丰厚回报的战略投资。”

如果把安全投入放到对业务发展投入同样重要的位置考虑，就不会说这是成本，而是生意。这在理论是一个概念，在实际上也是很重要的。抓好安全是帮助企业发展，有了良好环境、条件才能实现企业发展目标。否则，企业每时每刻都在高风险下运作。

安全和环保做得好就是业务做得好。杜邦把安全作为衡量业务成功与否的标准，把防止员工在工作中甚至在工作时间外受到伤害视为先进的企业文化。避免伤亡的结果是公司的资源得到了更为有效地利用，员工的更替率有所下降，企业的运营更加顺畅，企业的收益也就会有所增长。

（十）员工的直接参与是关键

通过 200 多年的发展，杜邦已经形成了全员参与的安全管理文化。

没有员工的参与，安全就是空想，因为安全是每一位员工的事，没有每位员工的参与，公司的安全就不能落到实处。

七、杜邦安全文化精髓

杜邦安全文化精髓见图 7-2。

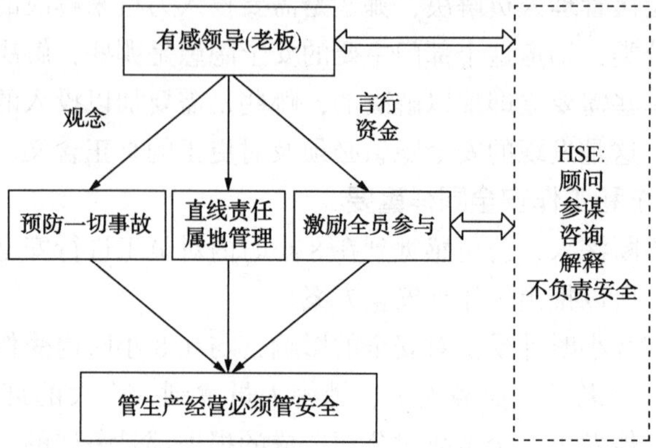

图 7-2　杜邦安全文化精髓

(一) 安全有感领导

杜邦安全文化的实质是全员参与安全管理，这种安全文化的基础是各级管理层的大力支持并且以自身的行动向所有员工展示管理者对安全的重视。有感领导体现在三个方面：

(1) 安全理念领导：真正让员工和下属体会到领导对安全的重视。

(2) 安全资源领导：从人力、物力上实现充分保障。

(3) 安全事务领导：从平时的管理中体现安全的重要性。

总之，体现对安全生产的直接负责。

在生产炸药的香港杜邦工厂，为证明企业的安全，老板一家没有在远离企业的别墅居住，而是住在了生产炸药的厂房的楼顶上，这一行动不但让杜邦的员工更加深刻体会了杜邦管理层对于承诺的重视，也一举打消了人们想进入这家工厂工作的种种顾虑。

2005 年 9 月 23 日，记者在美国杜邦公司总部 HSE 中心与杜邦高级安全管理人员进行会面时得知一消息，杜邦集团公司 CEO(Chad Holliday)得知在巴西的一名员工在工作中因事故于 9 月 22 日上午在医院去世的消息后，立即中止参加在奥兰多举行的“世界工作场所安全管理峰会”(杜邦是该大会的主要赞助商)，本来安排他在 23 日的大会发言也由一位副总裁代为宣读，立即返回惠明顿杜邦公司总部，了解事故情况，并在 23 日向全球的杜邦公司员工发出 E-mail 进行通报。

在杜邦，最为严格的是事故报告制度，任何一个国家、一个地区、一个工厂，对于损工时事件(受伤后不能在第二天准时回原岗位正常上班)，24 小时之内必须通过事业部领导报告给杜邦全球 CEO，对于人员死亡这样的重大事故，CEO 会亲自跟踪事故的调查情况。

每个季度 CEO 在向所有员工通报全公司的经营业绩时，第一项总是安全统计数据。

此外，管理层参加的安全管理会议都是专门召开的，并不与其他生产经营会议安排在一起。

企业主的安全观决定了一个企业安全文化的成效，有感领导是杜邦安全文化的根本。

“上有所好，下必甚焉”。上行下效是日常生活中的常理，在企业生产中更是如此，因此只有企业最高管理者绷紧安全这根“弦”，将安全时刻放在心中，并且将安全承诺贯穿于企业的经营之中，形成率先垂范、上下同欲的企业理念，并形成行动，安全才能像空气一样与企业朝夕相伴，企业才能实现长治久安。

（二）直线责任制

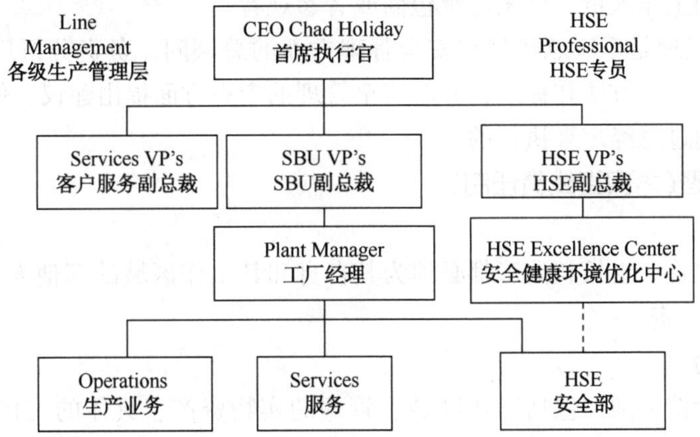

杜邦安全管理组织结构是采用直线安全管理方式，从管理架构上充分体现了公司所强调的"谁主管生产、谁负责安全"的原则。

1. 安全是各级生产管理层的责任

（1）直接参与；

（2）对员工的安全负责；

（3）对上级管理层负责；

（4）每位经理都应：

① 建立长期安全目标；

② 制订具体目标和标准；

③ 开发和实施计划；

④ 对照目标监督结果。

2. 安全健康环境优化管理中心职责

（1）为不同的业务部门、区域和地方间分享 HSE 资源，提供全过程的系统和网络服务和支持，并从中起调节和杠杆作用；

（2）在技术/安全法规/执法方面为各个地方、业务部门和区域的协作提供支持；

（3）提供指导，用以帮助提高公司 HSE 的表现，提升对于安全价值的认知；

（4）开发和维护 HSE 监控系统和指标，其中包括领导和组织第二方安全审计和监督。

3. 各安全健康环境部职责

（1）各级管理层的安全顾问；

（2）各级生产管理部门安全技术咨询员；

（3）各项 HSE 工作的协调员；

（4）各项法规标准的解释员。

杜邦公司的专职安全管理人员大多是从各个领域提拔出来的具有实际生产经验和管理经验的优秀管理人员，负责宏观安全管理的组织、策划、评估和技术支持等工作。

在与杜邦公司各个层面的安全管理人员现场交流过程中，记者还深切体会到他们在杜邦公司这个重视安全的企业里所表现出的工作热情，充满自尊、自信与自豪。

例如，在休斯敦 La Porte 杜邦厂区，有四个生产不同产品的工厂，厂区的总经理对这四个工厂的安全业绩负责；各工厂的厂长对各自的工厂安全业绩负责；各工厂的每一个业务部门，如生产部或办公室的主管必须确保他们管辖区域内(生产车间或办公室)所有人员的安全，包括本部门的工作人员、外来的承包商或者参观者。

厂区的HSE经理是厂区总经理在安全管理方面的总顾问，负责分析厂区的安全管理数据，引入新的安全管理方法和标准，并就安全管理的宏观方面提出建议，但这些方法的实施和建议的采纳是通过总经理来执行的。

(三) 属地管理(落实直线责任制)

1. 属地管理

每位经理、主管、组长和员工都必须为其自身和其工作区域的其他人员(包括承包商员工和访客)的安全负责。

2. 属地的划分

属地即工作管辖范围，包括工作区域、管理的实物资产、具体的工作任务(项目)、权限和责任范围等，实现“谁的地盘，谁管理”。

工作区域：作业区、处理站、车间、泵房、巡检的区域等。

资产(装置/设备)：采油井、处理装置、车辆等。

职能部门：财务处办公室、人事处办公室等。

作业风险：大型动火作业、新装置的投运等。

直线责任制 & 属地管理是杜邦安全文化的核心。曾经有一位在大型火电厂从事技术和安全三十年的老工程师对编者说了一句玩笑话：“安全做不好，因为有了安全科”。过去是人人抓安全，自从有了安全科之后，安全就是安全科的事情了。这种现象在国内企业非常普遍，而且事故责任处理时安全人员屡屡因“不到位、不及时”而背锅。长此以往，安全领域很难吸引到优秀人才加盟，安全管理水平的提高将困难重重。

(四) 全员参与

安全起始于公司的最高领导，瀑布式地在整个组织中推行，但最终的落脚点依然在基层员工。如何调动全员参与安全的积极性就显得尤为重要，国内企业普遍做法是签署全员安全生产责任书，动力源自外来的压力。部分煤矿企业，副总以上高管预交风险抵押金，并签署安全生产军令状，造成的局面是矿长、副矿长非常重视安全，压力层层传递，依靠严格监督来抓安全生产。杜邦安全文化的演进史已经证明严格监督仅处于“要我安全”阶段，离“我要安全”“团队协作”还有相当的差距。杜邦公司采取的激励手段比较独到，是其安全文化的关键所在。

1. 参与安全管理

在杜邦新加坡工厂，每个安全管理分委员会都有一般员工参加，这使得一线的操作工人在安全管理方面有充分的发言权。

杜邦的所有工厂都有全员参与的定期安全检查。杜邦新加坡工厂中心控制室的布告栏中有一份全年的安全检查计划表，上面规定了不同职位的人员进行安全检查的频率以及检查小组成员的组成，在经理检查时，都会安排一般员工一起检查，这样做的目的有两个：一是员工与经理一起进行安全检查可以让员工感觉到管理层在安全管理方面的“有感领导”；二是在检查过程中双方可以互补——经理对大局了解多，而操作工人对现场熟悉。与经理一起进行安全检查的操作工人不是固定的，这样可以让更多的操作工人与经理一起从事安全管理活动。

2. 安全激励

杜邦公司非常注重安全业绩的考核与激励。

(1) 正向激励

在杜邦内部会公布所有工厂的安全业绩，并进行排名，但不对生产业绩或盈利能力进行排名。所以，从事安全管理的人员都会受到从上到下的尊重。

杜邦公司在中国的一家企业的总经理年终总结中，20%以上的内容是关于安全的；员工的日常交流中，40%以上与安全有关。他们在安全方面的表现，是评价员工业绩的最重要的方面。

在杜邦公司，所有的团队奖励、个人提升、各工厂在杜邦集团公司内部的地位与形象基本上由该部门的安全业绩决定。个人安全年终奖会影响到年收入的20%~30%，也影响到个人升迁。安全创纪录会有较高额奖励。

在休斯敦的La Porte厂区，总经理亲口告诉记者，他非常倚重他的HSE经理，他说他的提升在很大程度上取决于他的HSE经理的工作，同时他也强调，在提拔人的时候，HSE经理的提升机会与别的关键部门的经理一样多，或者更多。

为激励公司内部在安全、健康与环境保护方面表现突出，并为公司业务发展做出贡献的个人和集体，1990年，杜邦设立了“安全、健康与环境保护杰出奖”。获奖个人或团体代表都会获得公司奖励的500元美金。这笔奖金会以获奖者的名义捐献给社会上的安全、健康和环境保护机构或有关的项目。

除了物质激励以外，杜邦还在探索形式多样的其他激励办法。在杜邦深圳工厂举行的系列庆祝活动中，所有的员工在上班时都在一个横幅上签下自己的名字，表示对安全生产的承诺，同时，总经理和厂长率领全厂的经理及主管向每一位员工致感谢信，感谢员工在过去的5000天中为工厂所做出的贡献，并和每一位员工亲切握手。

(2) 反向激励

一个人的不良安全业绩会影响到部门、单位一定时间的薪酬、评比。杜邦的做法是，如果有人出事故，无论大小，无论是不是在工作时间内，这个分公司全体员工的年终奖将被取消。因此，重视安全不仅被看成是一个人的事，而是被看成是团队集体的事。

3. 惩罚

谨慎地使用纪律约束来确保遵守作业标准，也是一种恰当的激励手段。

杜邦的专家举例说，一个员工上岗未戴安全帽或防护镜，他的主管第一次口头告诉他立即改正；发现第二次后虽纠正但记入安全记录并得到书面警告；书面警告后还不改正，这名员工将被停职检查并给一定的警告期；若还有此行为发生这名员工就被解雇了。

杜邦以人为本，第一考虑的是员工生命安全。员工有过激行为可能被直接解雇，如酒后上岗、吸毒、打架、偷窃公司财物等。

在杜邦的安全管理要素中有：职责、目标、标准、培训、检查、鼓励、事故调查等，唯独没有“惩罚”和“罚款”。

杜邦认为，安全生产是管理层的承诺，是最高管理者的责任。有安全专职人员是非常重要的，但是，如果有人说安全由安全部门来负责，将被视为不安全因素。

在这些要素中，杜邦公司重鼓励、轻检查，他们需要的是，安全成为员工的行为准则。

4. 杜邦安全观察训练计划 STOP(Safety Training Observation Program)

STOP 主要是通过训练各级主管主动观察，并采取行动帮助员工改变错误行为来达到安全目的，同时有利于培养观察能力及沟通技巧，采取积极正面步骤确保安全工作环境，推动安全绩效和管理者沟通能力的进一步提升。“主管的 STOP”是专为各级主管所设计的，包括从资深管理阶层，乃至第一线主管及小组领导人。STOP 已经被世界大部分石油公司和钻井承包商所采用。

(1) STOP 理论基础

① STOP 是基于对以往事故发生原因的统计分析结果，其中：人的反应占 14%；个体防护装备占 12%；人的位置占 30%；设备和工具占 28%；程序和整洁占 12%。

② 几乎所有不安全状态都可以追溯到不安全行为上。不安全行为总是由人引起的，而不是机器，所以 STOP 将注意力集中在观察人和人的行为上。

③ 一种错误的观点即提高安全管理业绩的唯一方法是纠正不安全行为。但是，肯定、加强安全行为和指出不安全行为一样重要。

④ 所有事故都是可以预防的，安全是每一个人的责任。

(2) STOP 目的

STOP 是一种观察程序，通过观察人的行为，并且和雇员交谈关于如何安全工作的方法，以达到防止不安全行为的重复发生和强化安全行为的目的。《STOP 正面交谈提示》见附录。

树立高的安全标准。对雇员安全工作行为的最高期望值决定于你所设立和保持的最低标准。

(3) STOP 定位

STOP 安全观察程序是非惩罚性的，必须和组织纪律分开来，所以不该列入公司的一般的惩戒制度。

(4) STOP 应用

① STOP 安全观察循环：决定→停止→观察→行动→报告。

② 关于 STOP 观察卡：当你决定要做一次安全观察时，STOP 观察卡是非常有价值的，在你做观察之前，看一下观察卡，会提醒你在观察过程中需要注意和寻找什么。做完观察并且和雇员谈过以后，用观察卡对你的观察做出总结，然后存档。

③ STOP 卡上的类别顺序是根据你应该做的观察顺序来做的，是以人的行为基础来组织的。

④ 不要当着被观察人的面写观察报告(STOP 观察卡)，不要把被观察人的名字写在报告里，因为 STOP 的目的是纠正不安全行为、鼓励安全行为进而预防伤害，而不是记录下所观察的人；不要让雇员感觉到 STOP 观察卡意味着要找他们的麻烦，在远离他们的地方填写 STOP 观察卡，不要让他们感觉到他们正在被记录下来，让他们知道卡里不会包括他们的名字，告诉他们可以看全部的报告。记住：STOP 的目的是帮助雇员安全工作。

⑤ 关于个体防护装备：能够在工作当中正确穿戴个体防护装备的人，也会遵守其他的安全规定和安全工作程序。反之亦然，即不能正确严格穿戴个体防护装备的人，也不会严格遵守其他安全规定，或在工作当中也会无视安全规定。

⑥ 当雇员知道其行为会威胁到他人生命安全时，或明知制度规定、工作程序，却故意

违反和不遵守时，就必须立即停止STOP观察程序，而采取纪律惩罚手段。

（五）杜邦安全细节

1. 办公室安全须知

（1）不要在四层橱柜上堆放物品；

（2）不要在橱柜顶部堆放重物和散装物品；

（3）不要在椅背或隔离板上挂衣服(统一挂在衣服架上)；

（4）不要在办公室里储存危险化学品或易燃物品；

（5）门口和走道处不要堆放物品；

（6）除了垃圾桶，请勿在办公桌下堆放物品；

（7）笔筒里的笔全部笔尖朝下；

（8）水杯必须带盖子；

（9）水杯必须远离电脑；

（10）打开抽屉取放东西后必须马上关好；

（11）个人办公区域内请保持清洁、整齐；

（12）办公室严禁吸烟；

（13）不要奔跑；

（14）不要边走边看文件(手机)；

（15）不要用湿手碰电器；

（16）电器设备有故障，请有关部门人员检修，不要自己动手检查；

（17）人坐在椅子上，不能让座椅只有两条腿着地；

（18）需要爬高时请使用梯子，不要站在桌椅上面；

（19）会场上，插线板的电源线如果暴露在地面上，必须用胶带把电线固定在地面上；

（20）发生火警时，不要使用电梯；

（21）清楚了解办公室内的火警疏散通道；

（22）一旦发现不安全的地方，请及时与部门主管或公司安全负责人联系，以便及时采取改正措施。

2. 杜邦人今天的安全行为

（1）他们上下楼梯要扶扶手；

（2）他们在工作时一定不会奔跑；

（3）他们上车后的第一件事永远是系安全带(不分前后排)；

（4）他们开车时一定不会接、打电话(不管是否用耳机)；

（5）他们停车一定是车头向外；

（6）他们不会因贪图美味而去安全设施不完备的小店，而且一般在就餐时都选在饭店一楼、靠门口的地方；

（7）他们出差住酒店会选择比较低的楼层；

（8）他们招聘了大批医学博士和医学教授；

（9）杜邦每次会议开始前，雷打不动的起始程序是向参会人员介绍会议现场所有的逃生通道及安全路线

……

(六) 安全文化的演变规律

安全文化的演变规律，如图 7-3 所示。

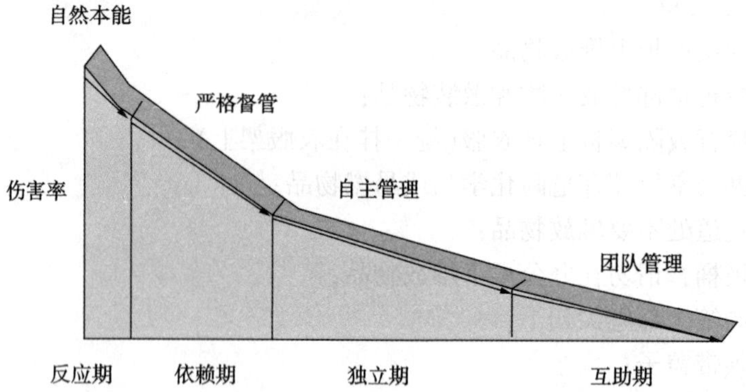

图 7-3　安全文化演变规律

1. 自然本能

企业和员工对安全的重视仅仅是一种自然本能保护的反应，事故发生是迟早的事。

表现出的安全行为特征为：缺少高级管理层的参与；将职责推给安全经理；依靠人的本能；以服从为目标。

2. 严格督管(他律：要我安全)

企业已建立必要的安全管理系统和规章制度，各级管理层对安全责任作出承诺，但员工的安全意识和行为往往是被动的，零事故的目标很难实现。

表现出的安全行为特征为：管理层承诺；监督控制、强调和目标；规则、程序；重视所有人；培训；受雇的条件；害怕、纪律。

3. 自主管理(自律：我要安全)

有良好的安全管理及其体系，安全获得各级管理层的承诺，各级管理层和全体员工具备良好的安全管理技巧、能力以及安全意识，事故发生是极偶然的。

表现出的安全行为特征为：内在化；个人知识、承诺和标准；个人价值；关注自我；实践和习惯行为；个人得到承认。

4. 团队管理

安全文化已深入人心，安全已融入企业组织内部的每个角落。

安全为生产，生产讲安全，事故的发生除非是遇到不可抗拒的自然因素，如地震等。

表现出的安全行为特征为：留心他人；帮助别人遵守；团队贡献。

第二节　国外安全生产监督与管理经验

一、英国

(一) 一切依法办事

早在 1802 年，英国就颁布了《工厂法》行业安全卫生规定。1974 年颁布的《职业健康与安全法》是英国健康安全方面的基本法律。1974 年之后，英国先后颁布了 200 多部健康安全方面的法案和条例，以及 170 余项健康安全行政指导文件，内容涵盖了防火安全、建筑施工安全、机械安全、高空作业安全和核安全等等。目前，英国已经形成了一套完善的健康安全法律法规体系，包括法案、条例和行政指导文件三个层面。

（二）政府对安全监管的力度大

英国由一名副首相分管防火、交通和事故救援等事务。时任副首相普雷斯科特于 1999 年 3 月 30 日宣布：要重振安全与健康。英国政府为此专门制订并公布了“重振安全与健康战略声明”，把安全与健康工作提升到战略高度。这一重大举措有力地强化了全民的安全意识，改进了中小企业员工的安全与健康状况。

（三）政府十分重视安全与健康科研投入

英国政府十分重视安全与健康的科研工作，将其视为安全监察和执法的主要支柱。安全与健康执行局每年拥有 500 多项科研项目，科研费用大约为 3400 万英镑。这些科研工作绝大部分由安全与健康研究院承担。同时，英国政府鼓励社会上其他科研部门与单位参与竞标，凡中标者均能得到执行局的科研经费。为了保证竞标公平和增加透明度，安全与健康执行局每年出版次年的战略研究展望，邀请有关单位和机构据此提出科研方案和参与竞标。执行局主要根据研究的成本、研究方式、参与研究的人员素质等因素，来确定科研项目合作者。从事职业安全与健康科学研究的机构主要有：安全与健康研究院、大学、研究理事会、企业及私营公司和欧盟科研项目组等。

二、法国

法国国土面积 55 万多平方公里，现有人口约 6700 万，约有 250 万个企业，其中大多数是 10 人以下的小企业，目前每年因工死亡人数为 700 人左右。

（一）建立了完善的安全生产法律体系建设

1936 年法国颁布的《劳动法》内容广泛、具体，如对危险化学物品的生产和管理有明细的法律规定；对事故的预防、责任追究、工伤保险、职业病防治、劳动防护等也都有具体的规定。企业和劳动者的任何劳动行为，都能从《劳动法》中找到相关规定，使各项工作能依法办事。

（二）遍布全国的安全监管体系

工作监察长独立行使监察职权，先警告，再向法庭起诉；任职不受政府更迭的影响(政府只限于立法与监督)；50 人以上的企业须配备 1 名职业医生。

（三）完善工伤保险机制

政府的任务是预防事故和支付事故发生后的保险费。

对因工死亡者，除赔偿费外(一般每人 70 万～120 万法国法郎，约合 77 万～132 万人民币)，还支付遗属补偿费。

企业因工死亡 1 人，需支付 200 万法郎(约合 222 万人民币)。

法国每年支付各种保险费约 6000 亿法郎。

（四）责任追究严厉

1936 年法国颁布的《劳动法》：企业主是工伤事故的直接责任人，企业发生工伤事故将追究企业主的经济或法律责任。

企业主是事故的责任人，有时是唯一的责任人。企业主既是产品的生产者，也是产品造成事故的责任者，工人之所以会发生事故是由于企业主没有培训教育和管理好，工人没有责任。

民事责任，要赔偿损失并被罚款，最高限额为 50 万法国法郎。

刑事责任，要被拘留或坐牢，最长刑期为 3 个月。

(五) 阿科玛(Arkema)

阿科玛是一家世界著名的化工企业，全球总部位于法国，在 40 多个国家超过 120 个地区开展业务，全球拥有 13800 多名员工。阿科玛在中国有 4 家生产基地，分别位于北京、上海等地。

生产过程中所有涉及的原材料和产品大多都是高度危险的化学品。9 大类危险品中，除了第一类爆炸物品和第七类放射性物品基本不涉及外，其他有毒、有害、腐蚀、氧化等 7 类危险品都有。

1. 阿科玛安全绩效

1999 年在中国建厂后的 10 多年里，阿科玛从未发生过工作场所人员死亡的安全事故，连伤害程度能达到国家工伤标准的安全事故也没有。

对安全事故的统计除了死亡、重伤、轻伤外，还做进一步划分，包括工时损失事故、医疗事故、急救事故和未遂事故等。比如，员工的手受伤了，医院说要缝针，按公司的标准，缝针超过 3 针就属于医疗事故。如果是脚受伤了，缝 3 针不能正常走路上班，就要统计为工时损失事故。所有的工时损失事故和医疗事故，工厂需要马上汇报给亚太区 HSE 总经理，在 24 小时内报告给法国总部。

2. 阿科玛安全管理经验

(1) 公司的最高领导层要确实把安全放在最重要的位置。安全工作是一个自上而下的工作。

(2) 配备专职安全管理人员。

(3) 工厂的部门经理等管理人员还必须兼职安全管理体系工作的一部分。在年度绩效评估中，对 HSE 工作的评估占了很大的比重。

(4) 生产厂区里每个区域的负责人必须对本区域的安全负责。

(5) 让所有员工尤其是一线员工参与到安全工作中来。通过每周抽奖等方式鼓励每个员工报告隐患、提出改进建议，大量可能造成安全事故的隐患可以排除。

(6) 大量培训

每位员工每年参加的安全培训等 HSE 系列活动时间达到 110h 以上。(按照每天 8h 工作时间计算，每个员工每年有 3 周的时间是在全脱产参与 HSE 活动。)

(7) 不计成本的安全投入

安全的投入没有明确的预算。在保证生产安全的投资上，从没遇见过瓶颈。“如果我们发现某个工作场所需要投入一定的设施设备来保证安全，那么这件事情从来不会因为预算的问题而耽搁。”

三、德国

(一) 安全生产管理理念：制度至上

为了确保职工的生命安全，德国制定了“劳动保护法规”，由政府部门对各行各业的安全生产、劳动保护、职工伤亡依法行使监察的职能。德国早在 1884 年就颁布了第一部工伤保险法律，建立了以工伤保险为核心的安全生产管理制度。

在生产工作中，职工的安全纳入了国家的法制化管理，大大提高了安全监察的力度。企业的各级负责人，各个岗位上的工作人员直接对自己所从事的工作负责，并承担相应的“法律责任”。为此，企业在培训工作中突出了“法制教育”：什么能做，什么不能做，有什么责任，负什么责任。

企业发生了职工伤亡事故，是由当地政府有关部门组织调查，有警察局、法院、劳动局、以及技术监督公司、保险公司、企业有关人员参加。调查和事故处理的依据是国家的法律和行业的标准、规定。从“法”的角度来看责任，而不是用“行政”的办法来分析和处理事故。

在德国，重大设备事故的调查分析则以资产所有者为主，由包括保险公司、行业协会、技术监督部门、企业负责人、以及政府有关部门组成的调查组进行的。

在一般设备事故的调查处理上，采取了重对策、轻处罚的原则。主要认为：人难免要犯错误；出了错误，希望职工自己提出来；出了事，大家共同分析原因，制定出防止今后再次发生的措施。如果是不称职、思维不行者，则调离本岗位。通常认为在一般情况下，如果处罚太重，人们就不敢承担这类工作了。因此，对一般事故责任者的处理是比较“温和的”。

（二）德国企业安全管理

德国公司的安全管理体系是可具体操作实现的标准，是细化了的制度，是量化且全面覆盖的制度。

德国工伤事故低主要是企业十分重视对事故的防范，把安全生产作为经营管理的重要一环是德国企业成功的秘诀。政府部门强化立法，依法进行监管，决不姑息不关心员工生命安全的雇主。企业雇主有保障员工安全健康的责任和义务。如早期德国法律规定，使用蒸汽机的企业，老板及其家人必须居住在蒸汽机房旁边，确保蒸汽机房安全得到足够重视。企业必须确保用于安全的资金投入，严格对作业场所存在的所有职业安全健康危害和职业病、风险分析评价，并根据作业场所的职业危害分级进行有效防范，认真调查分析每一起事故的原因，吸取事故教训，防范和消除类似事故再次发生。

（三）德国北部的伊本布伦煤矿

伊本布伦煤矿是欧洲最深的矿井，深入地下将近1500m，年生产170万吨高级无烟煤，却鲜有事故发生。

1. 监督检查

只有德国最高的煤矿安全生产管理部门才可以发放许可，但是核查的时间会长达数周。

矿山安全监测人员随时在井下检查。保险公司的安全生产监督部门，不定期派人员到井下进行巡查。电池未经过严密的安全检查不能进入井下。

2. 技术装备

下井之前，安全装备的穿戴将近10min。安全装备有矿工服、安全帽、探照灯，腰间皮带扣上火柴盒大小的发射器。

井下安全设施：氧气袋(巷道每隔25m，强氧气呼吸装置)；安全数据超标自动断电系统；瓦斯收集器；无线通信系统。

3. 教育培训

所有矿工都必须经过至少3年的矿业学校以及矿山实际工作的培训。

种种措施使得矿工们的安全意识不断增强。与井下的矿工攀谈时，感觉到他们轻松的心态。问他们是否感到井下工作不安全，他们的回答一概都是否定。

矿工们福利也很好，矿山要每年出钱给矿工们做全身体检。长期没有安全事故的矿工还会获得相应的工资增长。

四、美国

美国2006年评选出一批最安全的公司，这里仅简要介绍其中8个。

这些公司从决策者到普通员工，都充分认识到安全机构、岗位危险分析、安全培训和监督、权威的停工令和管理透明度的重要性，他们获得了安全、生产力、利润、士气、凝聚力的共赢。

（一）Rust 建筑公司

Rust 建筑公司是一家有百年历史的建筑企业，公司成立至今共承揽工程 3.5 万项。

1. 项目安全风险分析

亚拉巴马州分公司总经理克劳斯说："项目建设前，安全的针对性就应该如同手套之于手一样"。

Rust 公司在项目投标前先派出工作人员到达项目所在地，现场分析是否存在潜在的有损安全健康的隐患；而后，项目开工前，公司编制一套基于本项目特点的安全计划；一旦这个项目起步，公司便启动安全监督措施，比如特种作业风险评估、每周次的现场检查、项目经理是否遵守安全政策和安全程序的评估。这些安全监督措施，可以保证安全计划的顺利实施，让安全融入每一项工作之中。

2. 新雇员培训

爱达荷州分公司只有 240 名雇员，然而，该分公司却需要同时管理全美范围内的 25 个项目和 1500 个分包商。公司期望所有的工人，包括分包商的工人，都能够满足高级别的安全标准要求。新雇员培训必不可少，共分为以下四步。

第一步，用英语和西班牙语进行安全培训；

第二步，当新员工向班长报到后，班长立即向新员工介绍与具体工作相关的安全技术知识；

第三步，总班长召集新员工，共同讨论每一项工艺的安全措施；

第四步，每一项工艺的高级负责人召集新员工，复习前期培训和讨论的内容。

在项目建设期，公司通过安全委员会保证安全。该委员会由建筑工、木匠、电工、分包商和甲方代表共同组成。该委员会创建了一种团队监督的环境，委员会声明"我们广开言路、集思广益"。克劳斯说："采纳工人的建议，可以让我们的工作更高效、更安全"。

（二）福陆公司——员工都该信仰公司的安全文化

福陆(Fluor)公司是一家集工程、采买、建筑和维修为一体的大公司，全球范围共有 4.1 万名雇员，被《财富》杂志评为世界第一的工程建筑公司，全公司拥有 350 名安全健康专家。

1. 员工都该信仰公司的安全文化

安全健康环保部那雷说："管理公司的关键就是维持公司的可持续性发展，实现可持续性发展的关键就是保证安全。

任何员工都该信仰公司的安全文化，并认识到安全文化的重要性，这样，公司建立的安全文化才能更加有效。"

2. 风险管理

用风险管理技术实现安全健康环境的辨识和管理：

第一，客户检查举措，通过公司客户得到一些关于安全方面的反馈；

第二，安全专家参与举措，公司所有项目启动前，都必须有安全专家参与；

第三，员工参与措施，公司鼓励员工通过各种途径参与到安全管理中；

第四，安全任务分配举措，在任何项目的计划阶段，邀请公司员工参与讨论并提建议；

第五，事件调查举措，员工直接参与事件(事故或者是未遂事故)调查；

第六，安全交流系统，员工和股东通过培训、信息在线资源、信息文档和其他方式进行安全沟通；

第七，执行检查举措，就是检查整个安全健康环境管理系统的效能，包括设置和检查战略目标、收集统计数据、安全辨识等。

(三) 科氏-格利奇公司——强大的安全管理是一种公平

科氏-格利奇公司属于全美第一大未上市私人公司科氏工业集团。

该公司总裁迪夫说："强人的安全管理系统并不一定保证安全，我们必须请员工参与安全会议、工作隐患分析，编写公司安全报道，这样就能让公司的员工感到公平，感到拥有安全。"

(四) EnPro 公司——安全是公司极少数极端关注的事项

EnPro 公司的前身是创建于 1836 年的寇特(Coltec)工业集团。

事故报告是该公司最重要的制度之一。只有极少的事项需要报告给公司总裁和首席执行官，但是，在 EnPro 公司全球范围的 34 个工厂中，任何"有工时损失的工伤事故"必须在 24 小时内，向公司首席执行官，总经理、部门总监和安全健康环境主任报告。

公司安全健康环境主任维特雷说："公司的这种报告体系，就是将安全赋予到我们的企业文化之中，这是职工最基本的福利。一旦事故发生，公司就需要弄清伤害的严重性、事故发生的环境，以及如何保证避免事故重复发生的措施等各项问题。"

"不要关注那些无谓的小事情"，该公司认为这句格言不适用于安全领域。因为一起应该"上报"的事故，与简单"救助"事故之间，往往只有方寸之隔。未遂事故、简单"救助"事故组成了事故三角形的另外两条边。1 万起未遂事故就有 1000 起简单"救助"事故，1000 起简单"救助"事故就有 100 起"上报"事故，100 起"上报"事故就有 10 起"有工时损失的工伤事故"。

(五) Noble 公司——追求安全就像追求石油和天然气一样

Noble 公司是一家拥有 5000 名员工的石油天然气勘察钻探企业，距离最近的医院 150km 以上。该公司的 170 名安全健康环境专家分别工作在世界 63 个海上移动钻井平台上。

在海上钻井平台上工作的员工，不可能得到快速的医疗救援和护理，所以最好的救援和护理方式就是防止发生工伤事故。防止事故的关键就是控制风险，"不懂安全，就不懂管理；员工不买账，任何的安全管理都不会成功。"

公司努力鼓励员工参与安全管理，主要措施：

第一，通过培训，使员工拥有必备的安全技能，培训内容为作业安全分析、安全讨论，培训形式是开工前会议等。

第二，设立"安全季度冠军奖"，该奖项的提名和选举只能在工人级别完成。

第三，上班前均召开班组安全会，复习安全守则、规章制度，讨论今天工作的风险和防控措施；每周还有安全例会，在会上所有的员工需要回顾本周工作，提出改进安全条件的对策措施。

第四，设立绩效工资，合格的工人可以得到年度工资 5%~75%的红包，安全考核在绩效工资中的权重是 50%。

(六) 俄勒冈州钢铁公司——安全要比产量重要得多

俄勒冈州钢铁工业公司(Oregon steel Mills, Inc.)波兰分公司安全健康保卫部经理伍德说："公司处理钢板、钢圈、钢管的任何环节，都需要正确的安全文化。安全在公司不是充当一种角色，而是行为和态度。公司的安全管理超越了员工层面，覆盖到了承包商、中间商和客户，安全是所有工作中必不可少的一部分，安全是公司的组成部分。”

该公司的安全管理目标是使所有员工积极主动地关注安全。其措施之一是，认可并奖赏那些积极参与并提高安全的雇员。这项独特的励志项目包括以下几步：

首先，由雇员确定一处事故隐患；

其次，雇员向公司管理者提交消除隐患的建议方案；

再次，安全提案每周交由安全部门和操作经理评估；

最后，在项目结束后，管理部门检查和评估该建议方案，如果方案达到预期的效果，提交方案的雇员就将得到一笔奖金和荣誉宣传海报。该举措在 2001 年中期实行以来，共实现了 730 个合理化建议。

（七）OFG 公司——在安全方面，雇员是公司的领导

公司安全环境保卫设备经理易普说：“我们是一家加工板材的公司，我们有 183 名安全管理员，我们的安全管理水平每天都在不知不觉地提高。”

公司要求，新员工应该有好的安全习惯。新员工，即使从事管理账册等一些简单的工作，仍然需要 2h 的安全培训。

在新员工被允许单独工作以前，新员工的管理者、合作者、指导者应该停止手头的工作，指导新员工如何养成良好的安全习惯。

公司内，8~12 个人组成一个工作班组，可以依据自己的观点在班组内开展提高安全管理的试点。

（八）太平洋西北国家实验室——努力创新安全理念和制定安全规章制度

位于里奇兰德的太平洋西北国家实验室（PNNL），拥有 4375 名科学家和员工。实验室面临各种复杂的风险。

实验室建立了安全管理系统，所有员工都可以通过网络在线看到最新的政策、标准和所有的操作规程。

该系统包括：化学品管理子系统，能够跟踪化学品的订单到使用的全过程，还能够给出各种化学品的适用范围；局域网安全管理子系统，内置了实验室平面图、房间内设施、应急设施，应急路线、救助提供者和危险源位置（化学品或者放射线物质）等信息；电子准备和风险措施子系统，这套程序能够在项目开始前辨识项目的风险；地图信包工具子系统，用户可以查到建筑物的平面布置。

五、日本危险预知训练 KYT

安全是任何企业正常运营的关键要素之一，事故的发生对企业产生不可估量的负面影响：人员伤害、设备事故、财产毁损、生产中断、工厂声誉丧失、客户丧失信心……而安全主管、班组长管理人员在创造和维持一个安全的工作场所中扮演着极其重要的角色，对于安全主管、班组长来说：如何建立起系统的安全管理体系，将所有的危险与事故防患于未然？如何做好现场班组安全管理？如何落实日常安全工作？如何拓展员工安全知识，做好安全培训并改进员工安全工作态度与方法，建立好安全自主管理机制，锻炼员工危险预知能力等等都是安全管理人员所要面对的的问题。生产现场是产生工伤事故的集中区域，班组是预防安全事故发生的第一站，班组安全活动是预防安全事故的最佳手段。KYT 危险预知训练就是班组安全活动的最有效方法之一。

K——Kiken 危险(不安全的状态)；Y——Yochi 预知(预先掌握)；T——Training 训练。

KYT 也称伤害预知预警活动，是针对生产的特点和作业工艺的全过程，以其危险性为对象，以作业班组为基本组织形式而开展的一项安全教育和训练活动，它是一种全员性的“自我管理”活动，目的是控制作业过程中的危险，预测和预防可能发生的事故。

KYT 起源于日本住友金属工业公司的工厂，后经三菱重工业公司和长崎赞造船厂发起的“全员参加的安全运动”，1973 年经日本中央劳动灾害防止协会推广，形成一种安全技术方法，在 NISSAN 等众多日本企业获得了广泛运用，被誉为“0 灾害”的支柱。我国宝钢首先引进了此项技术。

(一) KYT 实施步骤

KYT 危险预知训练的概念有两个要点：

一是形式，KYT 不是一种培训，而是一种小组讨论。

二是内容，小组讨论的内容是以人的危险性作业为主。

企业活动当中有不少是危险性作业，比如：人工倒浓硫酸、两人抬重物、一人举重物、在湿滑的路上搬运东西或行走、在梯子上修灯泡、在空中修吊车等。

KYT 分析就是通过小组讨论，确认每个作业过程中潜在的危险因素，并针对危险因素制定具体对策，设定小组作业行动目标，避免事故发生，见表 7-1。

表 7-1　KYT 危险预知训练步骤

步骤	任务	KY	实施点
1	把握现状(有怎样的事实)	存在什么潜在危险	大家一起讨论，找出作业场景中潜在的危险因素，由这些因素来推测会发生什么现象(同时有人做记录)
2	找出本质	这是危险关键点	在已发现的危险点中，重要点用○标出，特别重要点用◎标出
3	树立对策	要是我的话怎么做	针对所有的危险关键点，共同制定具体的对策
4	设定目标(决定行动计划)	我们应当这样做	找出对策中的重点实施项目用“※”标记，设定为小组作业行动目标，并集体唱和

(二) KYT 活动卡片(分析表)

1. 卡片内容

为及时有效地反映 KYT 活动的情况，KYT 活动卡片应记录如下内容：

(1) 作业任务、作业编号、作业时间、作业地点、作业小组名称、作业负责人(小组长)、小组成员。

(2) 作业现场潜在的危险因素、重要危险因素的确认；作业小组应采取的安全防范措施、重要防范措施，并确认。

(3) 班组长检查评语；车间领导的检查评价签字；厂级领导的评语。

2. 卡片填写

KYT 活动卡片的内容应针对现场实际情况认真填写记录，且必须是在现场和作业开始前完成，签字一栏必须是作业人员本人。

卡片中危险因素的查找及描述，应针对各个作业环节可能产生的危险因素、人的不安全行为和可能导致的后果，前后要有因果关系的表述。对发现的重要危险因素要采取相应的防范措施。

3. 卡片管理

KYT 卡片的收集整理要有专人负责，并编制成册加以保存。卡片的保存时间一般为班组半年和车间一年，保存期间的卡片要作为班组职工开展安全教育的材料，供开展 KYT 训练活动使用。

(三) KYT 行动落实："手指口述"安全确认法

KYT 危险预知训练的分析对象主要是危险性作业，分析出的对策主要是作业方面的安全注意事项。那么，如何将这些 KYT 分析讨论出的安全注意事项落实到工作中呢？方法之一就是进行"手指口述"安全确认。

"手指口述"安全确认法就是指，将某项工作的操作规范和注意事项编写成简易口诀，当作业开始的时候，不是马上进行操作，而是用手指出并说出那个关键部位进行确认，以达到迅速集中注意力、防止判断与操作失误的一种安全确认方法。在中国，"手指口述"安全确认法应用最广的就是煤矿行业。示例：

斜井把钩工在开钩前进行相关安检时，"手指口述"：

①"声光信号灵敏可靠，确认完毕！"

②"斜井无行人，确认完毕！"

③"钩头连接好、矿车插销连接好、钢丝绳完好，可以信号开车，确认完毕！"

(四) 岗位类型

岗位类型有相对固定的生产岗位作业；正常的维护检修作业；班组间的组合(交叉)作业；抢修抢险作业。

(1) 相对固定生产岗位作业中的 KYT 活动。此类作业在开展活动的初期，要发动广大职工查找危险因素，挖掘作业过程中人的不安全行为和物的不安全状态，及其相关的影响安全生产的各类因素。通过一段时间试运行后，车间可根据实际情况编制标准化 KYT 活动卡片，在作业过程中进行复述确认。如生产工作的内容发生了变化，则按照正常的 KYT 活动进行操作。

(2) 维护检修作业的 KYT 活动。此类作业必须严格按照 KYT 活动程序进行，即每一项任务都要开展一次 KYT 活动。从实践效果看，KYT 活动对检修类的作业能起到很好的控制作用。

(3) 班组间组合(交叉)作业的 KYT 活动。此类作业由接受任务的班组指派的作业小组负责人承担参与作业人员的 KYT 活动的组织。

(4) 抢修抢险作业的 KYT 活动。参与此类作业的单位或部门应在有条件的情况下，根据作业内容尽可能做到预先分类地开展 KYT 活动，并形成抢修抢险应急预案 KYT 卡片，在作业前让职工熟知。抢修抢险时，由现场负责人监督执行。

第三节　五洲丰农业科技有限公司全员安全生产责任制

1. 目的

为加强公司安全生产管理，贯彻执行国家"安全第一，预防为主，综合治理"的安全工作方针，预防、减少和控制事故的发生，真正做到"管生产经营必须管安全""谁主管，谁负责"，依据《法律法规清单》明确各级领导和有关职能部门及各岗位从业人员的安全生产职责，特制定本制度。

2. 要求

公司所属全体员工严格遵守《法律法规清单》各项要求，遵守国家、政府主管机关以及单位所在地地方政府生产安全方面的相关法律、法规和规定，严格执行生产安全方面相关的国家和行业标准，严格履行安全生产职责。

3. 适用范围

本制度规定了公司主要负责人、公司各级管理人员及全体员工、各部门应履行的安全职责，适用于公司内各部门以及承担安全管理的各种经济成分的生产经营活动单位及个体。

4. 安全管理原则

公司遵循以人为本的原则，紧抓责任制、规章制度和操作规程的执行和落实，突出抓好安全工作的重点，强化安全监督的力度，严格责任追究制度，确保公司安全管理目标的实现。

(1) 安全工作实行"领导负责制、分级管理、谁主管谁负责"的原则

安全工作实行领导负责制，总经理是本公司安全工作第一责任人，对公司安全工作全面负责；各部门负责人是本部门第一责任人，对本部门安全工作全面负责；各班组负责人是本班组第一责任人，对本班组安全工作全面负责。安全工作实行分级管理，一级抓一级。所属各单位都要负起各自的安全管理责任，加强对下一级安全监督管理，坚持分级管理，谁主管谁负责的原则。

(2) 安全工作实行"一票否决制"的原则

各级管理人员在工作中应实行安全工作"一票否决制"，要把安全工作放在第一位，实行安全管理直接责任制。

(3) 安全工作实行"标本兼治、综合治理"的原则

安全管理是一项系统性的综合工程，必须标本兼治、综合治理，夯实基础、强化治本。加强检查、强化监督以治标；加强教育培训，提高全员的安全综合素质以治本。营造"优化安全环境，确保生命健康"的安全生产氛围，从根本上提高公司的安全管理水平。

(4) 安全工作实行"抓好重点、兼顾一般"的原则

公司是以生产复混(合)肥、复合肥、挤压肥、缓控释肥等肥料为主的化工企业，所属各单位要根据本单位生产经营的特点，确定安全工作的重点。如按时间分，冬季、夏季以"四防"为主，节假日以遵章守纪为主；按工艺特点分，以生产过程中各级重点工序风险点、岗位危险源为主等。同时兼顾工艺链条上的每一个环节，还有与之相关的活动安全。

(5) 安全工作实行"以人为本、严管善待"的原则

安全工作的第一要素是人。各级领导和全体员工，必须认真落实、执行国家和上级部门有关安全生产的方针政策、法律法规、标准规范及全员安全生产责任制、各项规章制度和操作规程。在严格按照"四不放过"原则处理事故、严格执行事故责任追究制度的同时，维护员工的合法权益，充分发挥全体员工在安全工作中的主观能动作用。

(6) 安全管理合同化管理

总经理与分管副总经理、分管副总经理与各单位安全第一责任人、各单位与班组、班组与个人实行安全生产目标责任书管理；与公司发生的各种经济活动都应采用合同化管理，合同中必须有安全管理专篇，合同的厂方签字单位负有安全管理责任。

(7) 深入贯彻落实"双体系"建设

严格落实安全生产主体责任，针对安全风险特点和等级，逐一制定并落实管控措施，切实增强风险管控的针对性和有效性。各部门、各岗位要明确各设备设施排查范围和要求，建立起全员参与、全岗位覆盖、全过程衔接的闭环管理隐患排查治理机制，实行企业隐患自查

自改自报常态化。

5　安全管理机构

(1) 领导体制

总经理担任安全生产委员会主任，全面负责公司的安全生产工作，安全总监任安委会副主任全面协助总经理负责安全生产工作，各分管副总经理按照职责分工协助总经理，负责职责范围内的安全监督管理工作。各部门按照职责分工，在分管副总经理的领导下，负责本部门的安全监督管理工作。安环部在安全总监及主管安全生产工作副总经理领导下，承担本部门安全管理的职责，负责公司安全监督管理及协调工作。公司各单位按照全员安全生产责任制履行其安全职责。

(2) 机构设置

① 公司实行安全生产委员会的安全组织制度。安全生产委员会由本单位的主要负责人、分管安全生产的负责人或者安全总监、相关负责人、专门的安全生产管理机构及相关机构负责人、安全生产管理人员和工会代表以及从业人员代表组成。生产经营单位的安全生产委员会负责组织、指导、协调本单位安全生产工作任务的贯彻落实，研究和审查本单位有关安全生产的重大事项，协调本单位各相关机构安全生产工作有关事宜。安全生产委员会每季度至少召开 1 次会议，会议应当有书面记录。

② 参照安全生产相关法律法规设置有安环部，配备符合专业要求，并经国家安全管理部门培训考核的专职安全管理人员和兼职安全管理人员，并达到国家规定的危险化学品从业单位安全管理人员人数配置的要求。

6. 各部门、岗位安全生产职责

略。

第四节　安全理念一百条

一、安全价值

(1) 安全与健康是职工最基本的福利

(2) 最珍贵的是生命，最幸福的是安全

(3) 生命最可贵，安全第一位

(4) 安全是家庭幸福的保证，事故是人生悲剧的祸根

二、安全效益

(5) 安全是一切财富之本，安全是企业最大效益

(6) 安全是最大的节约，事故是最大的浪费

(7) 企业不消灭事故，事故就会消灭企业

(8) 质量是企业的生命，安全是职工的生命

(9) 忽视安全抓生产是火中取栗，脱离安全求效益如水中捞月

(10) 安全工作不进步，企业发展必退步

(11) 安全和效益结伴而行，事故与损失同时发生

三、教育培训

(12) 成功的企业永远是所学校，优秀的员工始终甘当学生
(13) 培训不过关，人人是隐患；素质不过硬，安全无保证
(14) 入海之前先探风，上岗之前先练功
(15) 缺乏安全知识的人，像事故一样可怕，甚至比事故更可怕
(16) 知识是隐患的克星，技能是安全的基石
(17) 当安全教育鸣金收兵之际，便是事故偷营劫寨之时

四、安全意识

(18) 忽视安全的人是最愚蠢的人
(19) 要我安全是爱护，我要安全是觉悟
(20) 要我安全难安全，我要安全保安全
(21) 工作称职不称职，安全生产作标尺
(22) 安全工作只有起点没有终点，只有更好没有最好
(23) 安全不能决定一切，但能否定一切
(24) 安全思想不牢靠，事后难买后悔药
(25) 今天不要安全，明天就丢饭碗
(26) 宁绕百丈远，不冒一步险
(27) 时时注意安全，处处预防事故
(28) 常添灯草勤加油，常敲警钟勤堵漏
(29) 安全意识“得过且过”，危险隐患“得寸进尺”
(30) 自己安全自己管，依靠别人不保险
(31) 我的安全我负责，别人安全我有责
(32) 一人把关一处安，众人把关稳如山
(33) 众人防范不嫌多，一人麻痹要砸锅
(34) 正确站位，安全确认，行为严谨，控好动源

五、安全心理

(35) 求快不求好，事故常来找
(36) 慌时易受挫，乱中易出错
(37) 急躁越多，智慧越少
(38) 心存侥幸如履薄冰，无视规程掩耳盗铃
(39) 半分疏忽生事端，一丝不苟保安全
(40) 纵然千日无事故，不可一日稍马虎
(41) 安全在于心细，事故出在大意
(42) 兢兢业业是安全的保证，麻痹急躁是事故的祸端
(43) 安全来于长期警惕，事故出自瞬间麻痹
(44) 沾沾自喜事故来，时时警惕安全在
(45) 骄傲源于浅薄，鲁莽出自无知

(46) 班前没有休息好，事故专门把你找

六、安全行为

(47) 遵章是安全的先导，违章是事故的前兆
(48) 宁让别人骂红脸，不让家人哭红眼
(49) 心中有规程，安全有保证
(50) 谨慎操作吃点苦，平平安安无事故
(51) 条条规程血铸成，不要再用血验证
(52) 按规操作光荣，违章作业可耻
(53) 宁可停工停产，绝不违章冒险
(54) 违章操作等于自杀，违章指挥等于杀人，违章不纠等于帮凶
(55) 违章蛮干不是勇士，遵章守纪绝非懦夫
(56) 宁流一身汗，不流一滴血
(57) 简化作业省一时，贪小失大苦一世
(58) 见了违章严批评，道是无情却有情
(59) 与其事后痛心疾首，不如事前细心把守

七、安全管理

(60) 领导不把表率做，安全生产定砸锅
(61) 做好安全的最大障碍是对生命的漠视
(62) 安全生产无小事，安全工作无特区
(63) 宁为安全操碎心，不让事故害人民
(64) 搞好安全就是对职工最大的关爱
(65) 责人之心责己抓三违，爱己之心爱人抓安全
(66) 安全生产，胜在于严，败在于宽
(67) 严抓安全是关爱，疏忽放任是祸害
(68) 严是生命的呼唤，松是自杀的开端
(69) 严为安全之本，松为事故之源
(70) 严格要求安全在，松松垮垮事故来
(71) 管理上六亲不认，情感上亲如一家
(72) 听骂声君安我心安，闻哭声尔痛我更痛
(73) 宁让员工骂着走，不让家属哭着来
(74) 抓三违良言入耳三冬暖，保安全苦口婆心万人安
(75) 抓安全雷厉风行，纠违章大刀阔斧
(76) 查隐患洞察秋毫，纠违章举一反三
(77) 不抓不管，人伤财损于心何安；敢作敢为，是非功过自有公论
(78) 心系人民，怒教违章消云外；关爱生命，不把得失记心中
(79) 问题在现场，原因在管理，根子在领导(干部)

八、规章制度

(80) 一根绳揽住千根柴，抓安全还靠制度来
(81) 好猎手离不开钢枪，好队伍离不开规章
(82) 庄稼离不开阳光，安全少不了规章
(83) 事故隐患如水下暗礁，规章制度似行船航标

九、安全防护

(84) 秤砣不大压千斤，安全帽小救人命
(85) 安全设施不齐全，事故必然会出现
(86) 预防保养按时做，生产顺畅不会错
(87) 企业发展要持续，不能有短念头；安全方面要投入，不能缺斤少两

十、事故隐患

(88) 未雨绸缪是良策，亡羊补牢时已晚
(89) 生命本无价，论价已是催泪时；除患应有期，久拖必生悲苦事
(90) 防患未然能主动，防微杜渐少过失
(91) 隐瞒一次事故隐患，等于埋下定时炸弹
(92) 绳子断在细处，事故出在松处
(93) 杂草不除禾苗不壮，隐患不除效益难上
(94) 发现隐患是智慧，整改隐患是责任
(95) 没有改变不了的坏环境，没有遏止不了的事故源
(96) 不合理的工艺工序就是隐性违章指挥(系统隐患)

十一、事故管理

(97) 事故的血流进智者心里，流在愚者的嘴上
(98) 愚者用鲜血换取教训，智者用教训避免事故
(99) 智者，教训面前察己之短；愚者，面对教训不以为然
(100) 善不善于向事故提问号，事故就会给谁圈上句号

思 考 题

1. 杜邦十大安全管理理念是什么?
2. 杜邦的核心价值观是什么?
3. 杜邦的安全目标是什么?
4. 杜邦的安全效益观、事故观是什么?
5. 杜邦安全文化精髓是什么?
6. 什么是有感领导?
7. 杜邦直线责任制符合安全生产规律吗?
8. 为什么说属地管理是直线责任制的落实?

9. 直线责任制和属地管理与我国全员安全生产责任制有何异同?

10. 杜邦公司 HSE 部门与我国企业安全生产管理机构有何异同?

11. 杜邦如何做到安全的全员参与?

12. 杜邦各级主管进行的安全检查与我国企业的安全检查有何异同?

13. 杜邦 STOP 安全观察训练计划是怎样进行的?

14. 法国、德国关于企业主的安全责任如何规定的?

15. 法国法律对企业生产安全事故的责任认定是否适合我国国情?

16. 德国对一般设备事故的调查处理原则是否值得借鉴?

17. 美国科氏-格利奇公司总裁为什么认为强人的安全管理系统并不可靠?

18. 日本 KYT 危险预知训练与我国双体系建设有何异同?

19. 日本 KYT 危险预知训练与高危作业现场管理如何结合?

20. 试分析五洲丰安全管理与杜邦安全管理的吻合之处。

21. 请写出二十条你最欣赏的安全理念。

22. 你觉得我国大中小型各类企业的安全管理水平处于什么层次居多? 为什么是这样?

23. 如果你是某民营化工企业老板, 你将建立怎样的安全文化?

24. 你对我国安全生产现状有何感想? 如果有建设性意见, 不妨写出来, 与相关人士共同探讨一下。

附录　杜邦公司《STOP 正面交谈提示》

一、Reactions of People 人员的反应

1. Can you stop for a minute and tell me about the job you're doing?
可不可以耽误你一分钟的时间？请告诉我你正在进行的工作是什么？

2. What personal protective equipment is required for the job? Is it always available? Is it in good condition? Have you received training in using this personal protective equipment?
在你的工作上需要哪些个体防护装备？是不是每次都有个体防护装备供你使用？装备的状况良好吗？你是否接受过使用个体防护装备的训练？

3. What other position could you be in that would make this job safer?
你是否可以换到其他的工作位置，使得这项工作能进行得更安全？

4. How could you or someone else get hurt under these circumstances?
在这些状况下，你或其他人可能会如何的受到伤害？

5. What could happen if pipeline breaks?
如果管道破裂，可能会发生什么事？

6. How can this job be done more safely?
你如何能使这项工作更安全？

二、Personal Protective Equipment 个体防护装备

1. What are some potential safety risks on this job?
在这个工作上有哪些安全隐患？

2. What are you wearing to protect yourself from possible hazards?
你穿了哪些装备可以保护你不受潜在危险伤害？

3. What personal protective equipment is available to protect you from these hazards?
公司备有哪些个体防护装备可以保护你不受到这些伤害？

4. What is the difference between the clothing you wear off the job (for example, your own shoes) and the required personal protective equipment for this job(safely shoes)? P 在你不上班时穿着的衣物(例如自己的鞋子)和在上岗时穿着的个体防护装备(如安全鞋)有何不同？

5. What some of the common causes are of injures on this type of job?
在这一类型的工作上有哪些常见原因会导致伤害？

6. How can you keep from injuring yourself on this job?
你怎样才能避免在工作上受到伤害？

7. What parts of your body do you think need protection against the risks involved in your job?

要避免在工作上受到伤害，你觉得自己身体的哪些部位需要采取防护措施？

8. What types of personal protective equipment are required for your job?

你的工作需要哪些种类的个体防护装备？

9. What training did you receive in the care and use of the personal protective equipment required for your job?

关于你工作上规定的个体防护装备，你曾接受哪些维护与使用上的训练？

10. Is the required personal protective equipment correct for the job?

规定的个体防护装备是否适用于你的工作？

11. How do you know the personal protective equipment is in good condition?

你如何知道个体防护装备处于良好的状况？

12. Is the personal protective equipment used properly? What training is required?

个体防护装备使用的方法是否正确？需要哪些训练？

13. Does the personal protective equipment fit properly? How often do you fit-test?

个体防护装备是否合身？你多久会试穿一次？

14. How do you feel about wearing personal protective equipment now that we've talked?

关于我们现在讨论的个体防护装备，你对于它的穿戴有何看法？

15. What other jobs do you do that require personal protective equipment?

你还有哪些工作需要穿着个体防护装备？

三、Position of people 人员的位置(姿势)

1. What are the most serious potential injury causes in your area of responsibility?

在你的责任区中，有哪些最严重的潜在伤害原因？

2. What ergonomic risk factors exist in your area?

在你的责任区中，有哪些人机工程学方面的危险？

3. What changes have been made in your area to reduce the risk of cumulative trauma disorders?

在你的责任区里，曾采取哪些修正措施以减少累积伤害症状的奉献？

4. What do you need to remember about talking with people?

在与人交谈时，你应该记住哪些事项？

5. What should you do when you observe a person in a position that can cause an injury? (Talk with the person until he or she understands why the unsafe act is hazardous; listen; giving the person a chance to tell you what the hazards are).

当你观察到某人的位置可能导致伤害时，你应该采取什么行动？(与该员工交谈，直到他或她了解为什么不安全的行为有危险为止；聆听，让他或她有机会告诉你有哪些危险)。

6. What are the best ways to prevent the unsafe acts that cause injuries in your area?

要避免在你的责任区中发生会导致伤害的不安全行为，最好的办法是什么？

7. Could anything unexpected happen that might injure you or someone else? What?

是否有意外的事发生，可能导致你或他人受伤？例如什么事？

8. What motions do you repeat over and over in your job?

你在工作上有哪些会一直重复的动作？

9. How could you do this job more safely?
怎样才能更安全地进行这项工作？
10. How often do you stand or sit in one position for a long time?
保持相同的站姿或坐姿多久？
11. What other position could you be in to do your job?
你在工作时还可能有哪些姿势？
12. What is potentially unsafe about the position you are in?
你的位置有哪些潜在的危险？
13. What equipment could you use to make your job safer? Is it available? Do you know how to use it?
你可以用哪些设备来使工作更安全？公司是否有提供这种设备？你是否知道如何使用这种设备？
14. How might someone else have been injured as a result of the position you were in?
你的位置会怎样导致他人受伤？
15. How often must you do your work in places that are awkward, hazardous, elevated, and congested and so on?
你是否常在不自然、危险、高处、拥挤等地方工作？
16. What can you do to protect yourself and others from injury under these conditions?
在这些状况下，你如何保护自己与他人不至受伤？

四、Tools and Equipment 工具和设备

1. How could using these tools or this equipment have the potential to be hazardous?
使用这些工具或这种设备为什么会导致危险？
2. How often do you use this piece of equipment?
你多久使用一次这种设备？
3. Is the equipment right for the job? Is it in safe condition? Are you using it correctly?
这种设备是否适合这项工作？它是否处于良好的状况？你的使用方法是否正确？
4. What do you check before you use this equipment?
你在使用这种设备前会检查什么内容？
5. What equipment would enable you to perform this job more safely? Is it available? Do you know how to use it?
哪一种设备可以使你更安全地进行这项工作？是否有提供这种设备？你是否知道如何使用这种设备？
6. When you are doing a job, do you check above you to be sure there is nothing that could cause harm to you or others?
当你在做一件工作时，你是否会检查你的头顶，以确定没有东西会伤害到你或其他人？
7. What precautions could you take to protect people below you?
你可以采取什么措施来保护位于你下方的人？
8. Is there anything inside this equipment or place that unexpectedly hurt you or others?
这种设备里面是否有什么东西可能会突然地伤害到你或他人？

9. Could anything behind you unexpectedly injure you?

你的后方是否有东西可能突然地伤害到你?

10. Do you listen for unusual sounds? Do you smell for unfamiliar or unusual odors?

你是否会听听看有没有不寻常的声响?你是否会闻闻是否有不熟悉或不寻常的气味?

11. Did you touch something that was unusually hot, cold, or wet?

你是否碰到过特别冷、热、或湿的东西?

12. Do people in your area see the same problem I see?

你责任区里的员工是否有看到我所观察到的问题?

13. Do they reinforce safe work practices among one another?

他们是否彼此相互加强安全作业事务?

五、Procedures and Orderliness 程序和整洁

1. What serious unsafe act could be committed in your area because of inadequate procedures?

在你的责任区中,因为不适合的程序可能会造成什么样的不安全行为?

2. What skills can you use to determine whether procedures are adequate, known and understood, and followed?

Decide to pay attention to how employees are following procedures.

Stop near enough to observe them as they do the job paying special attention to job and safety procedures.

Act to talk with them about procedures, especially with regard to whether they are known and understood.

Report using a Safety Observation Card.

你可以使用哪些技巧来确认作业程序是否适合,且被员工知道、了解并遵守?

决定——要注意员工如何遵守程序。

停止——在够靠近的地点止步。

观察——员工如何进行工作,并特别注意工作的进行与安全程序。

行动——与他们讨论程序,特别注意他们是否知道并了解。

报告——利用安全观察卡来完成报告。

3. What steps would you take to make the procedures adequate?

你会采取什么步骤,使程序更合适?

4. What unsafe acts in your area do you think resulted from problems with procedures? With orderliness?

在你的责任区内,你认为哪些不安全行为是因程序上的问题所引起?哪些是秩序上的问题所引起?

5. What examples can you give of the way orderliness reflects safety standards?

你能举出什么例子来说明秩序反映出安全标准。

6. How do you deal with disorderliness in your area? Does your approach work on a long-term basis?

你是怎样处理你区域的混乱?你的工作方式趋于长期性吗?

7. How do you ensure that procedures are followed? What kind of follow-up checks do

you use?

你是怎样确定程序被遵循？你使用哪种追踪方式？

8. What do you do to ensure that changes in procedures are known and followed?

你会做些什么来确定程序的改变已被知道并遵守？

9. How do you encourage people in your area to assume responsibility for procedures and orderliness?

你如何鼓励你责任区内的人员来负担起有关规则与程序的责任？

10. What safety rules and procedures do you need to remember before you begin this job?

在你开始这项工作前，你需要记得哪些安全规则与程序？

11. What hazards are not covered in the rules and procedures?

这些规则与程序没有包含哪些危险？

12. What additional procedures do you think are needed to protect you and others in this area?

你认为需要哪些其他的程序，以保护你自己及这区域内的其他人？

13. How did you learn the procedures? Do you think the training was adequate?

你怎样学习这个程序？你认为这个培训是合适的吗？

14. How do you learn about changes in procedures? Do you think the approach is a good one? 当程序由变动时，你是如何学习的？你认为这是一个好的方式吗？

15. What kind of follow-up does your manager, supervisor, team leader do to be sure that you understand and follow the procedures?

你的经理、主管或小组长该采取哪种后续追踪行动，以确定你已了解并遵循作业程序？

16. If your supervisor does not regularly check to see whether you are following procedures, how does it affect your attitude about those procedures?

假使你的主管并未定期来视察，那会如何影响你对作业程序的态度呢？

17. Has your supervisor ever asked you for your opinion about procedures? What is your opinion about them?

你的主管是否问过你对作业程序的意见？你有什么意见吗？

18. What special conditions here require additional procedures?

什么特殊的条件要求额外的程序？

19. How conscious are you of orderliness in your area?

你对你责任区内秩序维持的警觉度如何？

20. What would you suggest improving orderliness in this area?

你对改善这一责任区的秩序有什么建议？

21. When you think something unsafe is happening in your area, what do you do about it? 当你认为你的责任区内有不安全事情发生时，你会怎样做？

参 考 文 献

[1] 尚勇，张勇.《中华人民共和国安全生产法释义》[M]. 北京：中国法制出版社，2021.
[2] 中国安全生产科学研究院. 安全生产管理(2019版中级)[M]. 北京：应急管理出版社，2019.
[3] 中国安全生产协会注册安全工程师工作委员会，中国安全生产科学研究院. 安全生产管理知识[M]. 北京：中国大百科全书出版社，2011.
[4] 吴穹. 安全管理学[M]. 北京：煤炭工业出版社，2016.
[5] 谢振华. 安全系统工程[M]. 北京：冶金工业出版社，2010.
[6] 景国勋，杨玉中. 安全管理学(第二版)[M]. 北京：中国劳动社会保障出版社，2017.
[7] 刘刚，万宇，孙玉峰. 危险化学品安全技术与管理[M]. 成都：西南交通大学出版社，2018.
[8] 罗云，田水承. 安全经济学[M]. 北京：中国劳动社会保障出版社，2012.
[9] 陈金龙，郑绍成. 安全生产管理概论[M]. 北京：化学工业出版社，2017.
[10] 饶国宁，陈网桦，郭学永. 安全管理[M]. 南京：南京大学出版社，2010.
[11] 邵辉. 安全管理学[M]. 北京：中国石化出版社，2014.
[12] 张海波. 新时代国家应急管理体制机制的创新发展[J]. 人民论坛·学术前沿，2019(3)：6-15.
[13] 谢财良，王林. 生产安全事故调查与处理的理论与实践[M]. 长沙：中南大学出版社，2016.
[14] 陈沅江，吴超，吴桂香. 职业卫生与防护[M]. 北京：机械工业出版社，2016.
[15] 唐细良，杨乐华. 工业企业职业病防治必读[M]. 北京：化学工业出版社，2012.
[16] 陈蔷，王生. 职业卫生概论[M]. 北京：中国劳动社会保障出版社，2008.
[17] 刘刚，智守忠. 杜邦安全文化精髓研究[J]. 化工管理，2021. 3(上)：101-102.
[18] 金磊夫，殷晓波. 英国安全管理见闻[J]. 劳动保护，2004(9)：86-88.
[19] 彭成，刘顺章. 德国企业安全管理的启示[J]. 现代职业安全，2014(3)：84-86.
[20] 徐本豪，俞狄. 开展KYT迈向零事故目标[J]. 劳动保护，2008(3)：20-21.